정완보 교수와 함께 배우는

멜섹 Q PLC IN/OUT 프로그래밍 방법

정완보 저

D.B.Info

들어가기에 앞서
PREFACE

"멜섹Q PLC로 배우는 PLC이론과 실습" 이라는 제목의 교재를 출판한지도 어느덧 3년이라는 시간이 흐른 것 같습니다. 교재를 처음 출간할 때만 해도 시중의 PLC교재 대부분이 GLOFA, Master-K위주의 교재만 있었는데 지금은 멜섹Q PLC를 이용한 교재도 서점에서 볼 수 있는 것 같습니다. PLC에 관련한 짧은 지식으로 집필한 교재라 오탈자 및 잘못된 내용도 있었지만 독자들의 넓은 이해와 아량으로 인해 다시 용기를 내어 PLC프로그래밍 방법을 중심으로 한 또 다른 PLC교재를 집필하게 되었습니다.

필자가 학교에 몸담고 있으면서 산업체 재직자의 PLC교육을 하면서 느꼈던 점이 PLC 프로그램 교육 대부분이 단순한 공압 실린더 제어 위주의 시퀀스 프로그램 작성방법에 대해서만 이루어진다는 대해 많은 아쉬움을 느꼈습니다. 필자의 생각으로는 PLC의 전문가가 되기 위해서는 컴퓨터구조와 관련한 이론서적 한두 권 정도는 정독해야하고, 컴퓨터 언어와 관련한 서적, 프로그램 알고리즘, 마이크로프로세서, 디지털 공학, 회로이론, 전자공학 등에 대한 지식을 두루 섭렵해야 한다고 생각합니다. PLC는 초보자가 사용하기 쉬운 제어기기는 맞지만 전기, 전자, 컴퓨터구조, 컴퓨터 프로그램 언어 등이 종합되어 있는 종합 제어기기로 PLC를 제대로 활용하는 전문가가 되기 위해서는 많은 지식과 경험을 쌓는 노력을 필요로 합니다. 오늘날의 PLC는 대규모의 플랜트 설비인 발전소, 화학공장, 제철소 등의 핵심 제어기기로 사용될 만큼 기술의 발전이 눈부시게 이루어지고 있습니다. 필자가 새로 집필하는 교재에서는 기존의 단순한 시퀀스 방식의 PLC프로그램 작성방법이 아닌 PLC의 산술연산, 논리연산, 비교연산 등의 명령어를 이용한 PLC프로그램 작성방법에 대한 내용을 담고자 노력하였습니다.

본 교재의 내용을 이해하기 어려운 PLC입문자들은 필자의 첫 번째 저서인 "멜섹Q PLC로 배우는 PLC이론과 실습 - 복두출판사-" 을 가지고 학습한 후 이 책을 가지고 학습하기를 당부 드립니다. 본 교재는 앞에서 거론한 교재의 후속이라고 보면 될 것 같습니다. 따라서 기존 교재에 나온 부분에 대해서는 본 교재에서 필요할 경우에만 인용하고 있습니다. 교재에서 다양한 실습예제를 통해 PLC프로그램 작성법에 대해 설명하고 있는데 필자가 제시한 답안 프로그램이 있지만 가능한 필자의 답안을 보지 않고

PLC프로그램을 작성한 후 필자의 답안과 비교해보시기 바랍니다. PLC프로그램에서는 제시된 과제에 대해 PLC프로그램을 작성하는 사람에 따라 전혀 다른 답안이 존재할 수 있습니다. 따라서 필자가 제시한 답안은 참고만 하기를 희망합니다.

산업현장에는 PLC의 고수가 엄청 많이들 있지만 그 분들은 시간이 돈이고, 경험이 자산이기에 이런 서적을 집필할 여력이 없는 것으로 알고 있습니다. 필자가 학교에 재직하는 관계로 PLC을 배우고자 하는 독자들의 열망에 조금이라도 부응하기 위해 PLC와 관련한 짧은 경륜과 지식으로 본 교재를 집필하는 것이기에 잘못된 부분이나 오류가 있으면 필자에게 알려주시기를 진심으로 부탁드립니다.

본 교재에서는 시중에서 쉽게 구할 수 있는 단순한 제어기기를 조합해 실습예제를 구성하였기에 제어기기가 준비되지 않는 분들에게는 다소 금전적 부담이 존재할 수 있겠지만 가능하면 실제 제어기기를 구매해 실습해보기를 권장합니다. 옛 성현 말씀에 "백문이 불여일견이요, 백견이 불여일촉이고, 백촉이 불여일행이라" 고 했습니다. 굳이 뜻을 풀이하자면 백번 듣는 것 보다는 한번 보는 것이 낫고, 백번 보는 것 보다는 한번 만져보는 것이 낫고, 백번 만져보는 것 보다는 한번 실제 경험해보는 것이 낫다는 의미입니다. PLC프로그램은 산업현장에서 바로 적용되는 기술이기에 수많은 시행착오 속에서 정답을 찾아가는 구도자의 길과 같은 과정입니다. 따라서 책을 보면서 직접 따라해 보시면서 문제점을 해결하는 방법이 현장에서 발생할 수 있는 시행착오를 줄이는 방법입니다.

이 교재의 후속으로 PLC통신(RS32통신, CC-Link등) 교재와 위치결정을 위한 서보모터 제어 교재를 별도로 준비하고 있습니다. 필자의 짧은 실력이지만 다년간 학교 및 산업현장의 재직자 교육을 통해 습득한 나름대로의 PLC프로그램 작성 기법에 대한 내용을 정리한 교재입니다. 필자가 교재를 집필하는 것은 PLC를 제대로 사용할 수 있는 생태조성을 위한 차원에서 필자의 강의노트를 공개하는 것이기에 필자의 강의노트 공개에 대한 많은 성원을 보내주셔서 또 다른 PLC 고수가 한 차원 높은 내용의 교재를 출판할 수 있는 생태환경을 조성해 주셨으면 합니다.

어제의 내 모습이 오늘이 내 모습이 되었듯이, 오늘 열심히 노력한 내 모습은 내일의 또 다른 내 모습을 만들 것입니다. PLC에 입문하고자 하는 많은 분들에게 필자의 노력이 조금이라도 도움이 되면 좋을 것 같습니다. 감사합니다.

저자 씀

CONTENTS

제 1 장 PLC 데이터 처리 및 표시 방법

1. 산업용 표시장치 10

1-1 FND(Flexible Numeric Display)를 이용한 표시장치 11

실습과제 1-1 SEG명령어를 이용한 숫자 표시 17

실습과제 1-2 SEG명령어와 나눗셈 명령어를 이용한 숫자 표시 24

실습과제 1-3 인덱스 수식을 이용한 숫자 표시 32

실습과제 1-4 인덱스 수식과 나눗셈 연산을 이용한 숫자 표시 36

실습과제 1-5 인덱스 수식을 이용한 FND 순차 점등1 39

실습과제 1-6 인덱스 수식을 이용한 FND 순차 점등2 42

1-2 D5Y-M디스플레이 모듈 45

1-3 D5Y-M모듈의 스택틱 구동 53

실습과제 1-7 스택틱 구동방법을 이용한 D5Y-M모듈 숫자 표시1 54

실습과제 1-8 스택틱 구동방법을 이용한 D5Y-M모듈 숫자 표시2 59

실습과제 1-9 스택틱 구동방법을 이용한 D5Y-M모듈 숫자 표시3 63

1-4 스택틱 구동방법을 이용한 D5Y-M모듈의 숫자 점멸 표시 71

실습과제 1-10 스택틱 구동방법을 이용한 D5Y-M모듈 숫자 표시4 72

실습과제 1-11 알람시계 만들기1 78

실습과제 1-12 알람시계 만들기2 84

1-5 BCD, BIN 명령어를 만드는 방법 92
실습과제 1-13 D5Y-M모듈의 숫자 표시1 97
1-6 프로그램의 구조화 100
실습과제 1-14 서브루틴 프로그램 호출 방법 104
실습과제 1-15 인수 부착 서브루틴 프로그램 호출 방법1 111
실습과제 1-16 인수 부착 서브루틴 프로그램 호출 방법2 114
실습과제 1-16 인수 부착 서브루틴 프로그램 호출 방법2 114
실습과제 1-17 타이머 인터럽트 기능을 이용한 스톱워치 만들기 123
1-7 파일 분할 구조화 127
실습과제 1-18 프로그램 분할 작성 134

제 2 장 DC모터를 이용한 위치제어

1. DC모터 제어 실습 140

1-1 DC모터 제어를 위한 실습 장치 140
1-2 포토마이크로 센서 141
실습과제 2-1 DC모터의 단순 정역 제어 실습 152
실습과제 2-2 자기유지회로를 이용한 DC모터 정역회전 실습 155
실습과제 2-3 위치 센서를 이용한 DC모터 정역회전 제어1 161
실습과제 2-4 위치 센서를 이용한 DC모터 정역회전 제어2 165

2. DC모터를 이용한 위치 제어 170

2-1 실습 장치의 구성 170
실습과제 2-5 이송테이블의 좌우이송 및 원점 복귀1 173
실습과제 2-6 이송테이블의 좌우이송 및 원점 복귀2 177
실습과제 2-7 이송테이블의 좌우이송 및 원점 복귀3 182
실습과제 2-8 이송테이블의 위치제어1 190
실습과제 2-9 이송테이블의 위치제어2 205
실습과제 2-10 인덱스를 이용한 디바이스 리드/라이트(read/write) 214
실습과제 2-11 인덱스를 레지스터를 이용한 위치제어 218

실습과제 2-12 파일 레지스터를 이용한 설정값 리드/라이트 229
실습과제 2-13 파일 레지스터를 이용한 이송테이블의 위치제어 237
실습과제 2-14 JOG운전을 이용한 위치 좌표 설정 방법 248
실습과제 2-15 위치 설정값을 이용한 연속 위치 제어 260

CHAPTER 1

PLC 데이터 처리 및 표시 방법

1. 산업용 표시장치

CHAPTER 1

1 산업용 표시장치

공장자동화 등과 같은 산업체에서는 제어정보를 표시하기 위한 방법으로 다양한 표시장치를 사용하고 있다. 최근에는 터치스크린의 표시장치가 대중화되어 널리 사용되고 있지만 터치스크린의 가격이 고가여서 PLC를 공부하는 학생들의 입장이나 또는 직장인의 입장에서는 사치스러운 품목에 해당될 것 같다. 본 교재에서는 아직도 공장자동화 분야에 널리 사용되고, PLC프로그래밍 방법을 배우는데 필요한 다양한 예제를 구현해 볼 수 있는 LED 표시장치를 사용해 PLC프로그램 작성법을 배워보도록 하겠다. 또한 LED를 이용한 표시장치의 가격이 저렴해서 큰 돈 들이지 않고도 교재에 나오는 다양한 예제를 직접 구현해 볼 수 있다는 장점 때문에도 LED를 이용한 표시장치를 선택하였다.

그림 1-1 산업현장에 널리 사용되는 GOT1000시리즈 터치스크린

1-1 FND(Flexible Numeric Display)를 이용한 표시장치

실생활에 사용하는 전자기기에 숫자를 표시할 때 주로 사용하는 FND를 이용해 숫자를 표시하는 방법에 대해 살펴보자. 최근에는 LCD의 사용으로 FND의 사용이 점차 줄어들고 있지만 FND는 밝은 조명에서도 LCD와는 달리 표시된 숫자를 확인할 수 있기 때문에 아직도 산업현장에서는 숫자를 표시할 때 많이 사용하고 있는 디스플레이 장치이다.

1-1-1 FND 구동을 위한 전기회로

FND(Flexible Numeric Display)는 세븐세그먼트(7-Segment)라는 명칭으로 사용되기도 하는 디스플레이 소자로서 0 ~ 9까지의 숫자를 표시하기 위해 7개의 막대 모양의 LED를 조합한 전자부품이다. FND는 [그림 1-2]에서 알 수 있듯이 숫자를 표시하기 위한 7개의 LED와 소수점 표시를 위한 1개의 DP (Decimal Point) LED로 구성되어 있다. 시중에 시판되는 모든 FND의 핀 배열이 [그림 1-3]과 일치하지는 않는다. 따라서 FND를 사용할 때에는 제작사의 데이터시트(data sheet)를 참조하기 바란다.

그림 1-2 FND의 외형 및 조합된 형태

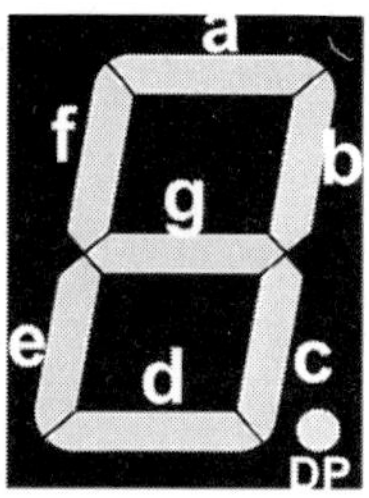

FND 세그먼트 배열

FND 핀 배치도(Top View)

그림 1-3 FND의 세그먼트 배열 및 핀 배치

시중에 시판되는 FND는 세그먼트를 구성하고 있는 LED의 조합에 따라 [그림 1-4]에 나타낸 것과 같이 공통 애노드 타입과 공통 캐소드 타입으로 구분된다.

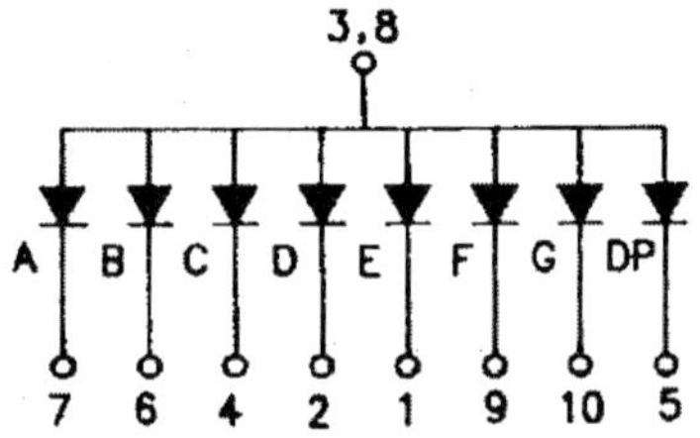

SND-617B (Anode Common)

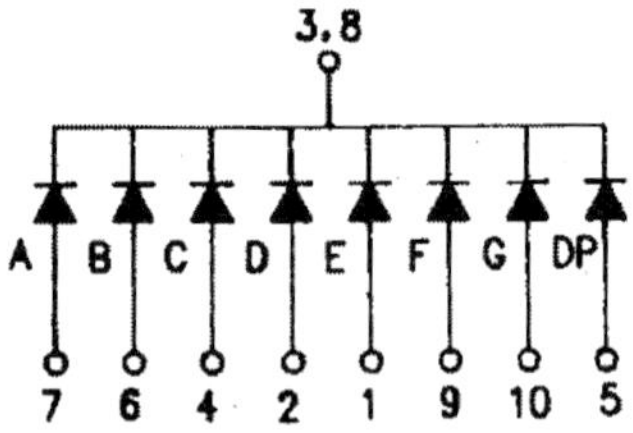

SND-610B (Cathode Common)

그림 1-4 FND의 핀 배열

FND타입이 구분되는 이유는 [그림 1-5]에 나타낸 LED의 특징에 의해 구분된다. LED는 일반 백열전구 타입과는 다르게 DC전원에서(AC전원에서도 동작하지만 반파정류로 인해 붉의 밝기가 흐리게 된다) 동작하고, 그리고 양극과 음극의 전원 극성을 가지고 있다. 다시 말해 LED을 점등하기 위해서는 반드시 전원 극성을 구분해서 전원을 연결해야 하기 때문에 멜섹Q PLC의 출력모듈을 이용해 FND를 구동하기 위해서는 PLC의 출력모듈 타입에 따라 FND타입도 다르게 된다.

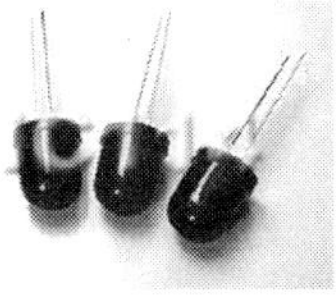

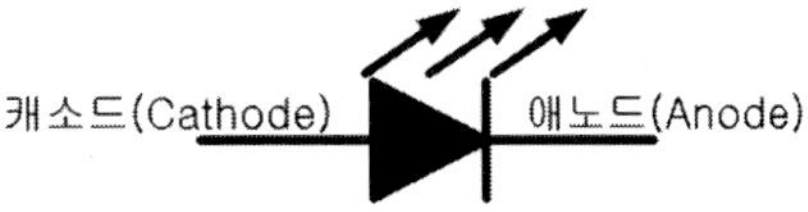

그림 1-5 LED의 외형과 LED심볼

PLC의 출력모듈이 NPN트랜지스터 모듈이면 공통 애노드(Anode Common) 타입을 사용하고, PNP트랜지스터 모듈이면 공통 캐소드(Cathode Common)타입을 사용한다. LED를 점등하기 위해서는 LED의 타입에 따라 DC2V ~ 5V의 DC전압을 연결해야 한다. 때문에 PLC출력의 ON/OFF 전압인 DC24V로 LED를 직접 구동하게 되면 LED는 파손될 수 있다. 따라서 LED소자로 구성된 FND를 PLC의 출력모듈에 연결하여 숫자를 표시하기 위해서는 PLC의 출력과 FND모듈 사이에 저항을 사용하여 전류의 흐름을 제한해야 한다.

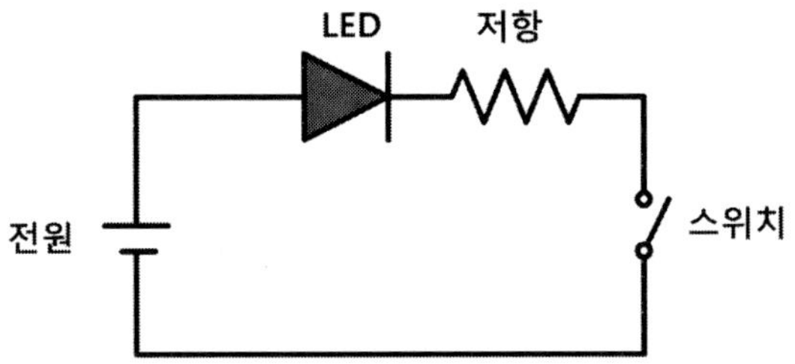

그림 1-6 LED점등을 위한 전기회로

[그림 1-6]은 LED를 ON/OFF하기 위한 전기회로를 나타낸 것이다. 그림에서 스위치의 역할을 하는 것이 PLC의 출력모듈의 출력접점이라고 가정하고 전기회로를 설명한다. LED점등회로는 [그림 1-6]처럼 저항을 이용해 LED에 흐르는 전류의 양과 전압을 제어해 LED가 안정적으로 동작하도록 해야 한다. 그럼 지금부터 LED를 안정적으로 ON/OFF하기 위한 저항 값을 구하는 방법에 대해 살펴보자.

저항은 전류의 흐름을 제한하는 작용($I = V/R$)과 그리고 저항을 통해서 전류가 흐르는 양에 비례해서 저항 양단에 전압이 발생되어져 전압을 분배하는 작용($V = RI$)을 한다. 먼저 LED을 구동하기 위한 저항 값을 구하기 전에 LED가 점등되기 위한 LED의 순방향 전압(정격전압)과 순방향 전류(정격전류)를 살펴보자. [표 1-1]은 LED제조사가 만든 LED의 전기적 특성을 나타낸 표이다. 이 도표에서 우리는 LED에 필요한 다양한 정보를 얻을 수 있다. [표 1-1]

의 첫 번째 줄에 있는 LED부품번호 BL-B5131-L을 살펴보면 LED의 점등에 필요한 순방향 전류(If)는 7㎃이고 LED에 전류가 흐를 때 발생되어지는 순방향 전압(V_f)은 1.9V라고 명기되어 있다. 따라서 LED구동회로에 각 소자에 걸리는 전압 및 전류를 살펴보면 [그림 1-7]과 같다.

표 1-1 LED 특성표

Package	Part No.	Chip: Material/ Emitted Color	Chip: Peak Wave Length λp (nm)	Lens Appearance	Absolute Maximum Ratings: Δλ (nm)	Absolute Maximum Ratings: Pd (mw)	Absolute Maximum Ratings: If (mA)	Electro-optical Data(At 2mA): Vf (V) Typ	Electro-optical Data(At 2mA): Vf (V) Max	Electro-optical Data(At 2mA): Iv (mcd) Typ.	Viewing Angle 2θ 1/2 (deg)	Drawing No.
T-1 Standard 1.0" Lead 3 φ	BL-B5131-L	GaP/GaP/ Bright Red	700	Red Diffused	90	14	7	1.9	2.2	0.8	35	L-144
	BL-B4531-L	GaAsP/GaP/ Hi-Eff Red	635		45	14	7	1.8	2.2	4.0		
	BL-B2131-L	GaP/GaP/ Green	568	Green Diffused	30	14	7	1.9	2.2	4.0		
	BL-BX1131-L	GaP/GaP/ Hi-Eff Green	568		30	14	7	1.8	2.2	7.0		
	BL-B3131-L	GaAsP/GaP/ Yellow	585	Yellow Diffused	35	14	7	1.9	2.2	3.0		
	BL-B4131-L	GaAsP/GaP/ Orange	635	Orange Diffused	45	14	7	1.8	2.2	4.0		
	BL-B4331-L	GaAsP/GaP/ Orange	635	Water Clear	45	14	7	1.8	2.2	12.0	30	

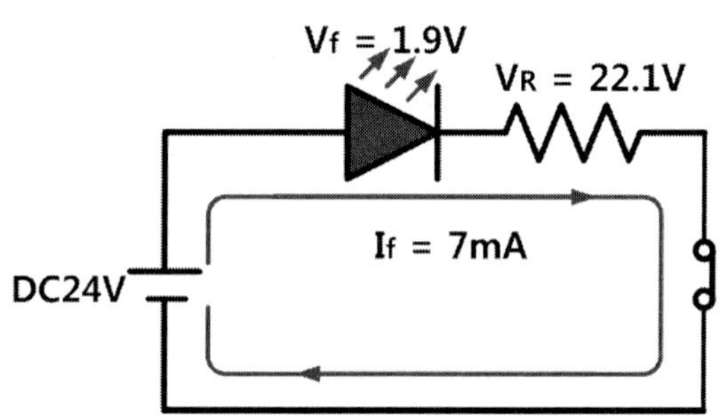

그림 1-7 LED점등을 위한 전기회로

[그림 1-7]의 LED구동회로에서 스위치가 ON되면 LED가 점등한다. 이때 전기회로에 흐르는 전류 및 전압의 상태를 회로이론에서 배운 키르히호프의 전압의 법칙(KVL)을 적용해서 LED보호를 위한 저항 값을 구해보자. [그림 1-7]의 전기회로에서 LED에 걸리는 전압이 1.9V이기 때문에, 전기회로에 공급되어진 DC24V의 나머지 전압 22.1V는 저항 양단에 걸리게 된다. 이 때, 회로에 흐르는 전류는 LED의 순방향 전류인 7mA만 흐르면 되기 때문에 저항에 걸리는 전압과 저항을 통해서 흐르는 전류의 양을 알고 있으므로 LED을 보호하기 위한 저항 값을 옴의 법칙($R = I/V$)을 이용해 구할 수 있다.

저항 값을 구하기 위한 수식 : $R=\frac{V}{I}$

V는 저항의 양단에 걸리는 전압을 의미

I는 저항을 통해서 흐르는 전류를 의미

[그림 1-7]의 회로에서 $V=21.1[\mathrm{V}]$, $I=7[\mathrm{mA}]$이므로

$$R=\frac{V}{I}=\frac{21.1[\mathrm{V}]}{7[\mathrm{mA}]}=\frac{21.1[\mathrm{V}]}{7\times10^{-3}[\mathrm{A}]}=3014[\Omega]$$

저항에서 소비되는 소비전력 값을 구하면

$$P=RI^2=3014[\Omega]\times(7[\mathrm{mA}])^2=0.148[\mathrm{W}]$$

[그림 1-7]의 LED구동회로에서 LED를 과전압 및 과전류로부터 보호하기 위한 저항값은 3014[Ω]이 된다. 여기서 저항 값은 ±10%의 오차 범위 내에서 그리고 저항의 소비전력은 1/4[W]을 선정하면 된다. 위와 같은 방법을 이용하면 LED에 공급되는 다양한 전압 값에 필요한 LED보호용 저항을 선정할 수 있다.

1-1-2 FND 구동을 위한 멜섹Q CPU 명령어 살펴보기

멜섹Q CPU의 명령어 중에는 FND구동을 위한 "7세그먼트 디코드(SEG)"라고 불리는 명령어를 가지고 있다. 이 명령어를 살펴보면 다음과 같다.

그림 1-8 FND구동용 멜섹Q CPU명령어

① Ⓢ로 지정된 숫자 데이터(10진수 : K0 ~ K15, 16진수 : H0 ~ H0F)를 7세그먼트 표시 데이터로 디코드해서 Ⓓ에 저장한다.

② SEG명령어의 사용 방법은 [그림 1-9]에 나타낸 것과 같다. Ⓢ에 해당되는 숫자 데이터를 8비트로 구성된 7세그먼트 표시 데이터를 지정된 비트 디바이스 또는 워드 디바이스에 저장한다.

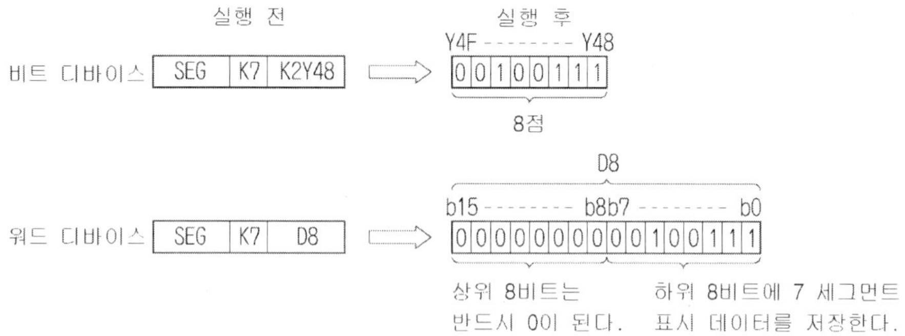

그림 1-9 SEG명령어의 실행결과

[그림 1-10]은 Ⓢ에 저장된 데이터에 따라 7세그먼트 표시데이터로 변환하여 Ⓓ로 지정된 디바이스 영역에 저장되는 데이터를 나타낸 것이다.

Ⓢ		7 세그먼트의 구성	Ⓓ								표시 데이터
16진수	비트 패턴		B7	B6	B5	B4	B3	B2	B1	B0	
0	0000		0	0	1	1	1	1	1	1	0
1	0001		0	0	0	0	0	1	1	0	1
2	0010		0	1	0	1	1	0	1	1	2
3	0011		0	1	0	0	1	1	1	1	3
4	0100		0	1	1	0	0	1	1	0	4
5	0101		0	1	1	0	1	1	0	1	5
6	0110	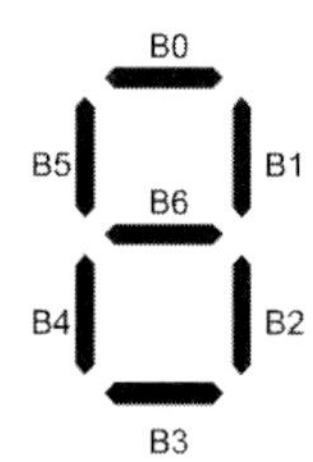	0	1	1	1	1	1	0	1	6
7	0111		0	0	1	0	0	1	1	1	7
8	1000		0	1	1	1	1	1	1	1	8
9	1001		0	1	1	0	1	1	1	1	9
A	1010		0	1	1	1	0	1	1	1	A
B	1011		0	1	1	1	1	1	0	0	b
C	1100		0	0	1	1	1	0	0	1	C
D	1101		0	1	0	1	1	1	1	0	d
E	1110		0	1	1	1	1	0	0	1	E
F	1111		0	1	1	1	0	0	0	1	F

그림 1-10 SEG명령어의 실행 결과

1-1 실습과제 SEG명령어를 이용한 숫자 표시

[그림 1-11]과 [표 1-2]는 시중에서 시판되는 FND를 이용해 만든 실습 장치와 실습 장치 제작에 사용된 부품이다. 시각적인 효과를 이용해 대형 FND를 사용하였지만 직접 만들어서 실습할 때에는 시중에서 쉽게 구할 수 있는 소형 FND를 이용하면 된다.

그림 1-11 자작한 FND 실습 장치

FND실습 장치의 제작에 사용된 부품 목록은 [표 1-2]와 같다. "백문이 불여일견, 백견이 불여일촉"이라는 말이 있듯이 가능하면 재료를 구매하여 만들어 보는 것도 좋을 것 같다. 시중에서 쉽게 구할 수 있는 부품들로 구성되어 있고 많은 돈이 들지 않는다.

표 1-2 FND 실습 장치 제작에 필요한 재료 목록

품명	규격	수량	비고
PCB기판	150mm × 100mm	1EA	
FND	SND610	2EA	삼광반도체
저항	2KΩ/0.25W	14EA	
커넥터	HIF3BA-40PA-2.54DS	1EA	히로세전기

[그림 1-12]는 앞에서 제작한 FND실습 장치의 전기 회로도를 나타낸 것이다. PLC를 이용해 FND모듈을 구동하는 방법과 램프를 구동하는 방법은 동일하다. 단 FND을 구성하는 LED램프가 일반 백열전구 램프와는 달리 전기극성을 가지고 있는 램프이기 때문에 전원 연결방향만 주의하면 된다.

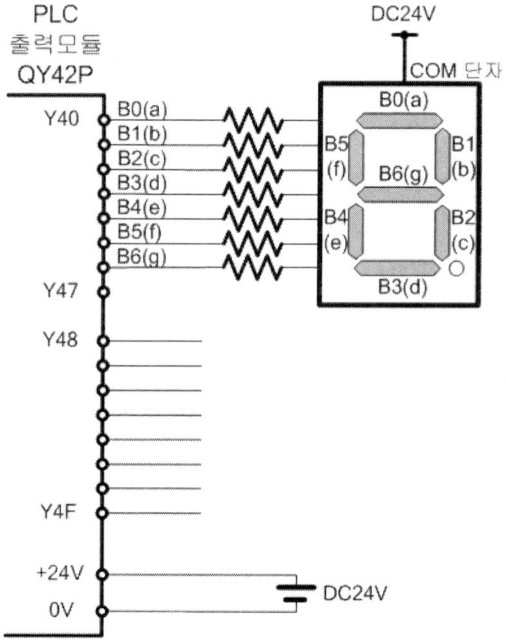

그림 1-12 FND구동을 위한 PLC 결선도

(문제1) PLC의 "SEG"명령어를 사용하여 아래의 주어진 조건을 만족하는 PLC프로그램을 작성하라.

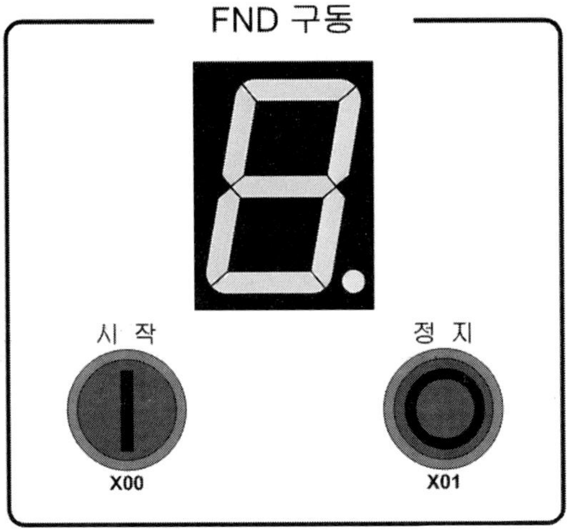

그림 1-13 FND조작용 패널

입출력번호 할당

표 1-3 PLC 입출력 할당표

입력번호	기능	출력번호	기능
X00	시작 버튼	Y47 ~Y40	숫자 표시 FND
X01	정지 버튼		

동작조건

① PLC의 전원이 ON되면 FND에는 숫자 "0"이 표시된다.
② 시작 버튼(X00)을 누르면 FND는 숫자 "0 ~ F"까지 1초 간격으로 순차적으로 반복 표시된다.
③ 정지버튼(X01)을 누르면 FND는 숫자 표시를 멈추고 "0"을 표시한다.

PLC 프로그램

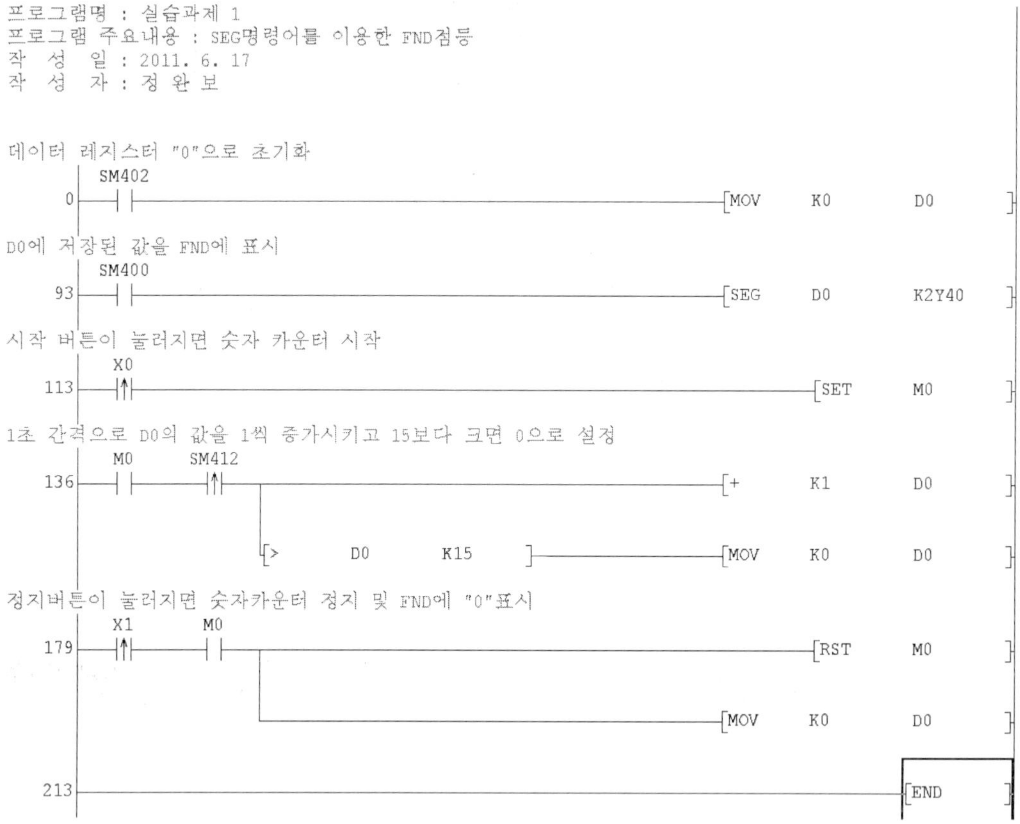

프로그램 1-1 SEG명령어를 이용한 FND점등

작성한 PLC프로그램을 살펴보자. 의문가는 사항이 있는가? 일반적으로 일정한 시간 간격으로 숫자를 증가시킨다고 하면 많은 사람들이 타이머 및 카운터 사용을 생각할 것이다. 물론 타이머를 사용할 경우도 많지만 주어진 예제처럼 1초 간격이라고 하면 특수릴레이 SM412를 사용하는 것이 훨씬 간편하다. 그리고 숫자의 증가인 경우에는 [프로그램 1-1]에서와 같이 산술연산과 비교연산 명령어를 사용하면 카운터를 사용하는 것 보다 훨씬 다양한 기능을 구현할 수 있다.

1-1-3 나눗셈 연산 명령어를 이용한 FND표시

실제 산업현장에서는 “SEG” 명령어를 이용해 FND를 직접 구동하는 경우는 보지 못했다. 그럼에도 설명하는 이유는 FND가 산업현장의 표시장치로 널리 사용되고 있기 때문이다. 사실 뒤에서 설명하겠지만 산업현장에서 사용하는 FND는 사용자가 쉽게 사용할 수 있도록 전자회로와 결합된 제품이 시판된다. 따라서 FND의 동작원리를 알고 나면 산업현장에서 사용하는 FND를 훨씬 쉽게 사용할 수 있다. 이제는 나눗셈 연산을 이용해 여러 개의 FND를 구동하는 방법에 대해 살펴보자

“SEG” 명령어를 이용해 FND에 “0 ~ F”를 표시하기 위해서는 2진수 4자리 “0000 ~ 1111”의 2진 숫자를 필요로 한다. 만약 FND를 여러 개 사용하여 “0000 ~ 9999”라는 숫자를 표현하기 위해서는 어떻게 해야 할까?

“4321”은 사천삼백이십일이라는 숫자를 의미하는 걸까? 아니면 단순히 숫자 사삼이일을 의미하는 걸까? 똑같은 숫자라고 해도 숫자가 표시되는 상황에 따라 다른 형태의 숫자로 인식된다. “SEG” 명령어는 FND 1개의 자리에 대한 숫자만을 표시할 수 있는 명령어이다. 따라서 FND 4자리에 숫자 “4321”을 표시한다고 가정한다면 천의 자리, 백의 자리, 십의 자리, 일의 자리에 해당되는 각각의 숫자를 구분하여 “SEG” 명령어를 이용해서 숫자를 표시해야 한다. 예를 들어 FND에 “00 ~ 99”까지의 숫자를 표현한다고 가정하면 이러한 동작을 하는 PLC프로그램은 여러 가지 방법을 이용해 구현할 수 있겠지만 필자는 나눗셈 연산을 사용하여 PLC프로그램을 작성해 보겠다. PLC의 산술연산 명령어는 실수연산과 정수연산 명령어로 구분된다. 즉 컴퓨터는 사람이 사용하는 숫자 값 중에서 소수점이 있는 10.0과 소수점이 없는 정수 10을 따로 구분한다는 의미이다. 다시 말해 10.0+10이라는 연산을 할 수 없다는 의미이다. 즉 실수연산의 덧셈 명령은 10.0+10.0=20.0의 결과 값을 구하는 연산이고, 정수연산의 덧셈 명령은 10+10=20이라는 결과 값을 구하는 명령이다. 똑같은 덧셈 연산도 실수와 정수를 구분해서 연산한다는 의미이다. 이러한 기능은 CPU를 사용하는 모든 제품에 똑 같이 적용된다. 보다 자세한 사항에 대해 알고 싶은 사람은 컴퓨터 구조와 관련된 이론서적을 읽어보기 권한다.

다시 본론으로 돌아와서 “SEG” 명령어를 이용해 FND에 “00 ~ 99”까지 표현하기 위해서는 1과 10의 자리 각각에 표시할 0 ~ 9까지의 숫자를 구한 다음 “SEG” 명령어를 이용해 각 FND에 표시할 숫자에 해당되는 데이터를 출력하는 것이 PLC프로그램의 핵심이다. 아무리 큰 숫자를 표시한다고 해도 FND

1개에 표시되는 숫자는 단지 0~9까지의 숫자 중에 하나가 표시되는 것이다. FND에 숫자 79를 표현한다고 하면 십의 자리에 해당되는 FND모듈에 7을 표시하면 되고, 일의 자리에 해당되는 FND모듈에 9를 표시하면 사람이 알아서 79로 인식하게 되는 것이다.

십진수 숫자 79를 어떤 방법으로 7과 9로 분리할 수 있을까? 가장 간단하게 할 수 있는 방법이 PLC의 나눗셈 연산을 이용하는 것이다. 앞에서도 설명했듯이 PLC의 산술연산 +, −, ×, ÷명령어는 정수연산 명령어와 실수연산 명령어로 구분되어 있다. 그 중에서 정수형 나눗셈 명령어를 살펴보면 다음과 같다.

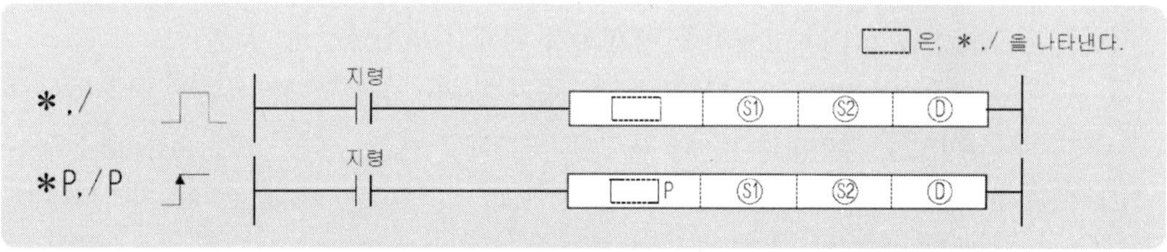

그림 1-14 16비트 BIN 나눗셈 명령어의 구성

[그림 1-14]는 BIN16비트 나눗셈 명령어의 구성을 나타낸 것으로 예를 들어 "79÷10=(결과값)"은 다음과 같이 표현한다.

그림 1-15 나눗셈 명령어 사용 예

[그림 1-15]에 나타낸 나눗셈 명령어를 수행하면 나눗셈의 결과값은 [그림 1-16]에 나타낸 것과 같이 몫과 나머지로 구분해서 구해진다. [그림 1-16]에 나타낸 것처럼 79을 10으로 나누면 십의 자리에 해당되는 7과 일의 자리에 해당되는 9을 각각 구분해서 구할 수 있고, 나눗셈 명령어를 이용해서 구해진 몫과 나머지의 값을 각각 "SEG" 명령어를 이용해 해당 자리의 FND에 표시하게 되면 00~99까지의 숫자를 FND에 표시할 수 있다.

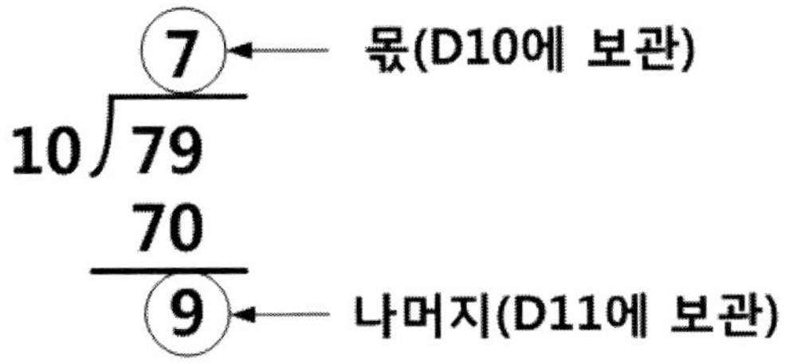

그림 1-16 나눗셈 명령어의 실행 결과

1-2 실습과제 SEG명령어와 나눗셈 명령어를 이용한 숫자 표시

앞에서 학습한 나눗셈 연산 명령어와 "SEG" 명령어를 사용하여 [그림 1-17]과 같이 PLC의 출력에 FND를 2개 연결한 다음 주어진 조건을 만족하는 PLC 프로그램을 작성하라.

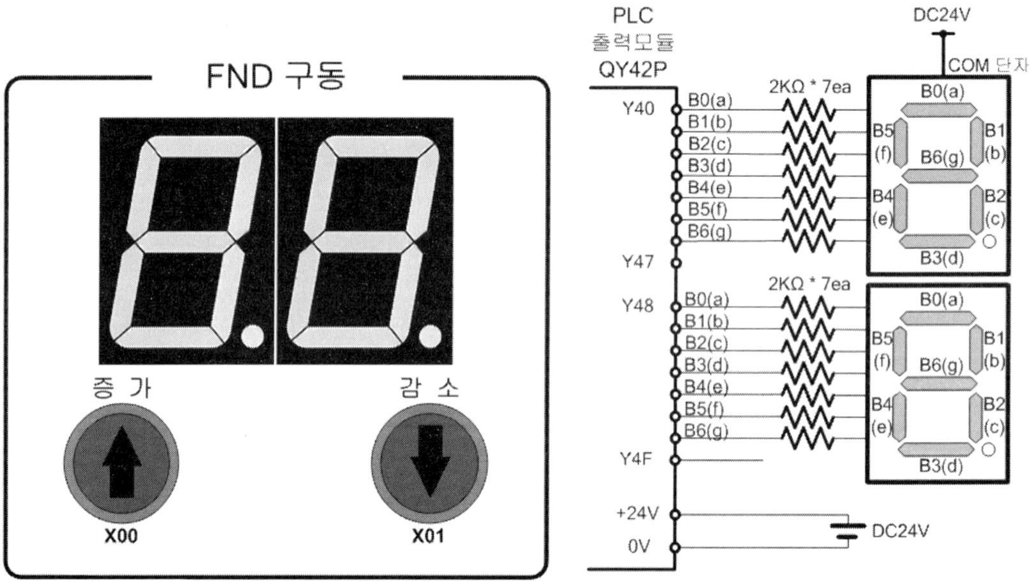

그림 1-17 FND구동을 위한 PLC 결선도 및 조작패널

▌입출력번호 할당

표 1-4 PLC 입출력 할당표

입력번호	기능	출력번호	기능
X00	증가 버튼	Y47 ~Y40	10^0 숫자표시FND
X01	감소 버튼	Y4F ~ Y48	10^1 숫자표시FND

▌동작조건

① PLC의 전원이 ON되면 FND에는 숫자 "00"이 표시된다.

② 증가버튼(X00)을 누르면 FND는 숫자 "0 ~ 99"까지 순차적으로 증가한다. 만약 표시숫자가 "99"가 되면 증가버튼을 눌러도 더 이상의 숫자는 증가하지 않는다. 또한 증가버튼을 1초 이상 연속해서 누르고 있으면 0.1초 간격으로 숫자가 자동 증가한다.

③ 감소버튼(X01)을 누르면 FND는 숫자 "99 ~ 00"까지 순차적으로 감소한다. 만약 표시숫자가 "00"이면 감소버튼을 눌러도 더 이상의 숫자는 감소하지 않는다. 또한 감소버튼을 1초 이상 연속해서 누르고 있으면 0.1초 간격으로 숫자가 자동 감소한다.

④ FND에 숫자를 표시하기 위해서 나눗셈 연산 명령어와 "SEG" 명령어를 사용하여 프로그램을 완성하라.

▌PLC 프로그램 작성

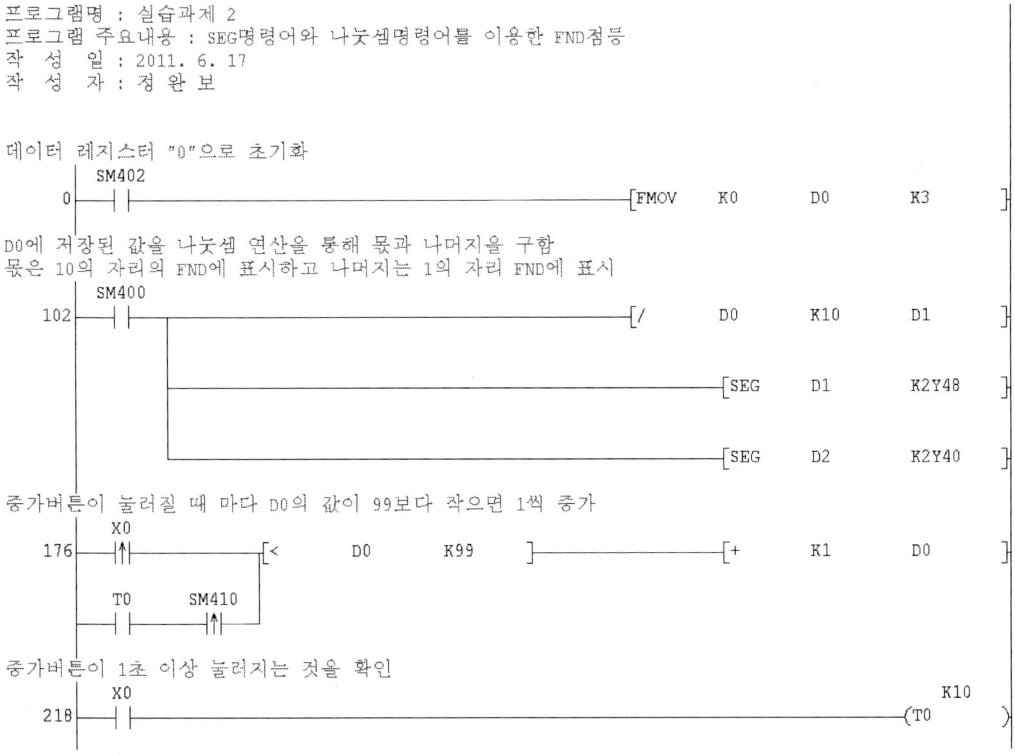

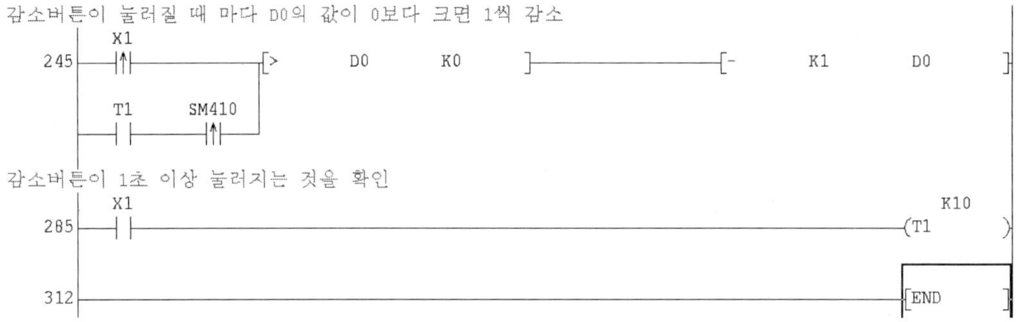

프로그램 1-2 SEG명령어와 나눗셈 명령어를 이용한 FND점등

이 과제는 "멜섹Q PLC로 배우는 PLC이론과 실습" 책자를 공부하는 독자라면 누구나 쉽게 해결할 수 있는 과제이다. 많은 숫자를 증가시키고자 할 때에 [프로그램 1-2]와 같이 타이머와 특수릴레이를 조합하여 사용하면 일정시간 버튼을 누르고 있으면 정해진 동작을 하는 기능을 구현할 수 있다. [그림 1-18]에 그래프로 동작원리를 나타내었다.

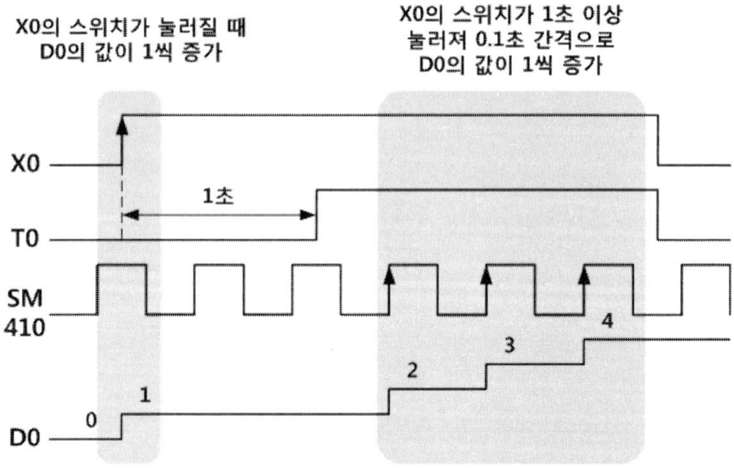

그림 1-18 1초 이상 버튼을 누르면 숫자가 증가하는 기능

[프로그램 1-2]에서 프로그램 번호 102번을 살펴보면 D0에 저장된 00 ~ 99 사이의 값을 나눗셈 연산을 이용해 10의 자리인 몫과 1의 자리인 나머지를 구해서 "SEG" 명령어를 이용해서 FND를 점등하고 있음을 알 수 있다. 복잡해 보이는 기능도 PLC의 명령어를 잘 이용하면 기능을 쉽게 구현할 수 있다.

1-1-4 인덱스 수식을 이용한 FND 구동

이번 실습에서는 앞에서 학습한 "SEG" 명령어를 사용하지 않고 인덱스 수식을 이용해 "SEG" 명령어처럼 동작하는 PLC프로그램을 작성하는 방법에 대해 살펴보자.

1) 인덱스 수식이란?

인덱스 수식이란 연속되어진 데이터 레지스터를 효율적으로 검색하기 위한 방법의 하나로 인덱스 레지스터를 사용하여 사용자가 원하는 데이터 레지스터를 선택하는 방법을 의미한다. 멜섹Q 02H CPU에서는 16개의 인덱스 레지스터(Z0 ~ Z15)를 사용할 수 있고 각 인덱스 레지스터에는 −32,768 ~ +32,767까지의 값을 설정할 수 있다. 인덱스 수식은 주로 PLC의 메모리에 연속적으로 저장된 데이터를 인덱스 수식에 의해 메모리의 내용을 읽어올 때 주로 사용한다.

데이터메모리 번지	데이터메모리 내용	인덱스(INDEX) 설정값
D10	H003F	0
D11	H0006	1
D12	H005B	2
D13	H004F	3
D14	H0066	4
D15	H006D	5
D16	H007D	6
D17	H0027	7
D18	H007F	8
D19		9

그림 1-19 PLC 메모리

[그림 1-19]는 연속되어진 데이터 메모리의 형태를 나타낸 것이다. D10의 데이터 레지스터에는 앞에서 학습한 FND에 "0"을 표시하기 위한 데이터가 저장되어 있고, D11에는 "1", D12에는 "2"을 표시하기 위한 FND표시용 데이터

가 저장되어 있음을 알 수 있다. D10에서 D18의 데이터 레지스터에 저장된 16진수는 [그림 1-10]에 나타낸 FND숫자를 표시하기 위한 B7 ~ B0의 값을 16진수로 나타낸 것이다. 이처럼 FND에 숫자를 표시하기 위한 데이터를 사전에 데이터메모리에 저장해 놓고, FND에 숫자 5를 표시하기 위하여 인덱스 수식을 사용하려면 [그림 1-20]에 나타낸 것처럼 프로그램 하면 된다.

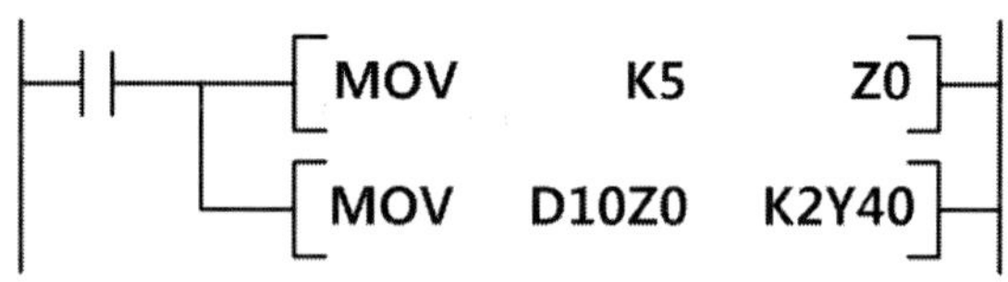

그림 1-20 인덱스 수식

[그림 1-20]에 나타낸 명령어를 자세히 살펴보면 다음과 같다.

[MOV K5 Z0]은 인덱스 레지스터 Z0에 십진 상수 "5"를 저장하는 명령어이다. **[MOV D10Z0 K2Y40]**은 인덱스 수식 "D10Z0"을 사용한 인덱스 수식 명령어다. D10Z0의 의미는 "D10Z0=D{10+(5)}=D15"이다. 즉 데이터 레지스터 번지 D10번지의 "10"과 인덱스 레지스터 Z0에 저장된 값 "5"가 더해져 데이터 메모리 번지 "D15"를 나타내게 된다. 따라서 Y40 ~ Y47의 출력에 연결된 FND에는 D15의 데이터 레지스터에 저장된 값이 출력되어 숫자 "5"가 표시된다. 이러한 번지 지정방법을 "간접 메모리번지 지정방식"이라 한다. [그림 1-21]은 "Z0=20, Z1=-5"인 경우, 인덱스 수식을 이용한 처리 결과를 나타낸 도표이다.

인덱스 수식은 [표 1-5]에 나타낸 디바이스를 제외하고는 접점, 코일, 기본명령, 응용명령에서 사용하는 모든 디바이스와 함께 사용할 수 있다.

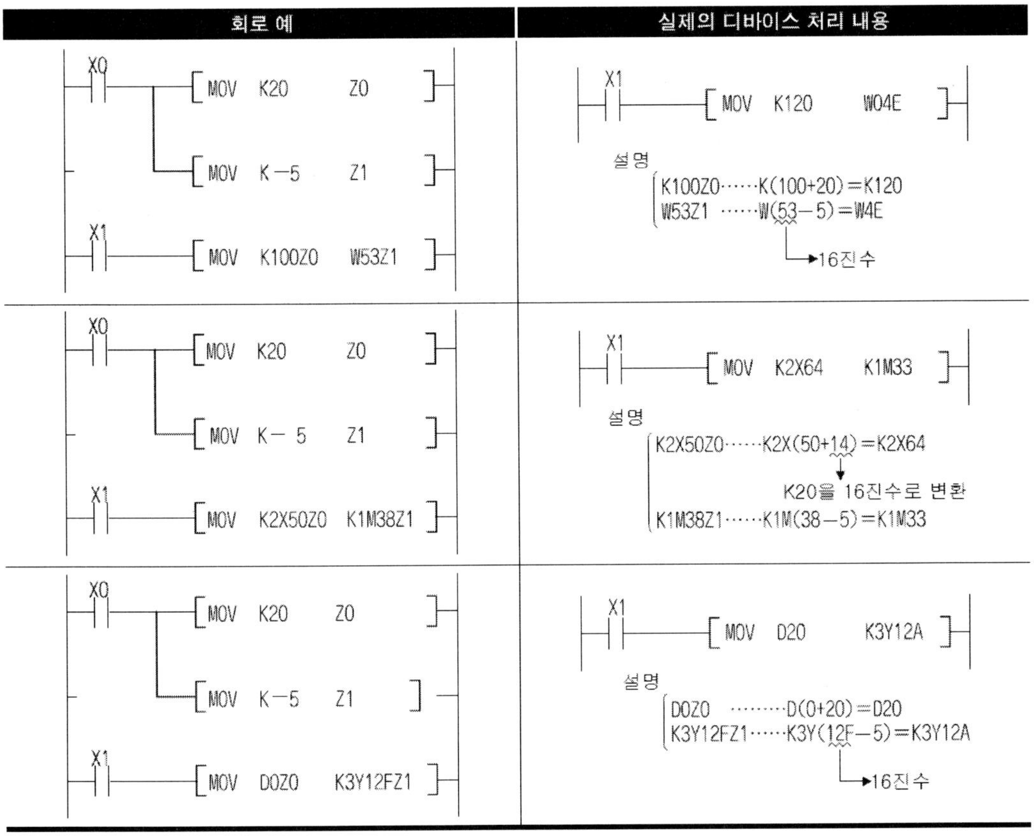

그림 1-21 인덱스 수식의 사용 예

표 1-5 인덱스 수식을 사용하지 못하는 디바이스

디바이스	내 용
K, H	32비트 상수
E	부동 소수점 데이터
$	문자열 데이터
□.□	워드 디바이스의 비트 지정
FX, FY, FD	펑션 디바이스
P	라벨로서의 포인터
I	라벨로서의 인터럽트 포인트
Z	인덱스 레지스터
S	스텝 릴레이
TR	이행 디바이스
BL	블록 디바이스
T, ST	타이머 설정값
C	카운터 설정값

타이머 및 카운터의 설정 값에는 인덱스 수식을 사용할 수 없지만 타이머 및 카운터의 접점과 코일에는 [그림 1-22]와 같이 인덱스 수식을 제한적으로 사용할 수 있다.

디바이스	내 용	사용 예
T	• 타이머의 접점, 코일에는 Z0, Z1만 사용 가능	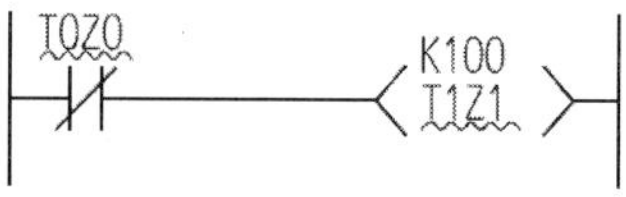
C	• 카운터의 접점, 코일에는 Z0, Z1만 사용 가능	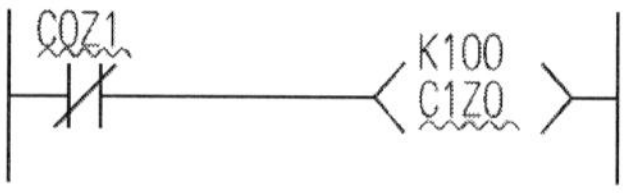

그림 1-22 타이머 및 카운터의 접점, 코일의 인덱스 수식 사용

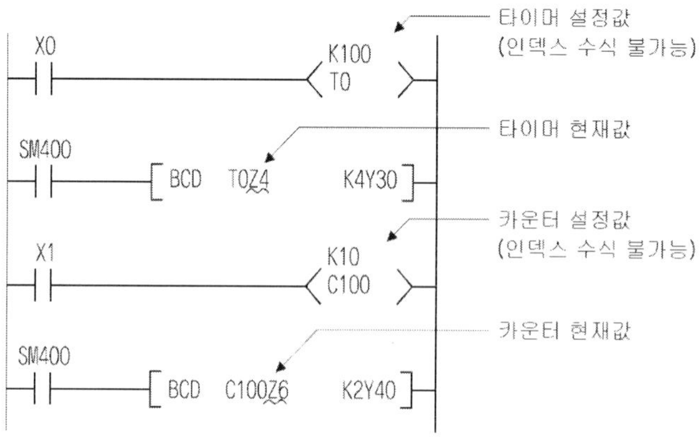

그림 1-23 타이머 및 카운터에 인덱스 수식 사용

타이머와 카운터의 현재 값에는 [그림 1-23]과 같이 인덱스 수식을 사용할 수 있다.

2) 인덱스 수식의 사용용도

① 비트 데이터에 인덱스 수식의 사용 방법

자리가 지정되어 있는 디바이스 번호는 인덱스 수식을 사용할 수 있다. 다만 자리 지정을 하는 부분은 인덱스 수식을 사용할 수 없다.

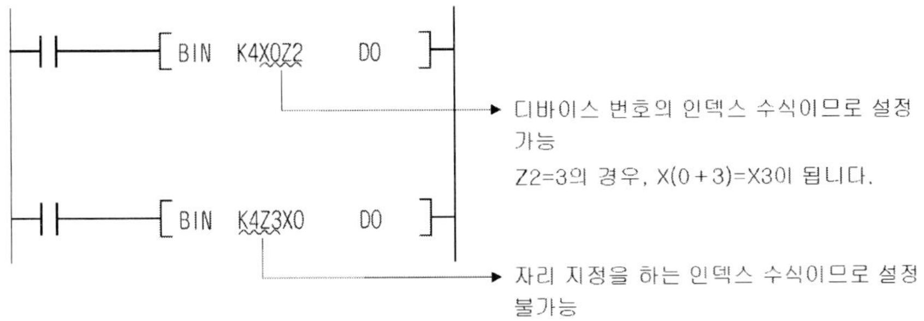

그림 1-24 비트 데이터에 인덱스 수식의 사용

② 인텔리전트 기능 모듈 디바이스에서는 I/O No.와 버퍼메모리 번호에 인덱스 수식을 사용할 수 있다.

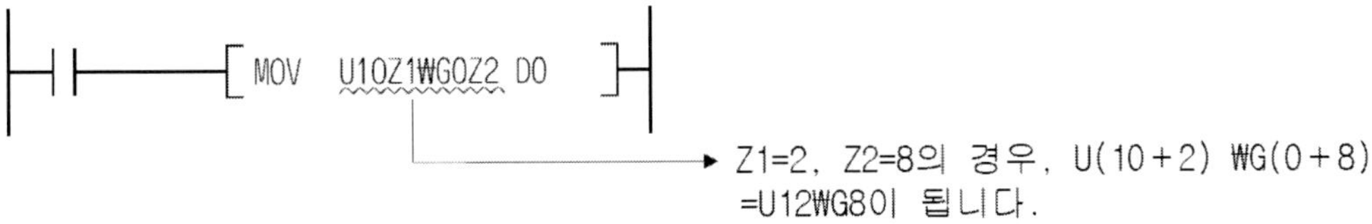

그림 1-25 인텔리전트 모듈 디바이스에 인덱스 수식 사용

③ 링크 다이렉트 디바이스에서는 네트워크 No.와 디바이스 번호에 인덱스 수식을 사용할 수 있다.

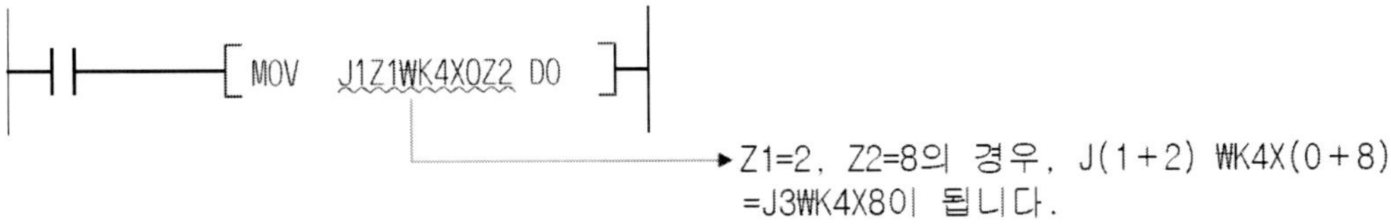

그림 1-26 링크 다이렉트 디바이스에 인덱스 수식 사용

1-3 실습과제 인덱스 수식을 이용한 숫자 표시

인덱스 수식을 이용해 [그림 1-27]의 조작패널과 주어진 동작 조건을 만족하는 PLC 프로그램을 작성해보자.

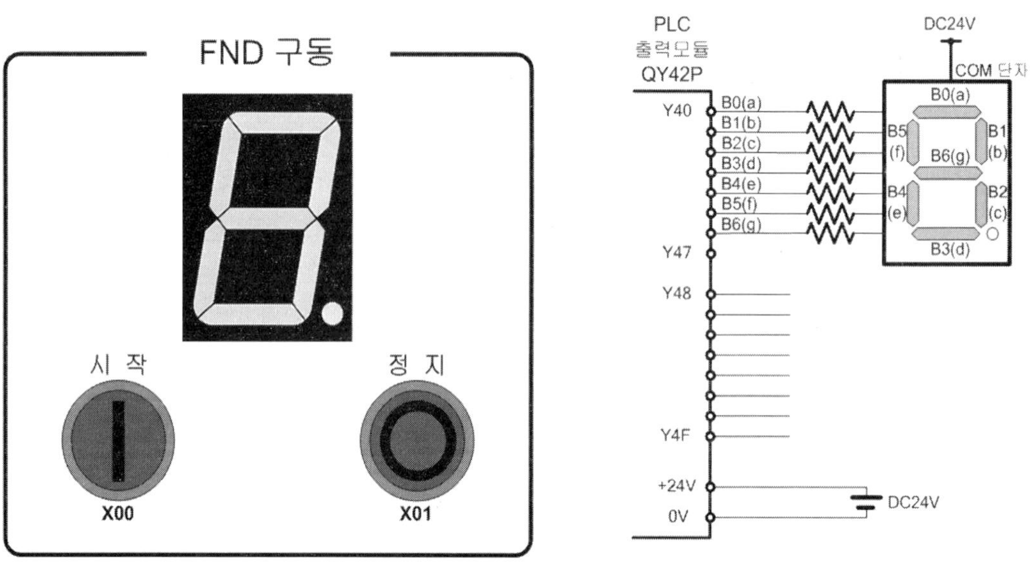

그림 1-27 조작패널과 FND 결선도

표 1-6 PLC 입출력 번지 할당표

입력번호	기능	출력번호	기능
X00	시작 버튼	Y47 ~Y40	숫자 표시 FND
X01	정지 버튼		

동작조건

① 데이터 레지스터 D100 ~ D115에 FND에 표시할 "0 ~ F"의 표시데이터를 저장한다.

② PLC의 전원이 ON되면 FND에는 숫자 "0"이 표시된다.

③ FND에 표시되는 숫자는 16진수 숫자로 "0 ~ F"까지 표시된다.

④ 시작버튼(X00)을 누르면 FND의 표시숫자가 1초 간격으로 1씩 증가하여 표시하고 "F"가 되면 다시 "0"부터 숫자를 순차적으로 증가시킨다.

⑤ 정지버튼(X02)을 누르면 숫자의 증가 동작을 멈추고 FND에는 "0"이 표시된다.

PLC 프로그램 작성

프로그램명 : 실습과제 3
프로그램 주요내용 : 인덱스레지스터를 이용한 FND점등
작 성 일 : 2011. 6. 17
작 성 자 : 정 완 보

데이터 레지스터 "0"으로 초기화 및 인덱스레지스터 Z0초기화
인덱스레지스터를 이용한 FND디스플레이 테이터 설정

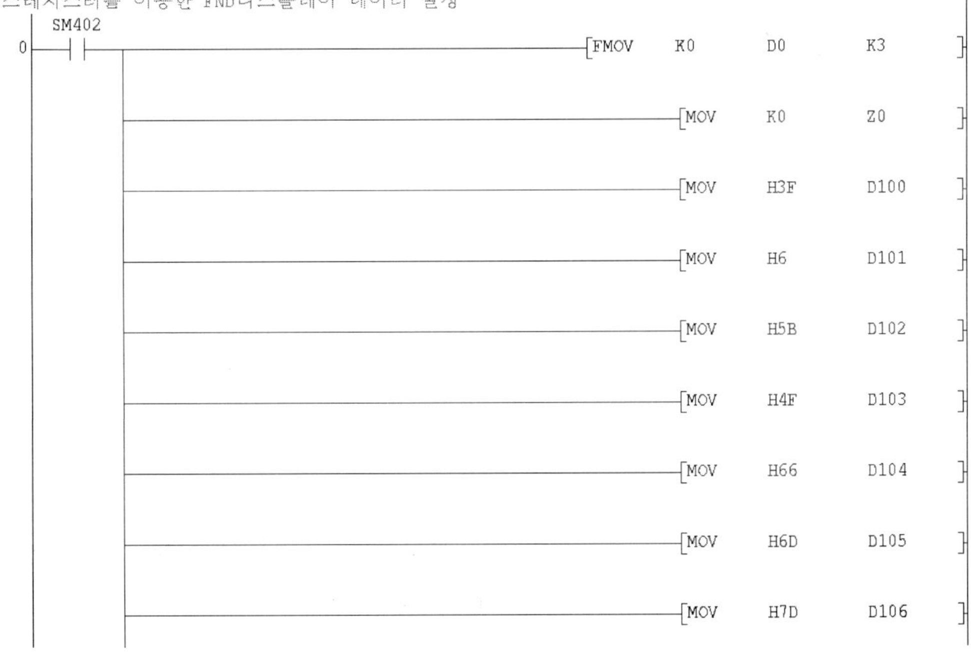

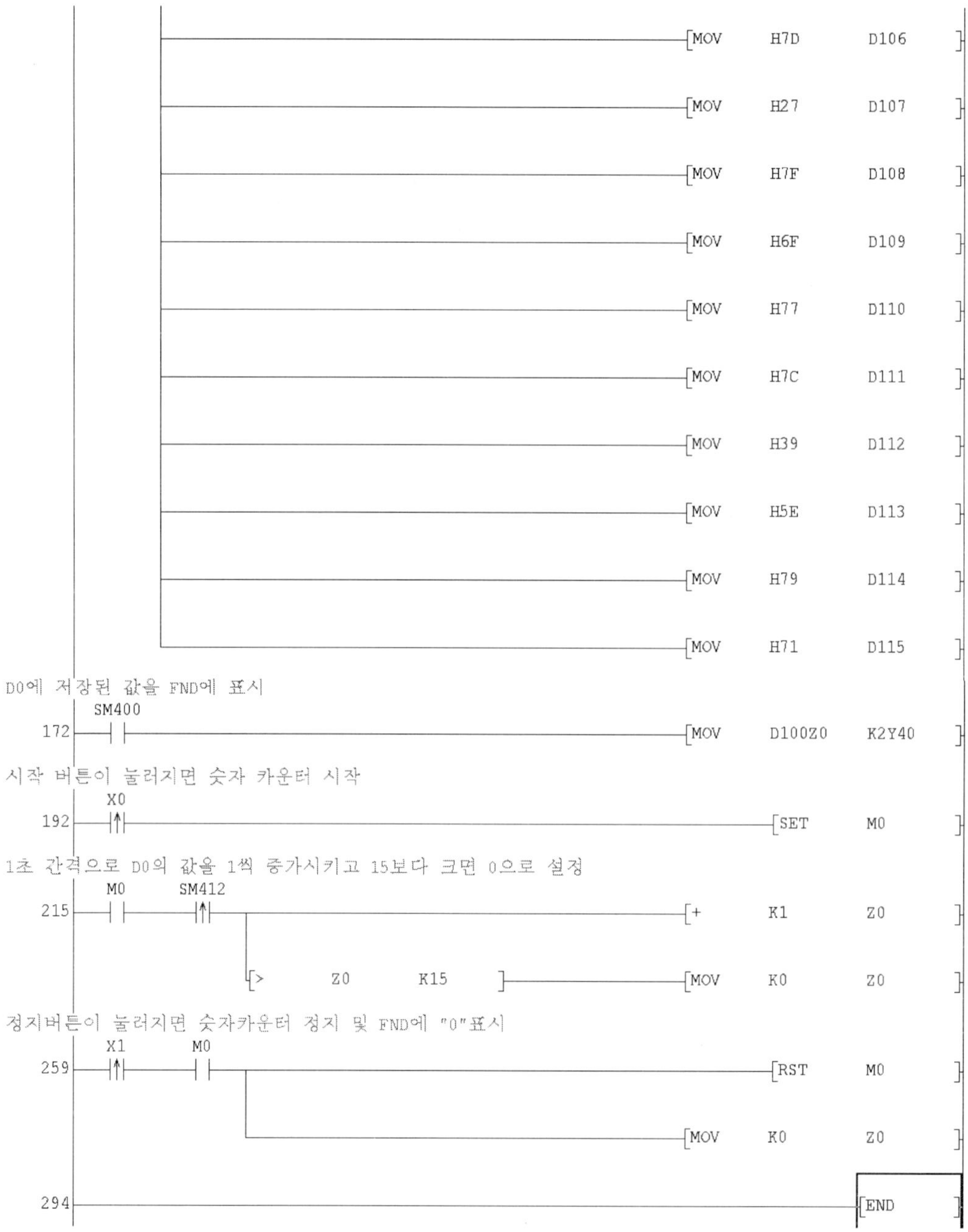

프로그램 1-3 인덱스레지스터를 이용한 FND 점등

프로그램을 직접 작성해서 실행시켜 보았는가? 【실습과제 1-1】 처럼 동일하게 작동할 것이다. 이처럼 동일한 과제를 다른 형태로 작성할 수 있는 것이 프로그램이다. 그래서 프로그램은 1개의 과제에 1개의 정답이 존재하는 것이 아니라 1개의 과제에 여러 개의 정답이 존재할 수 있는 것이다. 이러한 점을 고려해 독자들은 항상 다른 사람이 작성한 PLC프로그램에 관심을 가지고 살펴보고 좋은 점이 있다면 본인의 것으로 만들려고 노력하는 자세가 중요하다. 프로그램 라인 172번이 인덱스 레지스터를 이용해 FND에 0~F까지의 숫자를 점등하는 부분이다. 시작 버튼이 눌러지면 인덱스 레지스터의 설정 값은 0~15까지 1초 단위로 증가하게 되고 프로그램 라인 172번에 의해 Z0의 설정 값에 따라 D100~D115에 사전에 설정된 FND점등 데이터가 PLC출력을 통해 출력되어 FND에 0~F까지의 숫자가 점등되게 된다. 별로 어려운 프로그램은 아니지만 인덱스 레지스터의 개념을 처음 접하는 사람에게는 이해하기가 쉽지는 않을 것 같다. PLC의 인덱스 레지스터는 컴퓨터 프로그래밍 언어인 c언어에서는 포인터라는 개념으로 설명된다. C언어에서도 포인터의 개념잡기가 가장 어렵다고 한다. 따라서 PLC의 인덱스 레지스터를 쉽게 이해하지 못한다고 해서 PLC공부를 포기하지 않기 바란다. 인덱스 레지스터를 사용하지도 않고도 얼마든지 PLC프로그램을 작성할 수 있다. 하지만 인덱스 레지스터를 사용할 줄 안다면 좀 더 편안하고, 복잡한 프로그램을 좀 더 단순하게 작성할 수 있다. 그러니 힘들어도 인덱스 레지스터의 개념을 이해한다면 PLC프로그램을 작성하는데 많은 도움이 될 것이다.

1-4 실습과제 인덱스 수식과 나눗셈 연산을 이용한 숫자 표시

이번에는 인덱스 수식을 이용해 2개의 FND에 숫자 00 ~ 99를 순차적으로 표시하는 PLC프로그램을 작성해보자. 인덱스 수식을 이용해 10보다 큰 값을 표시하기 위해서는 앞에서 학습한 나눗셈 연산을 이용해 1의 자리에 표시할 숫자와 10의 자리에 표시할 숫자를 각각 구한 다음 인덱스 수식을 이용해 FND에 표시할 숫자 데이터를 출력으로 전송하면 된다. [그림 1-28]은 PLC의 출력 Y40 ~ Y4F에 00 ~ 99까지의 숫자를 표현하기 위한 FND의 결선도와 조작 패널을 나타낸 것이다. 주어진 동작조건을 만족하는 PLC프로그램을 작성해 보자.

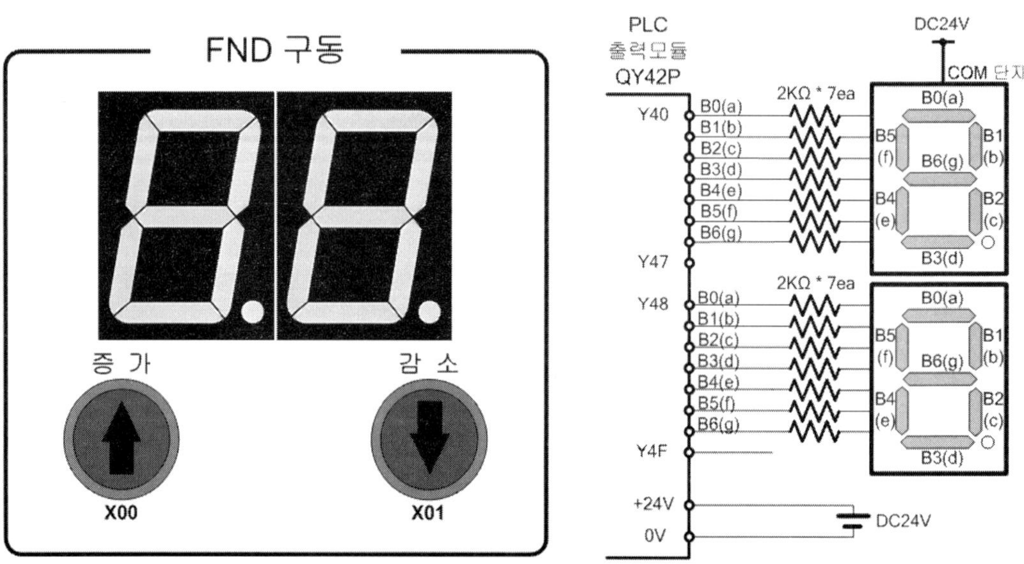

그림 1-28 조작패널 및 FND결선도

표 1-7 PLC 입출력 번지 할당표

입력번호	기능	출력번호	기능
X00	증가 버튼	Y47~Y40	10^0 숫자표시FND
X01	감소 버튼	Y4F~Y48	10^1 숫자표시FND

동작조건

① PLC의 전원을 ON했을 때, FND에는 "00"이 표시된다.

② 증가버튼(X00)을 누를 때마다 FND에 표시된 숫자가 1씩 증가하고 FND 표시숫자가 99에서는 증가버튼을 눌러도 숫자는 더 이상 증가하지 않는다. 증가버튼을 1초 이상 계속 누르고 있으면 0.1초 간격으로 숫자가 1씩 증가한다.

③ 감소버튼(X01)을 누를 때마다 FND에 표시된 숫자가 1씩 감소하고 FND 표시숫자가 00에서는 감소버튼을 눌러도 숫자는 더 이상 감소하지 않는다. 감소버튼을 1초 이상 계속 누르고 있으면 0.1초 간격으로 숫자가 1씩 감소한다.

PLC 프로그램 작성

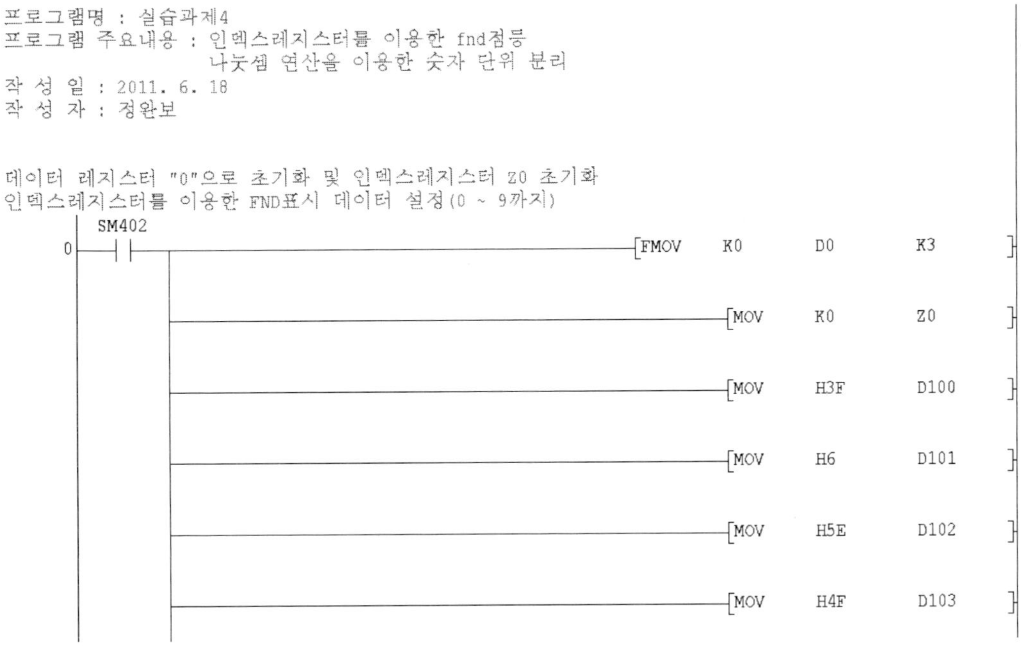

```
     |          |-----------------------------------[MOV   H66      D104   ]
     |          |-----------------------------------[MOV   H6D      D105   ]
     |          |-----------------------------------[MOV   H7D      D106   ]
     |          |-----------------------------------[MOV   H27      D107   ]
     |          |-----------------------------------[MOV   H7F      D108   ]
     |          |-----------------------------------[MOV   H6F      D109   ]
D0에 저장된 값을 FND에 표시
D0의 값을 10으로 나누어 몫(10의 자리)과 나머지(일의자리)
인덱스레지스터 Z0을 이용하여 FND에 숫자표시
      SM400
 191|---| |----+----------------------------[/     D0      K10      D1     ]
               |----------------------------[MOV   D1       Z0             ]
               |----------------------------[MOV   D100Z0   K2Y48          ]
               |----------------------------[MOV   D2       Z0             ]
               |----------------------------[MOV   D100Z0   K2Y40          ]
X0버튼이 눌러질 때 마다 D0의 값을 1씩 증가
X0버튼을 1초 이상 누르고 있으면 0.1초 간격으로 숫자 증가
      X0
 279|---|↑|--------+--[<   D0   K99  ]----------[+     K1       D0     ]
      T0   SM410   |
    |---| |---|↑|--+
X0버튼이 1초 이상 눌려지는가는 타이머를 이용한 검사
      X0                                                        K10
 344|---| |-----------------------------------------------------(T0     )
X1버튼이 눌러질 때 마다 D0의 값을 1씩 증가
X1버튼을 1초 이상 누르고 있으면 0.1초 간격으로 숫자 증가
      X1
 377|---|↑|--------+--[>   D0   K0   ]----------[-     K1       D0     ]
      T1   SM410   |
    |---| |---|↑|--+
X1버튼이 1초 이상 눌려지는가는 타이머를 이용한 검사
      X1                                                        K10
 442|---| |-----------------------------------------------------(T1     )
 475|-----------------------------------------------------------[END    ]
```

프로그램 1-4

1-5 실습과제 인덱스 수식을 이용한 FND 순차 점등1

[그림 1-29]와 같이 인덱스 수식을 이용해 0.1초 간격으로 1번~6번까지의 동작을 반복하는 PLC프로그램을 작성하는 방법에 대해 살펴보자.

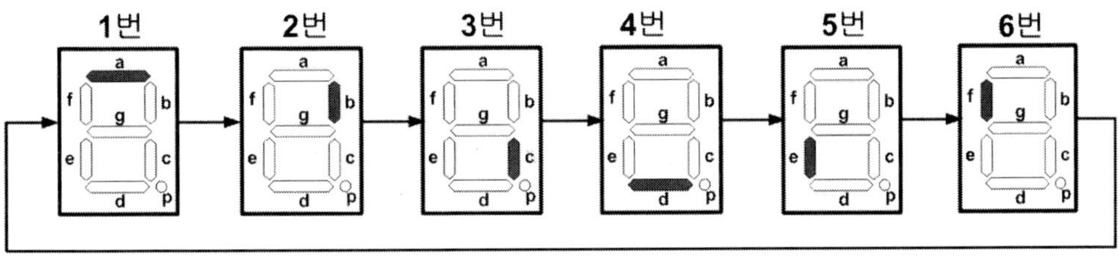

그림 1-29 FND점등 순서

[그림 1-29]의 FND동작은 [표 1-7]에 나타낸 것처럼 6가지의 디스플레이 패턴을 가지고 있다.

표 1-8 FND점등 순서

동작구분	FND점등 순서							
	B7( )	B6(g)	B5(f)	B4(e)	B3(d)	B2(c)	B1(b)	B0(a)
1번	0	0	0	0	0	0	0	1
2번	0	0	0	0	0	0	1	0
3번	0	0	0	0	0	1	0	0
4번	0	0	0	0	1	0	0	0
5번	0	0	0	1	0	0	0	0
6번	0	0	1	0	0	0	0	0

[그림 1-30]에 출력 결선도와 조작패널을 참조로 하여 주어진 조건을 만족하는 PLC프로그램을 작성해 보자.

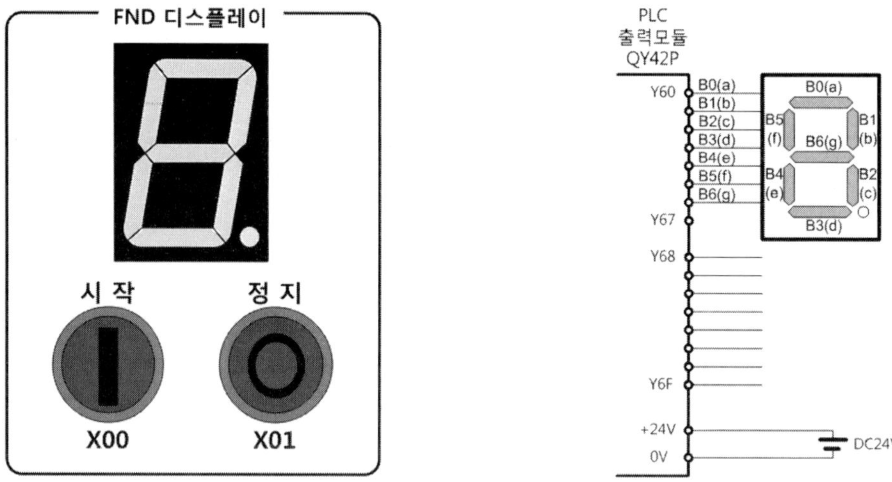

그림 1-30 조작패널 및 FND결선도

표 1-9 PLC 입출력 번지 할당표

입력번호	기능	출력번호	기능
X00	시작 버튼	Y47~Y40	FND표시
X01	정지 버튼		

▌동작조건

① PLC의 전원을 ON했을 때, FND에는 아무런 표시도 되지 않는다.

② [표 1-9]에 나타낸 FND에 표시할 데이터를 데이터 레지스터 D100 ~ D105에 순차적으로 저장해 둔다.

③ 시작버튼(X00)을 누르면 FND의 a ~ g세그먼트까지 0.1초 간격으로 [그림 1-29]에 나타낸 것처럼 시계방향으로 회전하면서 각 세그먼트가 순차적으로 반복 디스플레이 된다.

④ 정지버튼(X01)을 누르면 디스플레이 동작을 종료하고 초기상태가 된다.

PLC 프로그램 작성

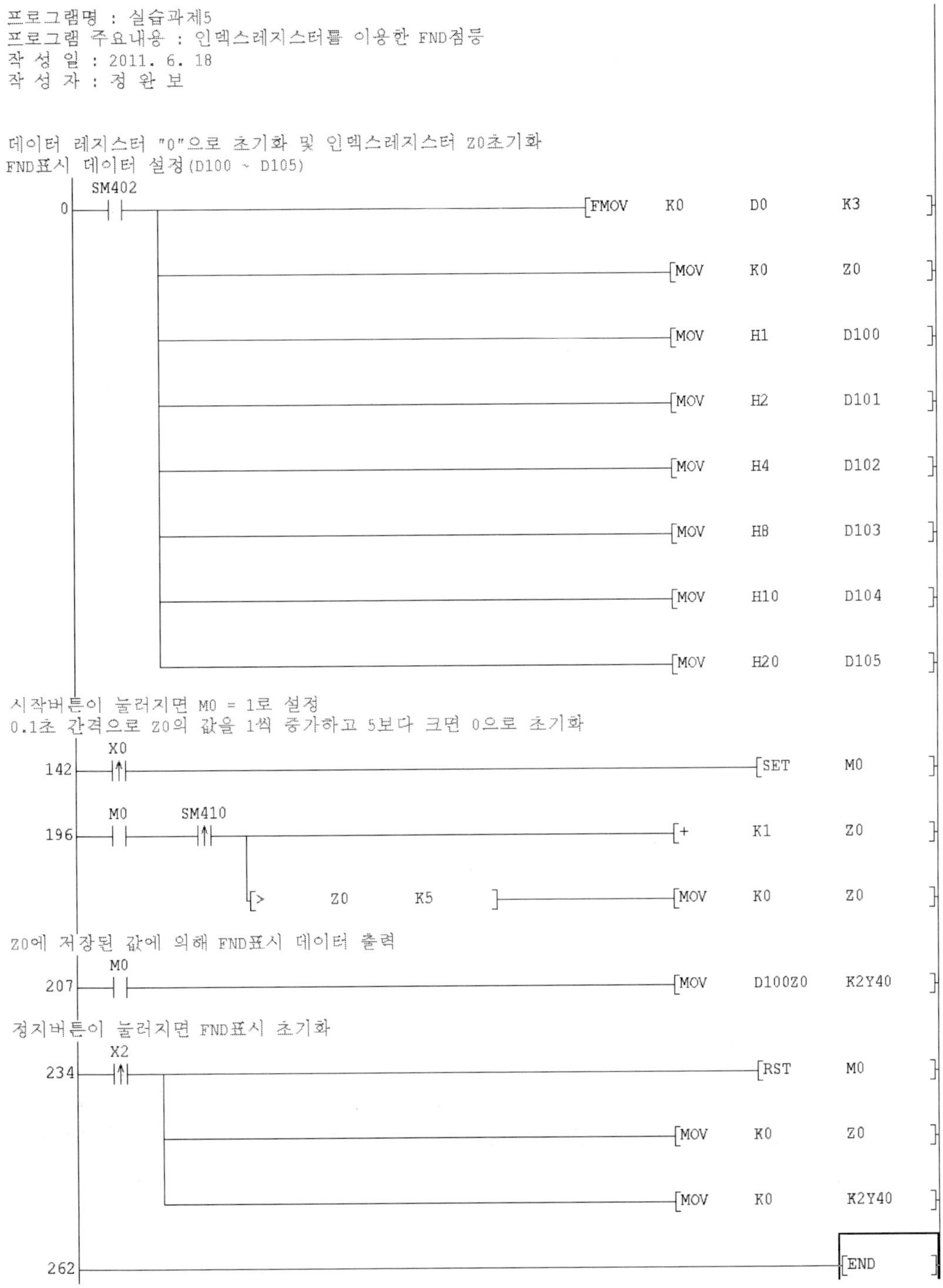

프로그램 1-5

1-6 실습과제 인덱스 수식을 이용한 FND 순차 점등2

이번에는 앞에서 학습한 내용을 이용해 FND디스플레이의 동작형태를 2종류로 표시한다. [그림 1-31]의 출력 결선도와 조작패널을 참조로 하여 주어진 조건을 만족하는 PLC프로그램을 작성해 보자.

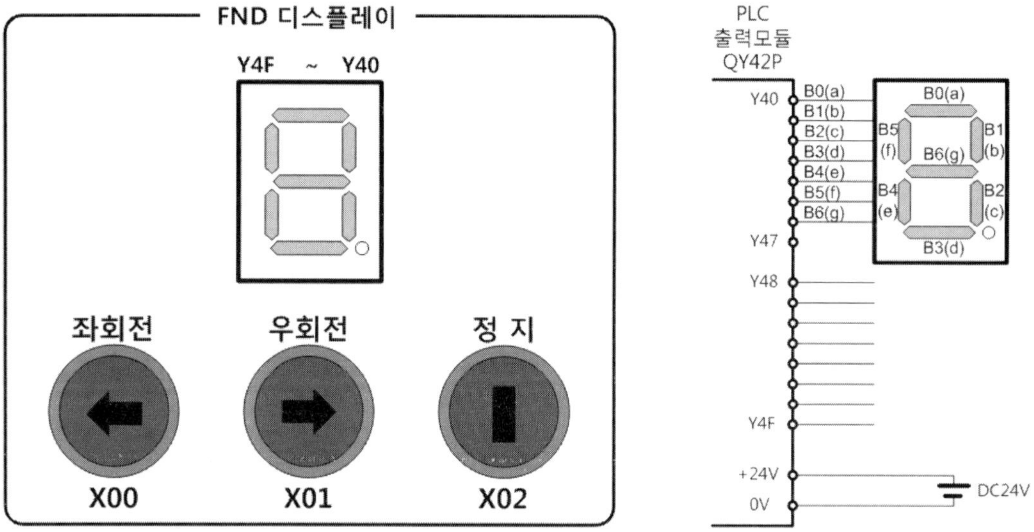

그림 1-31 조작패널 및 FND결선도

표 1-10 PLC 입출력 번지 할당표

입력번호	기능	출력번호	기능
X00	좌회전 버튼	Y47~Y40	FND표시
X01	우회전 버튼		
X02	정지 버튼		

동작조건

① PLC의 전원을 ON했을 때, FND에는 아무런 표시도 되지 않는다.

② 정지 상태에서 좌회전버튼(X00)을 누르면 [그림 1-32]와 같은 형태로 FND의 a ~ g세그먼트까지 0.1초 간격으로 순차적으로 반복 디스플레이 된다.

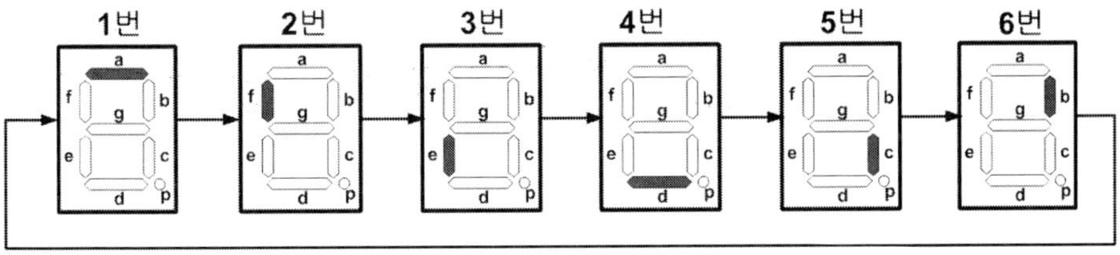

그림 1-32 FND디스플레이 동작 순서

③ 정지 상태에서 우회전버튼(X01)을 누르면 [그림 1-33]과 같은 형태로 FND의 a ~ g세그먼트까지 0.1초 간격으로 순차적으로 반복 디스플레이 된다.

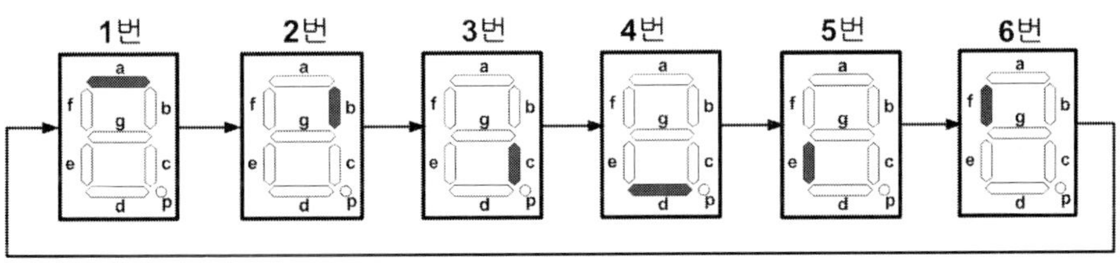

그림 1-33 FND디스플레이 동작 순서

④ 정지버튼(X02)을 누르면 디스플레이 동작을 종료하고 초기상태가 된다.

PLC 프로그램 작성

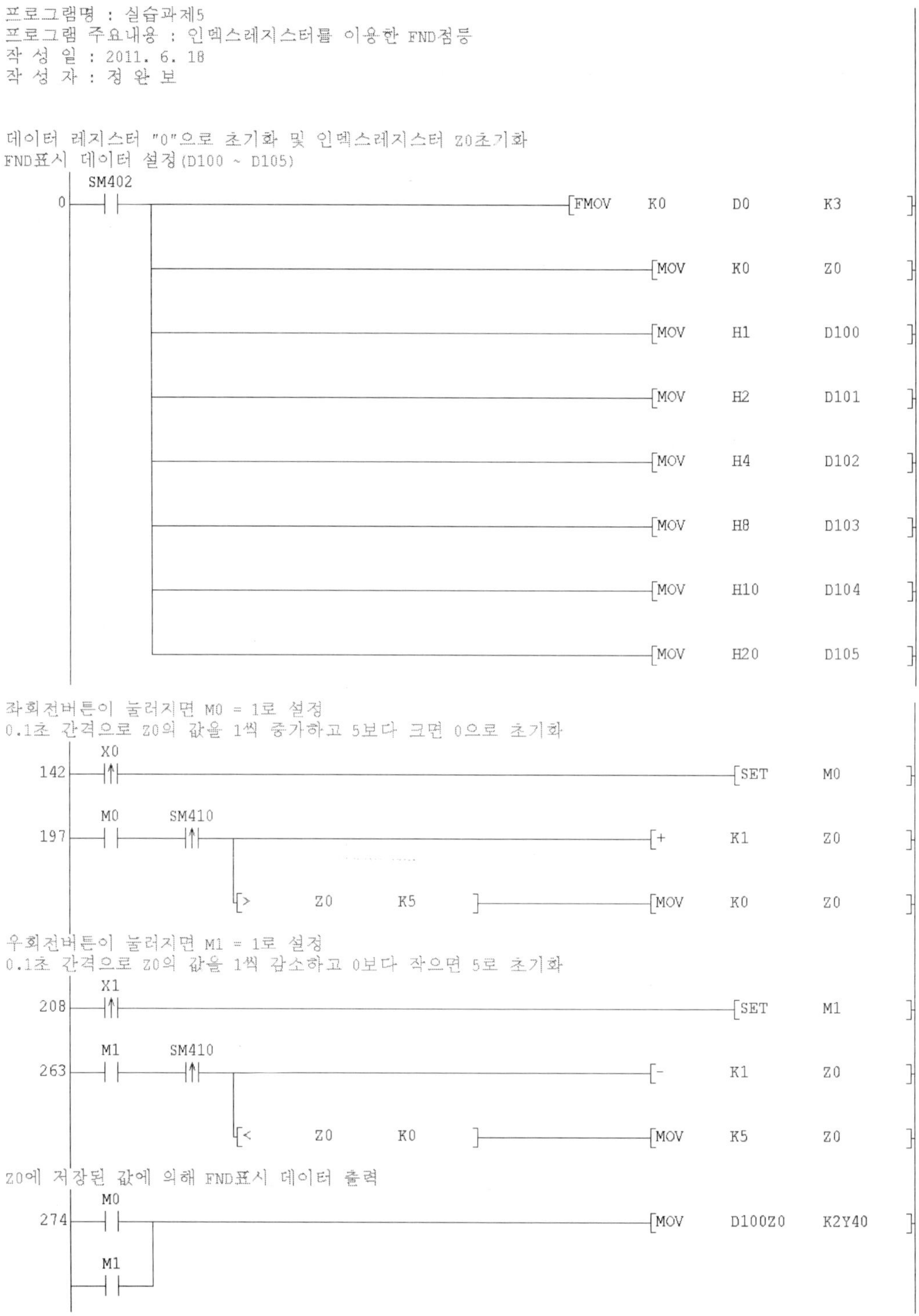
프로그램명 : 실습과제5
프로그램 주요내용 : 인덱스레지스터를 이용한 FND점등
작 성 일 : 2011. 6. 18
작 성 자 : 정 완 보
데이터 레지스터 "0"으로 초기화 및 인덱스레지스터 Z0초기화
FND표시 데이터 설정(D100 ~ D105)
SM402
0
FMOV K0 D0 K3
MOV K0 Z0
MOV H1 D100
MOV H2 D101
MOV H4 D102
MOV H8 D103
MOV H10 D104
MOV H20 D105
좌회전버튼이 눌러지면 M0 = 1로 설정
0.1초 간격으로 Z0의 값을 1씩 증가하고 5보다 크면 0으로 초기화
X0
142
SET M0
M0 SM410
197
+ K1 Z0
> Z0 K5
MOV K0 Z0
우회전버튼이 눌러지면 M1 = 1로 설정
0.1초 간격으로 Z0의 값을 1씩 감소하고 0보다 작으면 5로 초기화
X1
208
SET M1
M1 SM410
263
- K1 Z0
< Z0 K0
MOV K5 Z0
Z0에 저장된 값에 의해 FND표시 데이터 출력
M0
274
MOV D100Z0 K2Y40
M1

프로그램 1-6

1-2 D5Y-M디스플레이 모듈

FND를 이용해 숫자를 표시하는 방법에 대해 간단하게 살펴보았다. 산업현장에서는 업무의 효율성과 장비의 신뢰성을 중시하기 때문에 앞에서 학습한 것처럼 FND을 직접 제작해서 만들어 사용하지는 않는다. 이번에는 산업용으로 시판되는 FND모듈을 이용해 숫자를 표시하는 다양한 방법에 대해 살펴보자. 시판되는 디스플레이모듈을 구매하기 위해서는 금전적 부담이 될 수도 있겠지만 PLC공부는 머리로만 하는 것이 아니라 직접 몸소 경험해봐야 실력이 늘 수 있다. 장래에 억대 연봉을 희망한다면 몇 만원의 투자는 아깝지 않을 것이다.

D5Y-M은 오토닉스(www.autonics.co.kr)에서 시판하는 FND를 이용한 디스플레이 장치이다. −9999 ~ 9999까지 숫자를 디스플레이 할 수 있다. 여러 가지의 기능이 있지만 여기에서는 스택틱 및 다이내믹 구동방법을 이용한 숫자를 디스플레이 하는 용도로 사용하고자 한다.

그림 1-34 D5Y-M의 전면모습과 후면 커넥터 형상 삼각형 표시가 1번 위치

1-2-1 구동 방식에 의한 결선도

D5Y-M디스플레이 모듈은 스택틱 구동, 다이나믹 구동, 시리얼 구동 방식을 지원하고 있다. 따라서 사용자는 구동방식에 따라 PLC와의 결선도를 달리해야 한다.

1) 스택틱(static)구동 방식의 결선

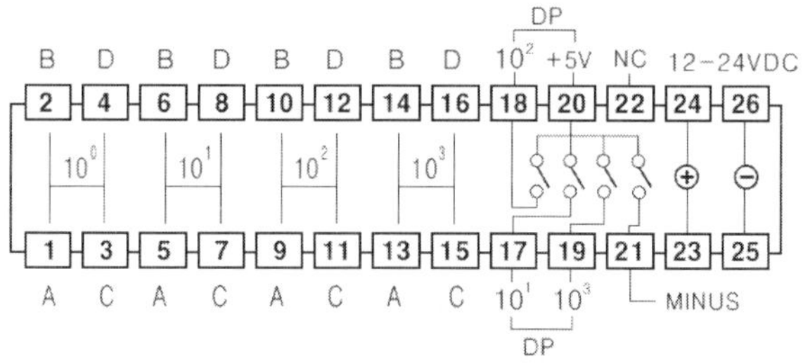

그림 1-35 스택틱 구동 방식의 입력

스택틱 구동 방식 FND를 구동하기 위한 신호선이 고정적으로 정해져 있는 방식을 의미한다. D5Y-M디스플레이 모듈은 내장된 전자회로에 의해 BCD코드 값에 대응한 숫자가 FND에 표시되도록 만들어져 있다. [그림 1-35]는 FND에 스택틱 방식으로 숫자를 표시하기 위한 입력 핀의 기능을 나타낸 것이다. 4개의 FND에 숫자를 표시하기 위해 16개의 입력 핀이 할당되어 있다.

2) 다이나믹(dynamic)구동 방식의 결선도

다이나믹 구동 방식은 신호 선을 공동으로 사용하기 때문에 스택틱 방식에 비해 신호 선을 절감할 수 있다는 장점 때문에 널리 사용되는 FND구동방식이다. 하지만 스택틱 방식에 비해 프로그램이 약간 복잡해진다는 단점이 있고 많은 개수의 FND를 다이나믹 방식으로 구동을 하게 되면 속도가 느린 PLC의 경우 FND에 표시되는 숫자가 약간 흐릿해지거나 숫자 표시가 불안정하다는 느낌을 줄 수도 있다. [그림 1-36]은 다이나믹 구동 방식의 결선도를 나타낸 것이다.

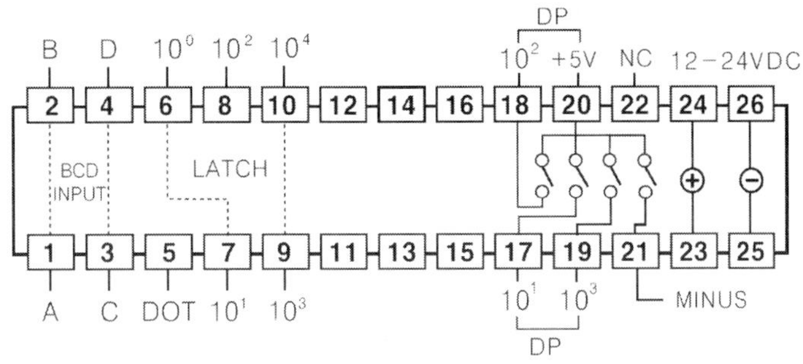

그림 1-36 다이나믹 구동 방식의 입력

3) 시리얼 구동 방식의 결선도

D5M-Y디스플레이 모듈은 2가지 형태의 시리얼 구동 방식을 지원하다. 첫 번째 방법은 4/5비트 시리얼 입력 방식으로 FND에 표시할 BCD코드를 출력하고 클락 신호와 래치 신호를 이용해 FND에 숫자를 표시하는 방법이고, 두 번째 방법은 세 개의 신호 선을 이용해 FND에 숫자를 표시하는 방법이다.

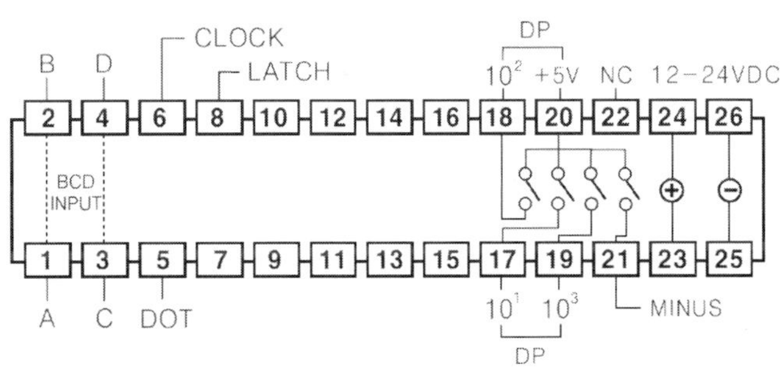

그림 1-37 4/5BIT 시리얼 입력 방식

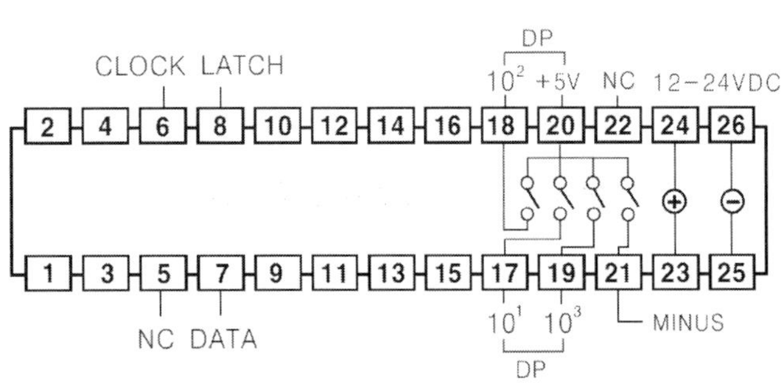

그림 1-38 시리얼 입력 방식

1-2-2 기능 선택 스위치를 이용한 기능 선택

앞에서 학습한 다양한 구동방식 중에서 하나를 선택해서 사용해야 하는데 이러한 선택을 할 수 있도록 해주는 것이 기능 선택 스위치이다.

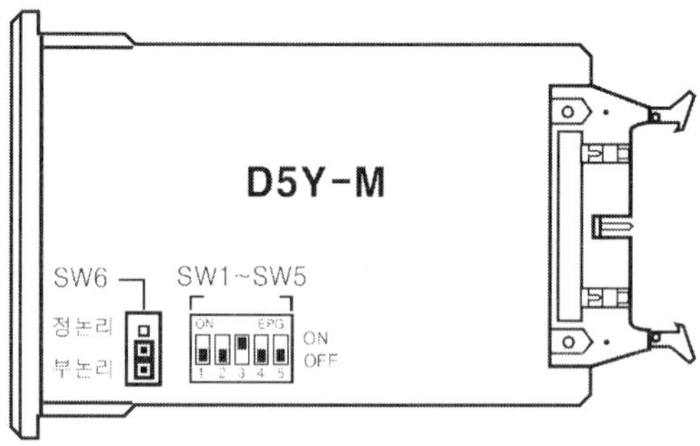

그림 1-39 기능 선택 스위치

내부 선택 스위치는 [그림 1-39]와 같이 모듈 내부의 PCB기판에 위치해 있다.

1) FND구동방법 선택

앞에서도 설명했지만 D5Y-M디스플레이 모듈은 4가지의 구동 방법을 가지고 있는데 내부 선택 스위치를 사용하여 구동 방법을 선택한다.

표 1-11 구동 방법 선택

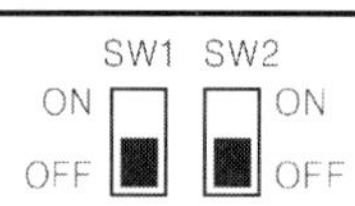	STATIC 입력
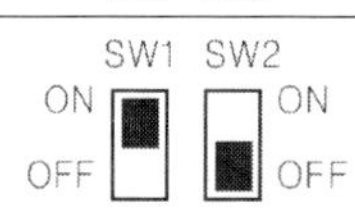	DYNAMIC 입력
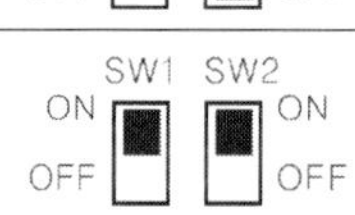	4/5BIT SERIAL 입력
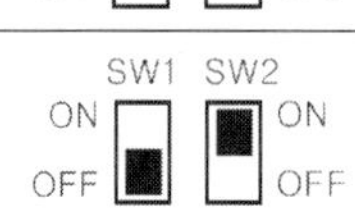	SERIAL 입력

2) 제로 블랭크(zero blank)

제로 블랭크 기능은 FND모듈에 숫자를 표시할 때, 무의미한 "0"을 소거하는 기능을 의미한다. 아래와 같이 FND에 표시하는 숫자가 "10"일 때 제로 블랭크의 기능 사용여부에 따라 FND모듈에 표시되는 숫자의 표시가 다르다.

- Zero Blank 기능 사용 : 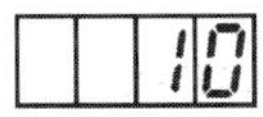
- Zero Blank 기능 미사용 : 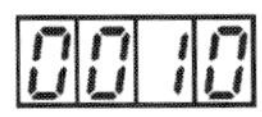

표 1-12 Zero Blank기능 선택

SW3	 ON / OFF	Zero Blank 기능 사용
	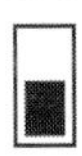 ON / OFF	Zero Blank 기능 사용 무

3) MINUS 부호 / DOT(소숫점) 입력포트 선택

D5Y-M디스플레이 모듈은 "−" 부호와 소수점을 표시할 수도 있다. −부호와 소수점을 표시하는 두 종류의 방법이 있는데 SW4로 선택할 수 있도록 하고 있다. SW4가 OFF된 경우에는 D5Y-M의 20번 핀 단자에서 제공되는 +5V 전원을 이용해 릴레이 및 스위치 또는 해당 핀에 직접연결을 통하여 "−" 부호 또는 소수점을 나타낼 수 있다.

표 1-13 소수점 표시 선택

SW4	 ON / OFF	외부 DOT단자 사용(Pin 5번)
	 ON / OFF	외부 DP(Pin 17, 18, 19)단자와 MINUS(Pin 21)단자 사용

SW4가 OFF인 경우 -부호와 소수점 표시방법은 아래에 나타낸 것과 같다.

- 단자 17 - 20 연결 : 8888.8
- 단자 18 - 20 연결 : 888.88
- 단자 19 - 20 연결 : 88.888
- 단자 21 - 20 연결 : -8888
- OPEN : 88888

4) 표시행수 선택

D5Y-M디스플레이 모듈은 나타낼 수 있는 숫자의 범위를 5단(0 ~ 99999)과 4단(−9999 ~ 9999)을 선택할 수 있다. 단 스택틱 모드에서는 외부 입력단자의 한정으로 인해 5행으로는 사용할 수 없다.

표 1-14 표시행수 선택

SW5	 ON OFF	5행 (0 ~ 99999) STATIC모드에서 사용 불가
	 ON OFF	4행 (–9999 ~9999)

5) 입력논리 선택

D5Y-M에 연결되는 PLC의 출력모듈의 종류에 따라 정논리 또는 부논리를 선택할 수 있다. PLC의 출력모듈이 PNP타입이면 정논리, NPN타입이면 부논리를 선택하여 사용해야 한다. 릴레이 출력타입의 경우는 릴레이 출력의 콤먼 단자에 연결된 전원이 +24V이면 정논리, 콤먼 단자에 연결된 전원이 0V이면 부논리를 선택해야 한다.

표 1-15 입력논리 선택

SW6	정논리  부논리	정논리(PNP 입력)
	정논리  부논리	부논리(NPN 입력)

[그림 1-40]은 SW6을 이용해 정논리와 부논리를 선택했을 때, PLC와 D5Y-M 모듈의 연결 상태를 나타낸 것이다.

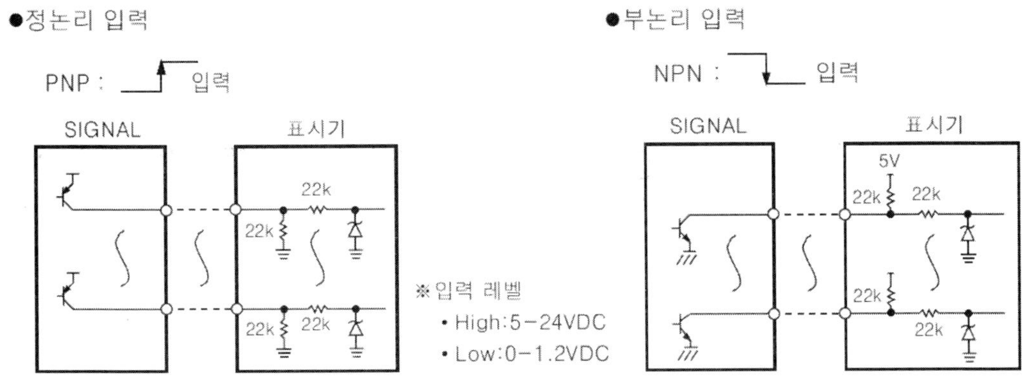

그림 1-40 정논리 및 부논리의 연결상태

6) 래치(Latch)입력 신호

시리얼 통신 방식의 경우에는 래치신호가 반드시 필요하게 된다. 래치신호의 정논와 부논리를 선택하기 위한 스위치로 납땜을 하도록 설계되어 있다.

표 1-16 래치입력 신호 선택

SW7	ON	SW6에 설정된 논리와 반전된 Latch신호 입력
	OFF	SW6에 설정된 논리와 동일한 Latch신호 입력

1-2-3 입력신호에 대한 FND표시 숫자

D5Y-M디스플레이 모듈은 BCD코드가 입력되면 BCD코드에 해당되는 숫자를 FND에 표시하는 장치이다. 따라서 해당되는 숫자를 표시하기 위해서는 해당되는 숫자에 맞는 BCD코드를 정논리 입력 또는 부논리 입력에 따라 입력해야 한다.

표 1-17 정논리 및 부논리에 의한 FND숫자 표시 테이블

표시	정논리(PNP)입력					부논리(NPN)입력				
	A	B	C	D	LT	A	B	C	D	LT
0	L	L	L	L	H	H	H	H	H	L
1	H	L	L	L	H	L	H	H	H	L
2	L	H	L	L	H	H	L	H	H	L
3	H	H	L	L	H	L	L	H	H	L
4	L	L	H	L	H	H	H	L	H	L
5	H	L	H	L	H	L	H	L	H	L
6	L	H	H	L	H	H	L	L	H	L
7	H	H	H	L	H	L	L	L	H	L
8	L	L	L	H	H	H	H	H	L	L
9	H	L	L	H	H	L	H	H	L	L
HOLD	X	X	X	X	L	X	X	X	X	H

[표 1-17]에서 LT는 래치(latch)신호를 의미한다. 그리고 [표 1-18]처럼 입력단자 ABCD에 BCD코드가 아닌 16진수로 "A~F"의 값이 입력되면 다른 문자가 표시된다.

표 1-18 A~F 입력일 때 FND표시

표시	정논리(PNP)입력					부논리(NPN)입력				
	A	B	C	D	LT	A	B	C	D	LT
–	L	H	L	H	H	H	L	H	L	L
블랭크	L	H	L	L	H	H	L	H	H	L
블랭크	L	L	H	H	H	H	H	L	L	L
E	L	L	H	L	H	H	H	L	H	L
n	L	L	L	H	H	H	H	H	L	L
d	L	L	L	L	H	H	H	H	H	L

1-3 D5Y-M모듈의 스태틱 구동

DM5Y-M모듈을 이용해 스태틱 방식으로 FND에 숫자를 표시하는 방법에 대해 살펴보자. [그림 1-41]과 같이 PLC의 출력과 DM5Y-M모듈과 결선한다. D5Y-M의 동작 전원은 내부에서 23-24번, 25-26번이 내부적으로 연결되어 있다. 전기적인 문제가 발생하지 않도록 [그림 1-41]처럼 PLC의 출력모듈과 D5Y-M과 전선으로 연결한다.

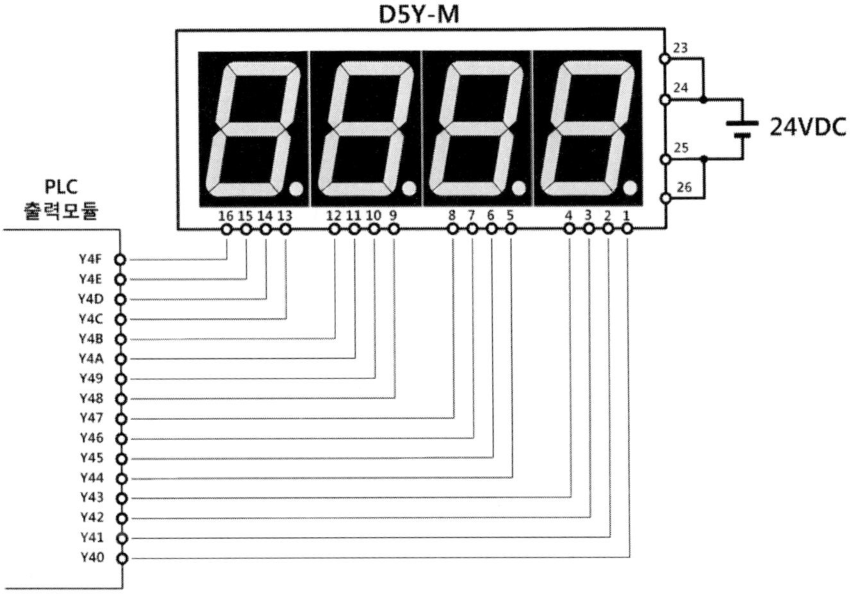

그림 1-41 DM5Y-M과 PLC출력 결선

그리고 스태틱 구동을 위한 내부 선택 스위치를 [표 1-19]와 같이 설정한다.

표 1-19 D5Y-M모듈의 내부 선택 스위치 설정

구분	내부 선택 스위치						
스위치	SW1	SW2	SW3	SW4	SW5	SW6	SW7
ON/OFF	OFF	OFF	ON	OFF	OFF	부논리	OFF

[표 1-19]의 내부 선택 스위치 설정을 살펴보면 스태틱 구동방식, 제로 블랭크 기능 사용, -부호 및 소수점은 외부 단자 사용, 4행 표시, 부논리를 사용한다는 것을 알 수 있다. 부논리의 의미는 PLC의 출력이 0V가 되었을 때, ON이 된 것으로 판단한다는 의미이다. 즉 실습에 사용하는 PLC의 트랜지스터 출력모듈이 NPN타입이기 때문에 부논리는 사용하는 것이다. 만약 PLC의 출력모듈이 PNP타입이면 정논리를 사용해야 한다.

1-7 실습과제

스택틱 구동방법을 이용한 D5Y-M모듈 숫자 표시1

앞에서 살펴보았듯이 FND모듈 D5Y-M의 스택틱 구동방법을 이용해 아래의 주어진 조건을 만족하는 PLC프로그램을 작성하라.

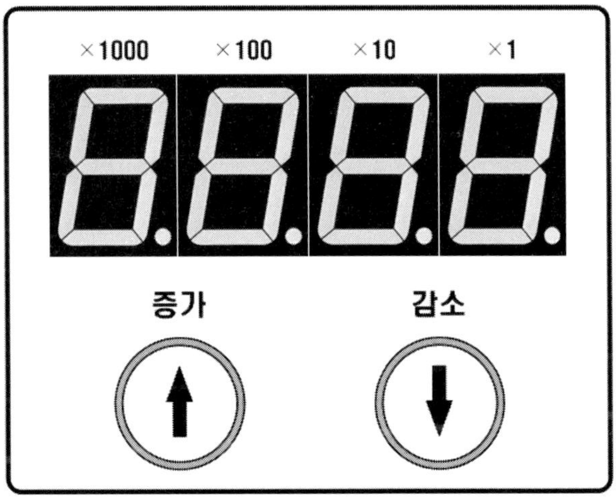

그림 1-42 조작패널

[그림 1-42]에 나타낸 시스템 구성을 위한 입출력 번지를 [표 1-20]에 나타내었다.

표 1-20 PLC 입출력 번지 할당표

입력번호	기능	출력번호	기능
X00	시작 버튼	Y43 ~ Y40	일의자리 FND
X01	정지 버튼	Y47 ~ Y44	십의자리 FND
		Y4B ~ Y48	백의자리 FND
		Y4F ~ Y4C	천의자리 FND

동작조건

① PLC의 전원이 ON되면 FND에는 숫자 "0001"이 표시된다.

② 증가버튼을 누르면 숫자가 "1"씩 증가한다. 단 증가버튼을 계속 누르고 있으면 증가버튼을 누르는 순간 숫자가 "1" 증가하고 1.5초 후에는 0.1초 간격으로 1씩 증가한다. 단 숫자는 최고 "9999"까지만 증가하고 "9999"에서는 증가버튼을 누르더라도 더 이상 숫자는 증가하지 않는다.

③ 감소버튼을 누르면 숫자가 "1"씩 감소한다. 단 감소버튼을 계속 누르고 있으면 감소버튼을 누르는 순간 숫자가 "1" 감소하고 1.5초 후에는 0.1초 간격으로 1씩 감소한다. 단 숫자는 "0000"까지만 감소하고 "0000"에서는 감소버튼을 누르더라도 더 이상 숫자는 감소하지 않는다.

PLC프로그램

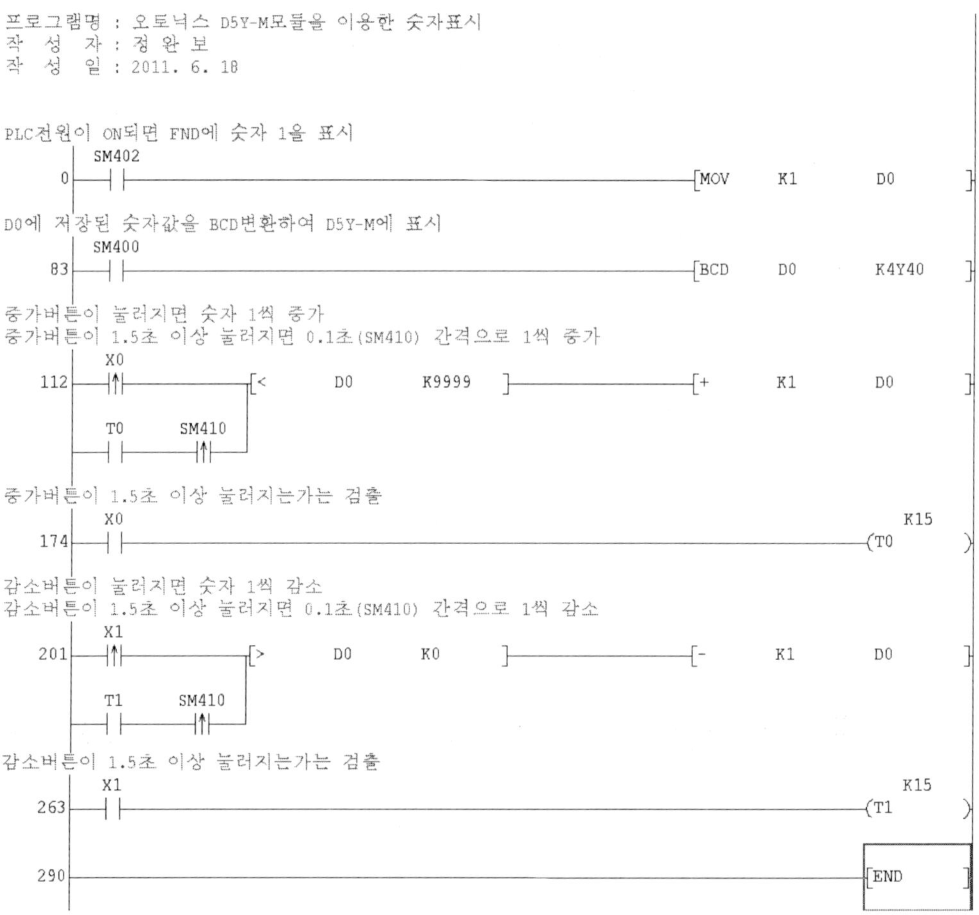

프로그램 1-7

1-3-1 스택틱 구동방법을 이용한 FND모듈에 음수 숫자 표시방법

이번 과제에서는 앞에서 학습한 과제에서 음수를 표현하는 방법에 대해 살펴보자. 실습에 사용하는 FND모듈 D5Y-M은 음수 또는 소수점을 표현할 수 있게 되어 있다. 음수 또는 소수점을 표현하기 위해 FND모듈에 숫자를 표시하기 위한 16비트의 출력 이외에 음수 표시 및 소수점 표시를 위한 별도의 출력을 필요로 한다.

D5Y-M모듈의 20번 단자에는 +5V의 전압이 출력되는데 이 전압을 이용해 음수 및 소수점을 표시한다. +5V의 전압을 이용해야 하기 때문에 [그림 1-43]에 나타낸 것처럼 별도의 릴레이회로를 이용해야 한다. PLC의 출력을 이용해 [그림 1-43]에 나타낸 것처럼 회로를 구성한다.

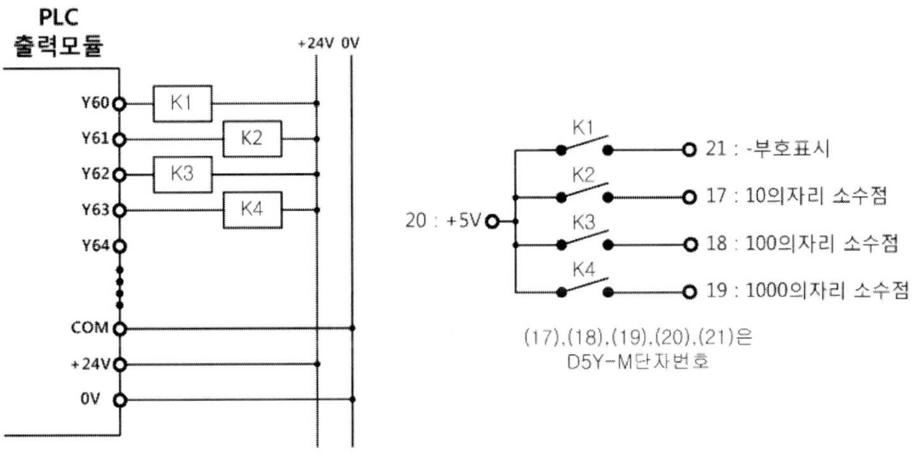

그림 1-43 D5Y-M모듈에 음수 및 소수점 표현을 위한 결선도

PLC의 데이터 레지스터에 저장된 2진수 값을 D5Y-M모듈에 표시하기 위해서 BCD명령을 사용하였다. BCD명령어는 2진수를 BCD코드로 변환하는 명령어로 음수처리를 하지 못한다. 즉 데이터 레지스터에 저장된 2진수의 값이 0과 양의 수일 때에는 BCD명령어를 사용할 수 있지만 음수일 때에는 BCD명령어를 사용할 수 없다.

따라서 D5Y-M모듈에 양수와 음수를 표현하기 위해서는 [그림 1-44]와 같이 D5Y-M에 표시하고자 하는 수를 보관하고 있는 데이터 레지스터의 값이 음수이면 그 값에 해당되는 양수로 변환해서 BCD명령으로 처리하면 된다. 다음의 과제에서 음수를 어떻게 처리하는지는 세심하게 살펴보기 바란다. PLC에서 2

진수로 양수와 음수를 어떻게 표현하는지를 알고 있으면 쉽게 해결할 수 있는 문제지만 양수와 음수의 표현 방법을 알지 못하면 해결하기 어려운 문제이다. 잘 살펴보기 바란다.

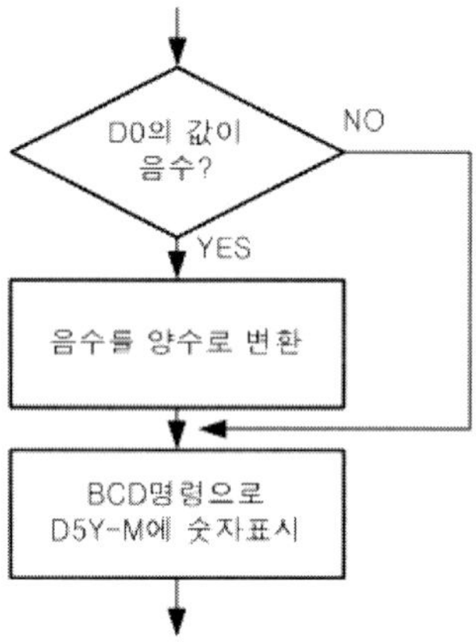

그림 1-44 음수의 표현

1-8 실습과제 스태틱 구동방법을 이용한 D5Y-M모듈 숫자 표시2

앞에서 살펴보았듯이 FND모듈 D5Y-M의 스태틱 구동방법을 이용해 아래의 주어진 조건을 만족하는 PLC프로그램을 작성하라.

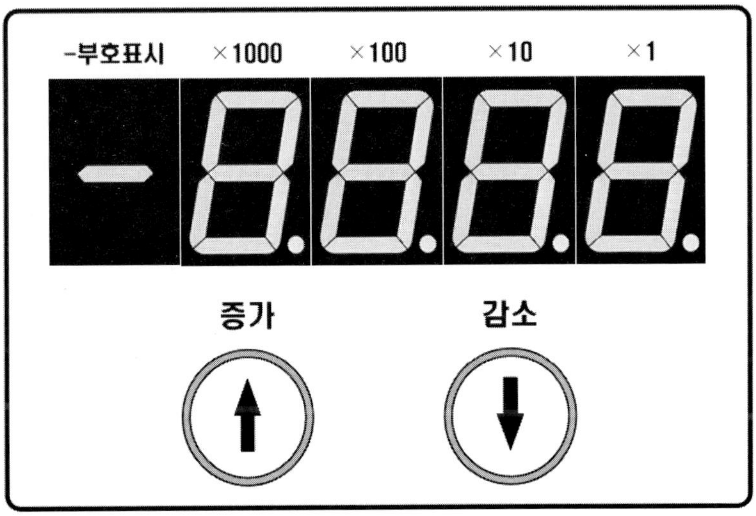

그림 1-45 조작패널

[그림 1-45]에 나타낸 시스템 구성을 위한 입출력 번지를 [표 1-21]에 나타내었다.

표 1-21 PLC 입출력 번지 할당표

입력번호	기능	출력번호	기능
X00	시작 버튼	Y43 ~ Y40	일의자리 FND
X01	정지 버튼	Y47 ~ Y44	십의자리 FND
		Y4B ~ Y48	백의자리 FND
		Y4F ~ Y4C	천의자리 FND
		Y60	– 부호
		Y61	10^1자리 소수점
		Y62	10^2자리 소수점
		Y63	10^3자리 소수점

▌동작조건

① PLC의 전원이 ON되면 FND에는 숫자 "0001"이 표시된다.

② 증가버튼을 누르면 숫자가 "1"씩 증가한다. 단 증가버튼을 계속 누르고 있으면 증가버튼을 누르는 순간 숫자가 "1" 증가하고 1.5초 후에는 0.1초 간격으로 1씩 증가한다. 단 숫자는 최고 "9999"까지만 증가하고 "9999"에서는 증가버튼을 누르더라도 더 이상 숫자는 증가하지 않는다.

③ 감소버튼을 누르면 숫자가 "1"씩 감소한다. 단 감소버튼을 계속 누르고 있으면 감소버튼을 누르는 순간 숫자가 "1" 감소하고 1.5초 후에는 0.1초 간격으로 1씩 감소한다. 단 숫자는 "−9999"까지만 감소하고 "−9999"에서는 감소버튼을 누르더라도 더 이상 숫자는 감소하지 않는다.

※ 주의사항 : BIN데이터를 BCD로 변환하는 BCD명령어는 Ⓢ의 데이터가 0~9999이외일 때, 명령어 에러(에러코드 4100)가 발생된다. 명령어 에러가 발생하게 되면 PLC CPU의 에러램프가 점등하게 된다. 따라서 이 점을 유념하여 PLC 프로그램을 작성해야 한다. 따라서 BCD명령어를 사용할 때, Ⓢ의 데이터 값이 –값이 되지 않도록 해야 한다.

PLC 프로그램

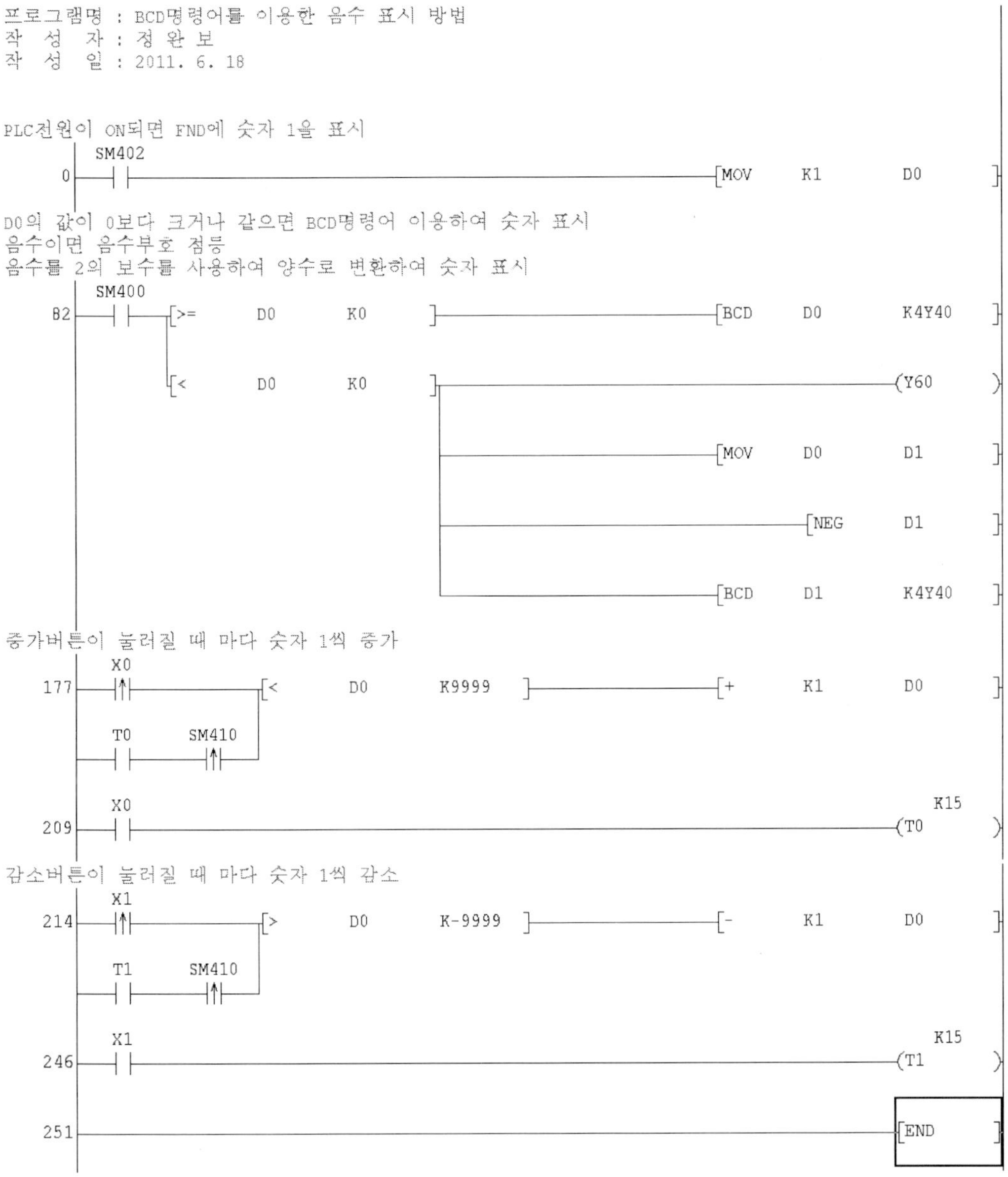

프로그램 1-8

프로그램 82번 라인을 살펴보면 D0에 저장된 숫자 값이 양수일 때와 음수일 때의 처리 조건이 다르다는 것을 알 수 있다. D0의 저장된 값이 양수일 때는 이전의 PLC프로그램처럼 BCD명령을 바로 사용했다. D0에 저장된 값이 음수일 경우에는 "NEG" 명령어를 사용하여 음수를 양수로 변환한 다음 BCD 명령어를 사용하여 FND에 숫자를 표시한다.

1-3-2 NEG 명령어 살펴보기

PLC에서의 숫자 표현은 2진수를 사용한다. 그리고 데이터 레지스터의 최상위 비트를 부호 비트로 사용해 양수와 음수를 구분한다. +3을 2의 보수로 변환하면 −3이 된다. 다시 말해 −3을 2의 보수로 변환하면 +3이 된다는 의미이다.

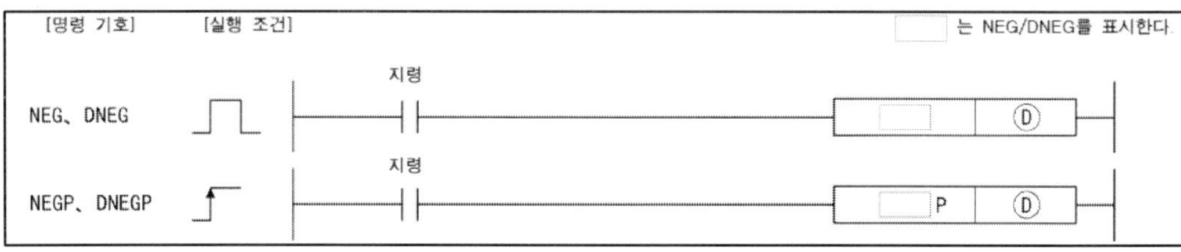

그림 1-46 NEG명령어 사용법

NEG명령어는 Ⓓ로 지정된 16비트 디바이스의 부호를 반전하여 Ⓓ로 지정된 디바이스에 저장한다.

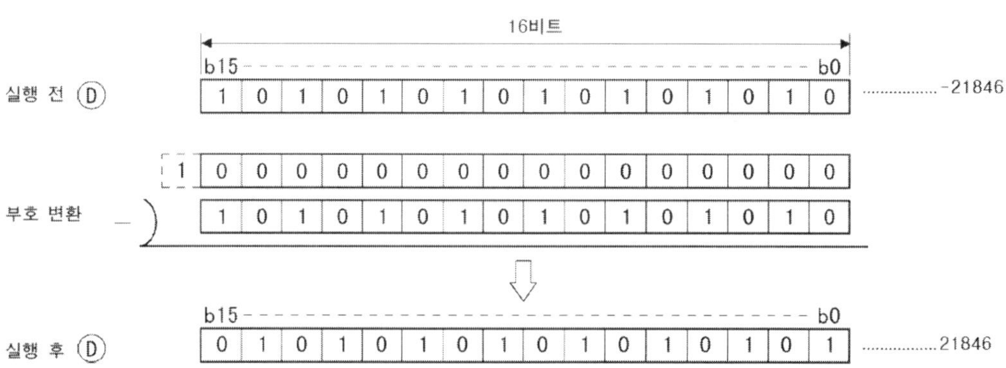

그림 1-47 NEG명령어의 동작 원리

위의 그림은 사용방법을 나타낸 것이다. 실행 전 Ⓓ에 −21,846을 NEG명령어 실행 후에는 Ⓓ에 21,846값이 저장되어 있음을 알 수 있다. 즉 NEG명령어는 플러스 및 마이너스 부호를 반전할 때에 사용하는 명령어이다.

1-9 실습과제 스태틱 구동방법을 이용한 D5Y-M모듈 숫자 표시3

앞의 예제를 통해 FND모듈에 숫자를 표시하는 방법에 대해 살펴보았다. 이번 과제에서는 FND에 표시된 숫자를 −9999 ~ +9999 사이의 임의의 한 값으로 설정한 다음에 증가 및 감소버튼을 눌러서 FND에 표시되는 숫자를 변경하는 방법에 대해 살펴보자.

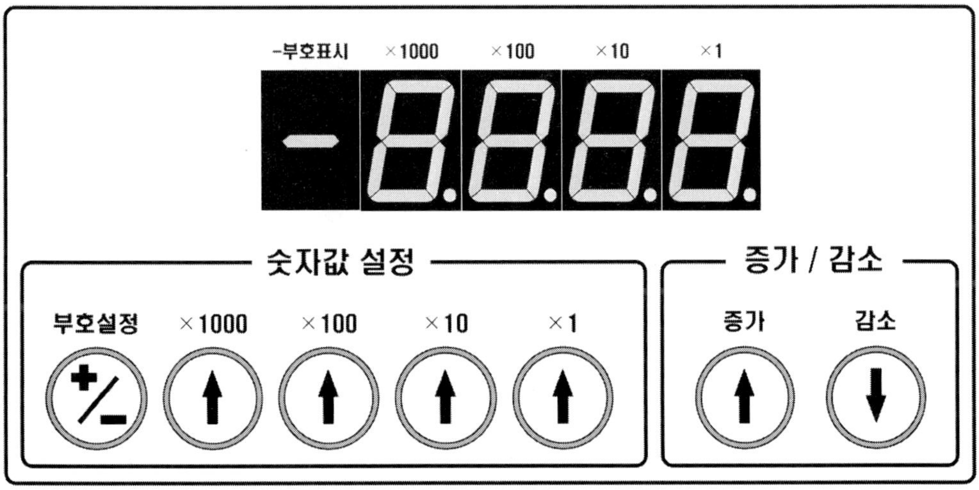

그림 1-48 조작패널

[그림 1-48]에 나타낸 시스템 구성을 위한 입출력 번지를 [표 1-22]에 나타내었다.

표 1-22 PLC 입출력 번지 할당표

입력번호	기능	출력번호	기능
X00	증가 버튼	Y43 ~ Y40	일의자리 FND
X01	감소 버튼	Y47 ~ Y44	십의자리 FND
X02	×1	Y4B ~ Y48	백의자리 FND
X03	×10	Y4F ~ Y4C	천의자리 FND
X04	×100	Y60	− 부호
X05	×1000	Y61	10^1자리 소수점
X06	부호설정	Y62	10^2자리 소수점
		Y63	10^3자리 소수점

▌동작조건

① PLC의 전원이 ON되면 FND에는 숫자 "0000"이 표시된다.

② 사용자가 숫자 값 설정에 있는 버튼을 조작하여 −9999 ~ +9999 사이의 임의의 숫자 값을 설정한다. ×1000의 버튼을 누르면 1000의 자리에 해당되는 숫자 값이 증가하고, 9일 때 버튼을 누르면 0이 된다. ×100의 버튼을 누르면 100의 자리에 해당되는 숫자 값이 증가하고, 9일 때 버튼을 누르면 0이 된다. ×10의 버튼을 누르면 10의 자리에 해당되는 숫자 값이 증가하고, 9일 때 버튼을 누르면 0이 된다. ×1의 버튼을 누르면 1의 자리에 해당되는 숫자 값이 증가하고, 9일 때 버튼을 누르면 0이 된다.

③ 증가버튼을 누르면 설정된 숫자 값에서 숫자가 "1"씩 증가한다. 단 증가버튼을 계속 누르고 있으면 증가버튼을 누르는 순간 숫자가 "1" 증가하고 1.5초 후에는 0.1초 간격으로 1씩 증가한다. 단 숫자는 최고 "9999"까지만 증가하고 "9999"에서는 증가버튼을 누르더라도 더 이상 숫자는 증가하지 않는다.

④ 감소버튼을 누르면 설정된 숫자 값에서 숫자가 "1"씩 감소한다. 단 감소버튼을 계속 누르고 있으면 감소버튼을 누르는 순간 숫자가 "1" 감소하고 1.5초 후에는 0.1초 간격으로 1씩 감소한다. 단 숫자는 "−9999"까지만 감소하고 "−9999"에서는 감소버튼을 누르더라도 더 이상 숫자는 감소하지 않는다.

⑤ 부호설정 버튼을 누를 때마다, 현재 설정된 값의 부호가 변경된다. 즉 1,000이 설정된 상태에서 부호설정 버튼을 누르면 −1,000이 표시되고 해당 데이터 레지스터의 값도 −1,000으로 변경된다.

PLC 프로그램

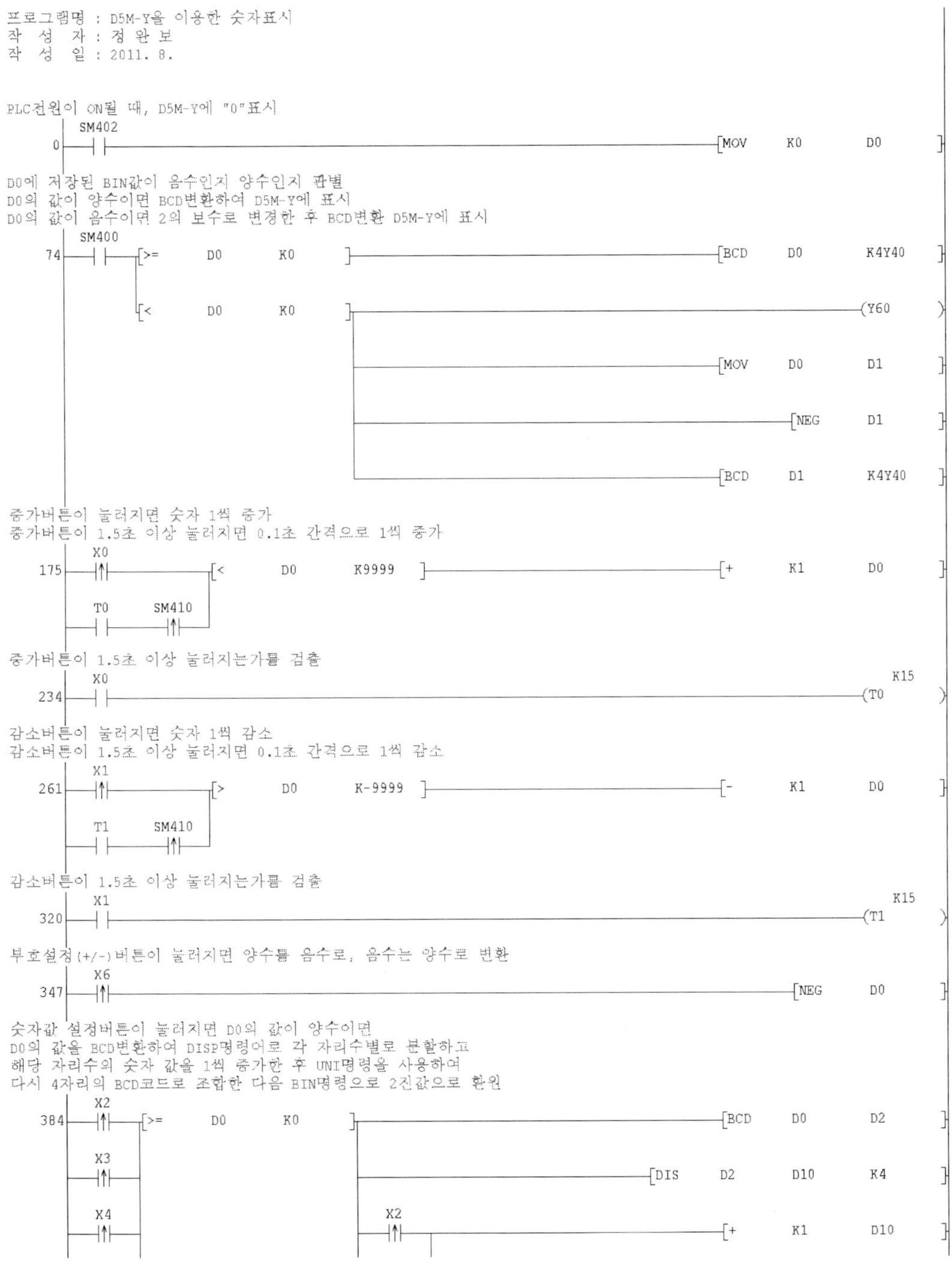
프로그램명 : D5M-Y을 이용한 숫자표시
작 성 자 : 정 완 보
작 성 일 : 2011. 8.
PLC전원이 ON될 때, D5M-Y에 "0"표시
SM402
0
MOV K0 D0
D0에 저장된 BIN값이 음수인지 양수인지 판별
D0의 값이 양수이면 BCD변환하여 D5M-Y에 표시
D0의 값이 음수이면 2의 보수로 변경한 후 BCD변환 D5M-Y에 표시
SM400
74
>= D0 K0
BCD D0 K4Y40
< D0 K0
Y60
MOV D0 D1
NEG D1
BCD D1 K4Y40
증가버튼이 눌러지면 숫자 1씩 증가
증가버튼이 1.5초 이상 눌러지면 0.1초 간격으로 1씩 증가
X0
175
< D0 K9999
+ K1 D0
T0
SM410
증가버튼이 1.5초 이상 눌러지는가를 검출
X0
234
K15
T0
감소버튼이 눌러지면 숫자 1씩 감소
감소버튼이 1.5초 이상 눌러지면 0.1초 간격으로 1씩 감소
X1
261
> D0 K-9999
- K1 D0
T1
SM410
감소버튼이 1.5초 이상 눌러지는가를 검출
X1
320
K15
T1
부호설정(+/-)버튼이 눌러지면 양수를 음수로, 음수는 양수로 변환
X6
347
NEG D0
숫자값 설정버튼이 눌러지면 D0의 값이 양수이면
D0의 값을 BCD변환하여 DISP명령어로 각 자리수별로 분할하고
해당 자리수의 숫자 값을 1씩 증가한 후 UNI명령을 사용하여
다시 4자리의 BCD코드로 조합한 다음 BIN명령으로 2진값으로 환원
X2
384
>= D0 K0
BCD D0 D2
X3
DIS D2 D10 K4
X4
X2
+ K1 D10

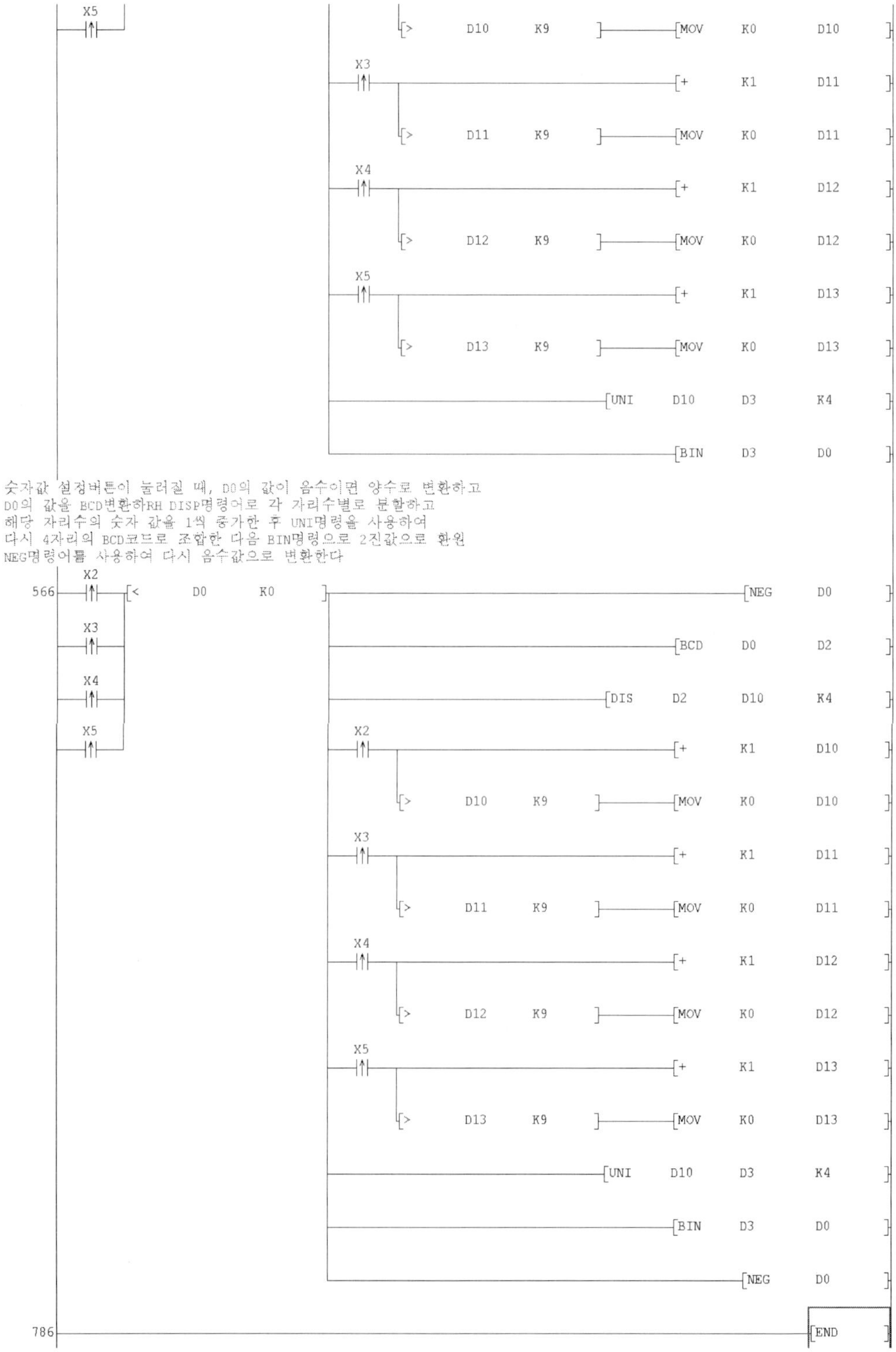
X5
[> D10 K9] [MOV K0 D10]
X3
[+ K1 D11]
[> D11 K9] [MOV K0 D11]
X4
[+ K1 D12]
[> D12 K9] [MOV K0 D12]
X5
[+ K1 D13]
[> D13 K9] [MOV K0 D13]
[UNI D10 D3 K4]
[BIN D3 D0]
숫자값 설정버튼이 눌러질 때, D0의 값이 음수이면 양수로 변환하고
D0의 값을 BCD변환하RH DISP명령어로 각 자리수별로 분할하고
해당 자리수의 숫자 값을 1씩 증가한 후 UNI명령을 사용하여
다시 4자리의 BCD코드로 조합한 다음 BIN명령으로 2진값으로 환원
NEG명령어를 사용하여 다시 음수값으로 변환한다
566 X2 [< D0 K0] [NEG D0]
X3
[BCD D0 D2]
X4
[DIS D2 D10 K4]
X5
X2
[+ K1 D10]
[> D10 K9] [MOV K0 D10]
X3
[+ K1 D11]
[> D11 K9] [MOV K0 D11]
X4
[+ K1 D12]
[> D12 K9] [MOV K0 D12]
X5
[+ K1 D13]
[> D13 K9] [MOV K0 D13]
[UNI D10 D3 K4]
[BIN D3 D0]
[NEG D0]
786 [END]

프로그램 1-8

[실습과제 1-9]는 양수와 음수표현의 차이점에 대해서 분명히 이해하고 있어야 해결할 수 있는 과제이다. 프로그램의 내용을 자세하게 살펴보자.

주어진 조건은 각각 1000의 자리, 100의 자리, 10의 자리, 1의 자리에 해당되는 숫자값 설정 증가 버튼이 눌러질 때 마다 해당 자리의 값을 1씩 증가시키는 것이다. 따라서 각각의 자리에 해당되는 숫자 값을 증가하기 위해서는 [그림 1-49]에 나타낸 것과 같이 D0의 BIN 값을 BCD변환하여 D2에 저장한 후 DIS명령어를 사용하여 각각의 자리에 해당되는 BCD코드값을 10^n자리에 해당되는 값으로 분리한 후 해당 설정 버튼이 눌러지면 해당 10^n자리에 해당되는 값을 각각을 증가시킨 후 UNI명령어로 다시 4자리의 BCD코드로 조합한 후 BIN명령어로 BCD코드에 해당되는 BIN값으로 변환하는 방법을 사용한다.

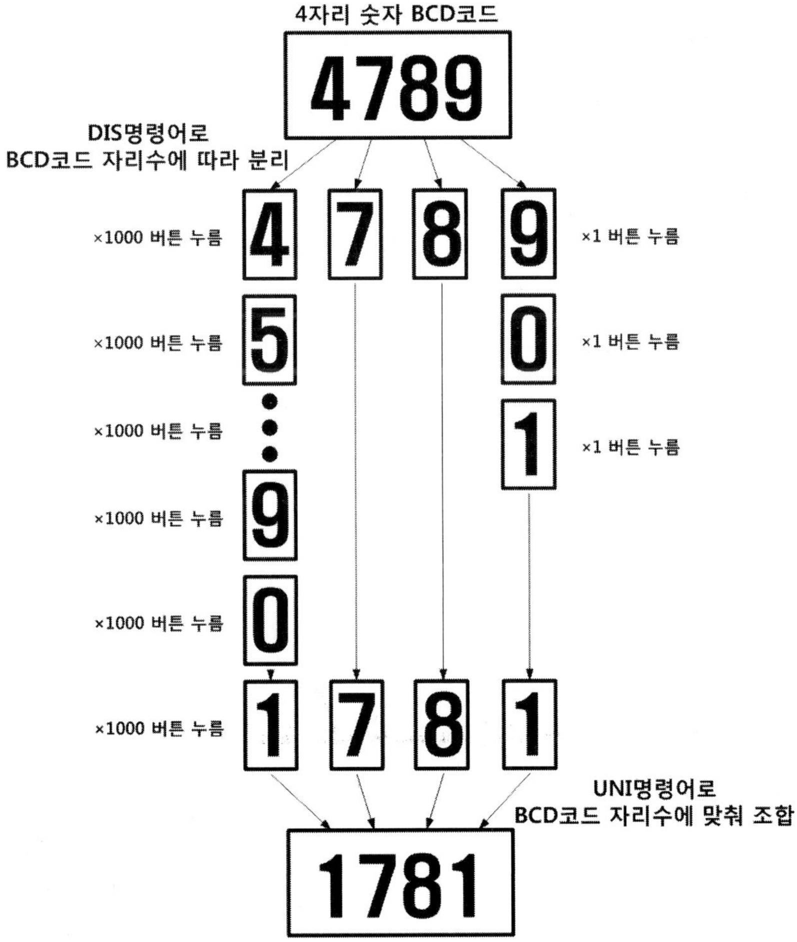

그림 1-49 동작원리

증가나 감소버튼을 누르게 되면 D0의 값이 1씩 증가 또는 감소하게 된다. 이 때 D0에 저장되는 값은 BIN으로 저장된다. 이 값을 FND에 표시하기 위해서는 BCD명령을 사용하여 D0에 저장된 BIN값을 BCD코드로 변환하게 된다. 따라서 BCD코드는 10진수 1자리를 표현하는데 4비트씩 필요하기 때문에 16비트 데이터 레지스터를 이용해서 표현 가능한 BCD코드 값은 최대 "9999"이다. 따라서 BCD코드는 1000, 100, 10, 1의 자리가 확실하게 구분되어지는 장점을 가지고 있다.

1-3-3 DISP명령어

DISP명령어는 16비트 데이터를 4비트씩 분리하는 명령어이다. 사용하는 방법은 다음과 같다.

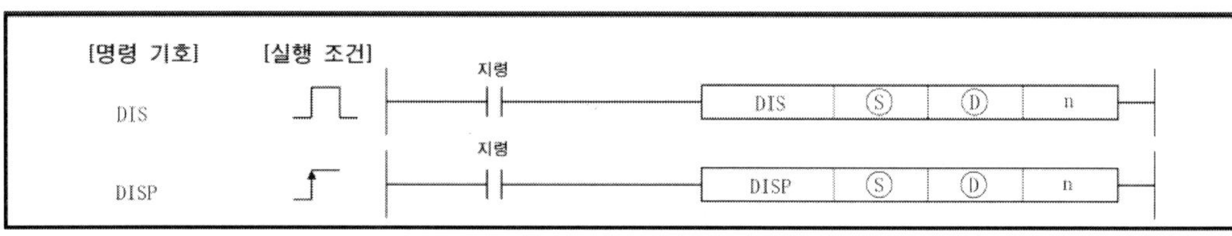

그림 1-50 DISP명령어 사용법

Ⓢ는 분리하는 데이터가 저장되어 있는 디바이스의 선두번호
Ⓓ는 분리된 데이터를 저장하는 디바이스의 선두번호
n은 분리하고자 하는 자리 수(1 ~ 4)

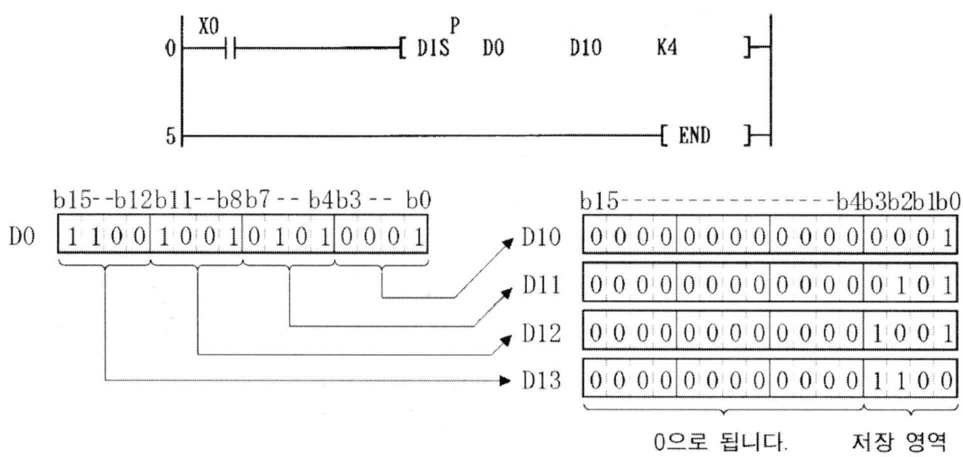

그림 1-51 DISP명령어 동작 원리

[그림 1-51]은 DISP명령어 사용법을 나타낸 것이다. D0에 저장된 값이 4비트씩 분할되어 지정된 D10, D11, D12, D13의 데이터 레지스터에 저장되고 있음을 알 수 있다.

1-3-4 UNI명령어

UNI명령어는 DISP와 반대의 기능을 하는 명령어로 4개의 데이터 레지스터에 각각 4비트씩 분할된 데이터를 묶어서 1개의 데이터 레지스터에 조합하는 명령어이다.

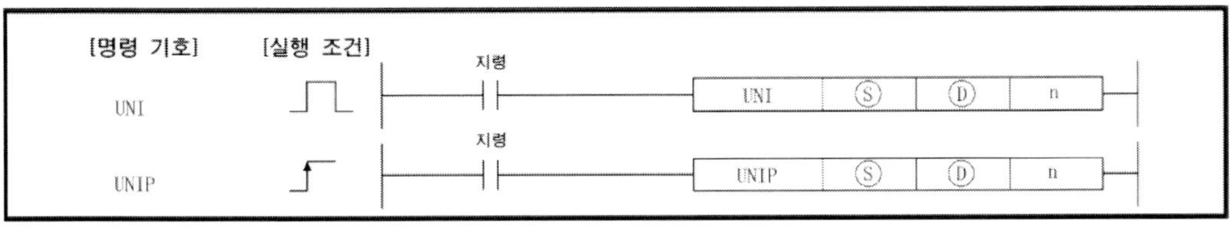

그림 1-52 UNI명령어

Ⓢ는 결합하고자 하는 데이터가 저장되어 있는 디바이스의 선두번호
Ⓓ는 결합된 데이터를 저장하는 디바이스의 선두번호
n은 결합하고자 하는 자리 수(1 ~ 4)

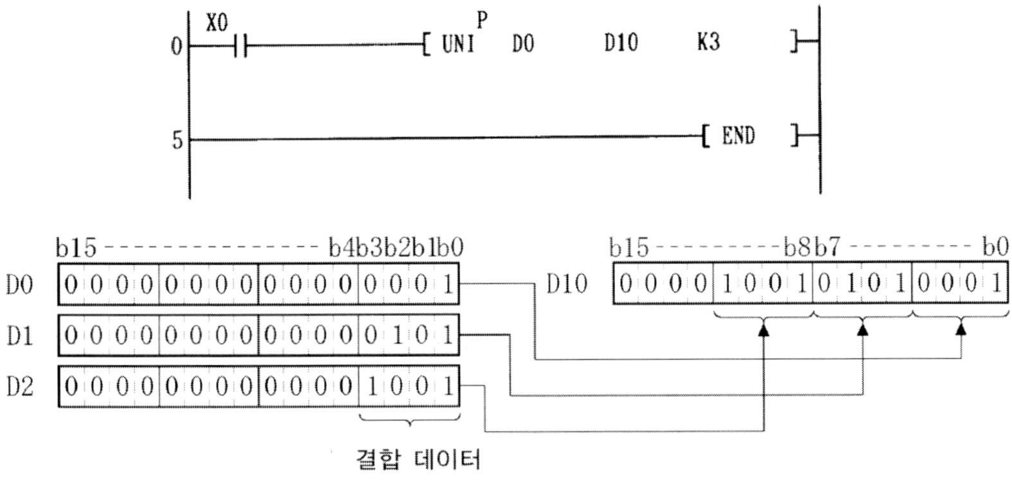

그림 1-53 UNI명령어의 동작원리

[그림 1-53]은 UNI명령어의 사용법을 나타낸 것이다. D0 ~ D2에 저장된 값 중 각각 하위 4비트를 분리하여 Ⓓ로 지정된 데이터 레지스터 D10에 조합하여 저장하는 것을 알 수 있다.

[실습과제 1-9]의 PLC프로그램 내용을 이해했는가? D0의 데이터 레지스터 값이 양수일 경우에는 DISP명령어와 UNI명령어를 이용하면 쉽게 해결할 수 있는데, 음수인 경우에는 2의 보수 명령어(NEG)를 이용해 양수로 변환해서 숫자를 증가시키고 다시 2의 보수 명령어를 이용해 음수로 환원시키는 방법을 사용하고 있다. 따라서 여러분들은 PLC의 수 체계에 대해서 자세히 알고 있어야 고급기능을 가진 프로그램 작성할 수 있다. PLC의 수 체계에 대해서는 필자의 첫 번째 출판교재인 "멜섹Q PLC로 배우는 이론과 실습" 책자에 자세하게 설명하고 있다. 이 과제를 제대로 이해하지 못했다면 또 다시 PLC의 수 체계를 읽어보기를 권한다.

1-4 스택틱 구동방법을 이용한 FND모듈의 숫자 점멸 표시

FND모듈에 표시되는 숫자를 점멸하는 방법에 대해 살펴보자. D5Y-M타입은 BCD코드 대신에 16진수 "H0B"를 FND모듈에 입력신호로 입력하면 FND의 숫자 표시가 소등된다. 이 기능을 이용해 간단하게 1의 자리에 해당되는 숫자를 0.5초 간격으로 ON/OFF를 반복하는 PLC프로그램을 작성해보자.

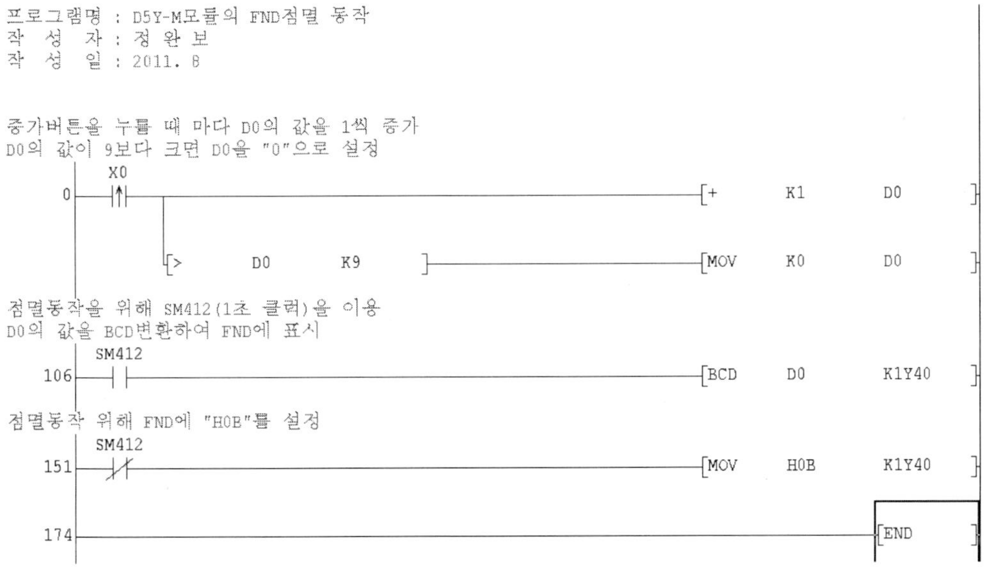

프로그램 1-9

프로그램을 살펴보면 D0의 값을 BCD변환한 BCD코드값을 D5Y-M에 입력해 0.5초 간격으로 D0의 값을 FND모듈에 숫자로 표시한다. 한편 FND모듈 1의 자리에 0.5초 간격으로 점멸동작을 하기 위한 16진수 "H0B"을 입력하고 있음을 알 수 있다.

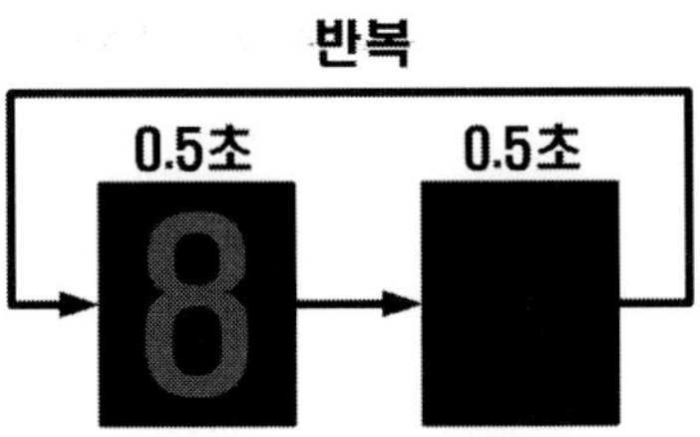

그림 1-55 점멸동작

1-10 실습과제 스택틱 구동방법을 이용한 D5Y-M모듈 숫자 표시4

앞에서 FND모듈에 숫자를 점멸하는 방법에 대해 살펴보았다. FND모듈에 숫자를 설정하는 방법에 점멸하는 동작을 이용해 구현해보자.

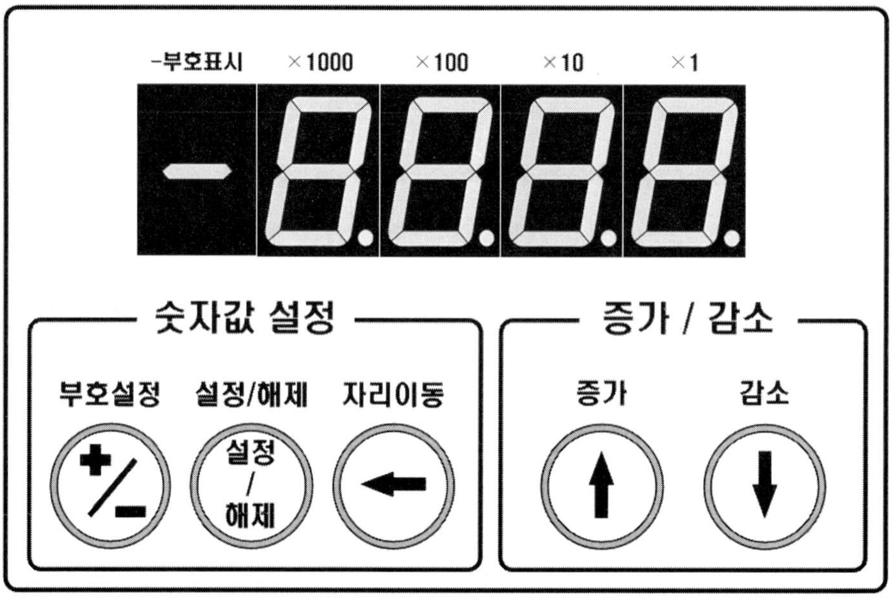

그림 1-56 조작패널

[그림 1-56]에 나타낸 시스템 구성을 위한 입출력 번지를 [표 1-23]에 나타내었다.

표 1-23 PLC 입출력 번지 할당표

입력번호	기능	출력번호	기능
X00	시작 버튼	Y43 ~ Y40	일의자리 FND
X01	정지 버튼	Y47 ~ Y44	십의자리 FND
X02	부호설정	Y4B ~ Y48	백의자리 FND
X03	설정/해제	Y4F ~ Y4C	천의자리 FND
X04	자리이동	Y60	− 부호
		Y61	10^1자리 소수점
		Y62	10^2자리 소수점
		Y63	10^3자리 소수점

▌동작조건

① PLC의 전원이 ON되면 FND에는 숫자 "0000"이 표시된다.

② 설정/해제 버튼을 누르면 설정모드가 되고, 설정모드가 되면 ×1의 자리에 해당되는 FND가 점멸동작(0.5초 ON, 0.5초 OFF)을 한다. 설정모드에서 자리이동 버튼을 누르면 ×10의 FND가 점멸되고 이 상태에서 자리이동 버튼을 누르면 ×100의 FND가 점멸되고, 또 다시 자리이동 버튼을 누르면 ×1000의 FND가 점멸동작을 하고, 다시 자리이동 버튼을 누르면 ×1의 FND가 점멸동작을 하는 식으로 순환된다.

③ 설정모드(FND가 점멸동작을 하는 상태를 의미함)가 선택된 상태에서 다시 "설정/해제" 버튼을 누르면 설정모드가 해제되고 FND는 점멸동작을 중지하고 설정된 숫자를 표시한다. 이 상태에서는 증가와 감소 버튼만 동작하고 나머지 버튼은 동작하지 않는다.

④ 설정모드에서 증가와 감소버튼을 누르면 점멸동작을 하고 있는 FND의 숫자가 증가하거나 감소한다.

⑤ 설정모드에서 부호설정 버튼을 누르면 부호가 반전된다. 즉 양수일 때는 음수로, 음수일 때는 양수로 바뀐다.

⑥ 증가와 감소버튼은 설정모드와 설정모드 해제일 때의 동작이 다르다. 설정모드일 때에는 점멸동작을 하는 FND에 대한 증가와 감소의 기능을 가지고, 설정모드 해제상태에서는 설정 값에 대한 증가와 감소 동작을 한다. 설정 값은 −9999 ~ 9999까지 변경 가능하다.

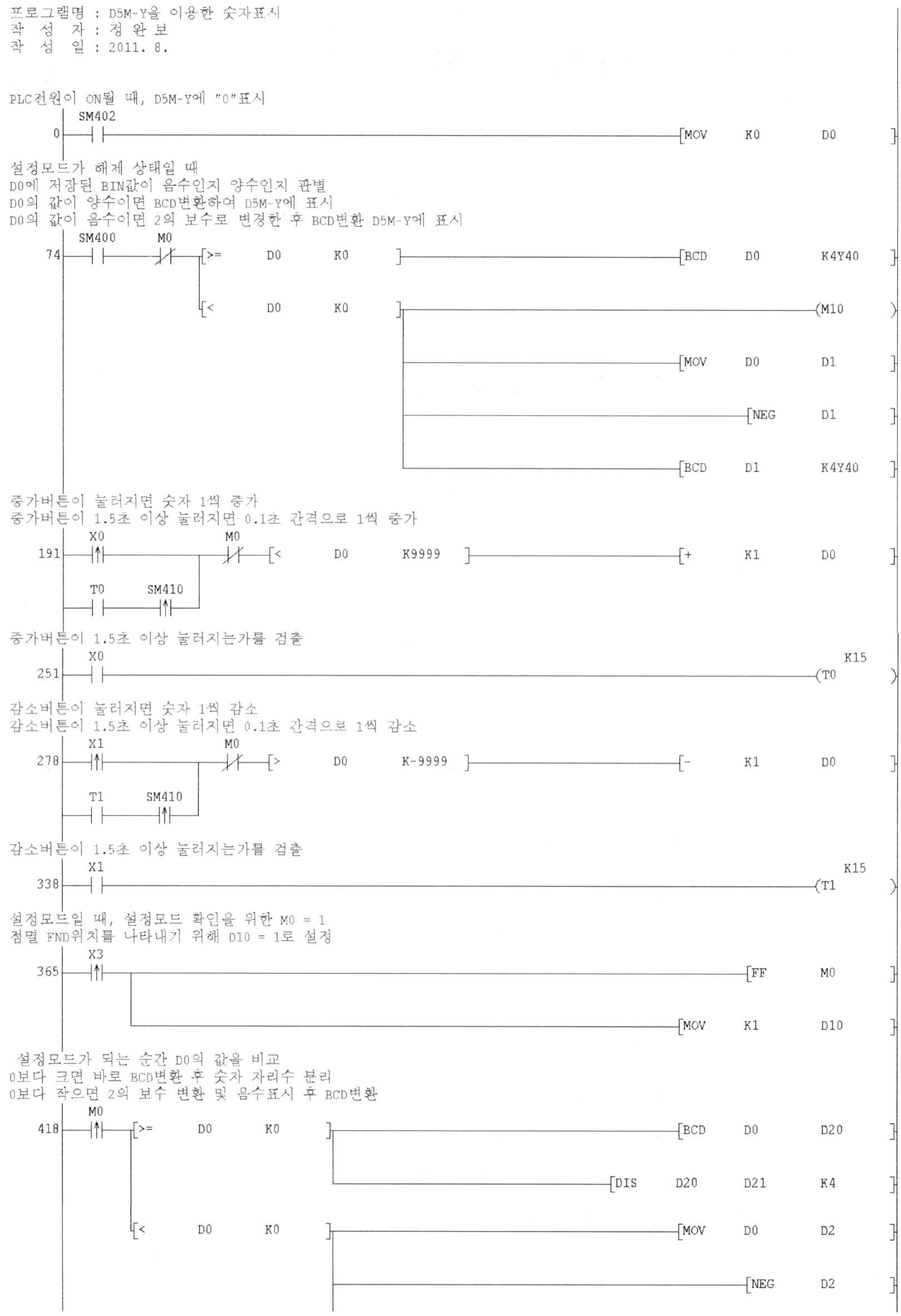
프로그램명 : D5M-Y을 이용한 숫자표시
작 성 자 : 정 완 보
작 성 일 : 2011. 8.
PLC전원이 ON될 때, D5M-Y에 "0"표시
SM402
0
MOV K0 D0
설정모드가 해제 상태일 때
D0에 저장된 BIN값이 음수인지 양수인지 판별
D0의 값이 양수이면 BCD변환하여 D5M-Y에 표시
D0의 값이 음수이면 2의 보수로 변경한 후 BCD변환 D5M-Y에 표시
SM400 M0
74
>= D0 K0
BCD D0 K4Y40
< D0 K0
M10
MOV D0 D1
NEG D1
BCD D1 K4Y40
증가버튼이 눌러지면 숫자 1씩 증가
증가버튼이 1.5초 이상 눌러지면 0.1초 간격으로 1씩 증가
X0 M0
191
< D0 K9999
+ K1 D0
T0 SM410
증가버튼이 1.5초 이상 눌러지는가를 검출
X0
251
K15
T0
감소버튼이 눌러지면 숫자 1씩 감소
감소버튼이 1.5초 이상 눌러지면 0.1초 간격으로 1씩 감소
X1 M0
278
> D0 K-9999
- K1 D0
T1 SM410
감소버튼이 1.5초 이상 눌러지는가를 검출
X1
338
K15
T1
설정모드일 때, 설정모드 확인을 위한 M0 = 1
점멸 FND위치를 나타내기 위해 D10 = 1로 설정
X3
365
FF M0
MOV K1 D10
설정모드가 되는 순간 D0의 값을 비교
0보다 크면 바로 BCD변환 후 숫자 자리수 분리
0보다 작으면 2의 보수 변환 및 음수표시 후 BCD변환
M0
418
>= D0 K0
BCD D0 D20
DIS D20 D21 K4
< D0 K0
MOV D0 D2
NEG D2

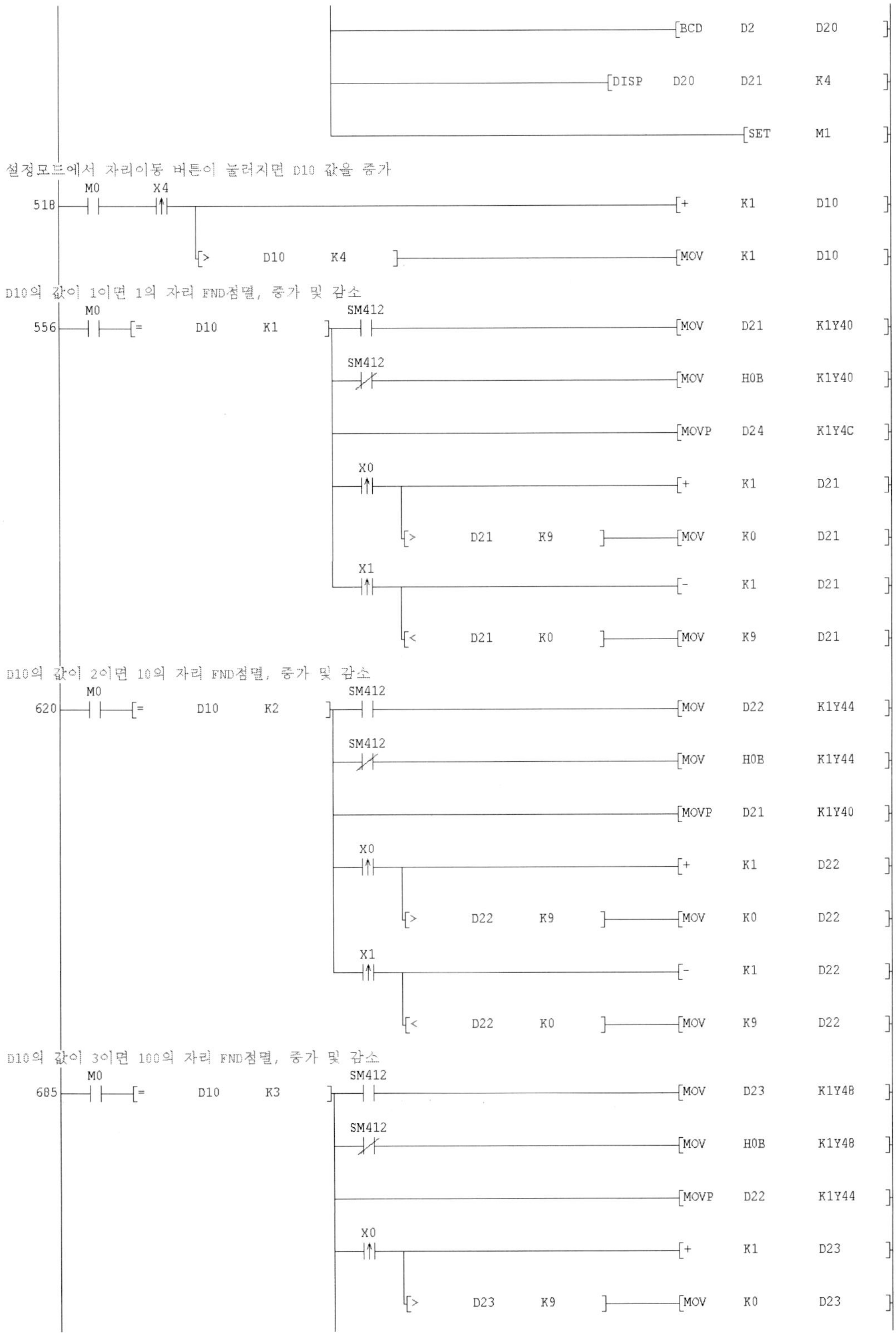
BCD D2 D20
DISP D20 D21 K4
SET M1
설정모드에서 자리이동 버튼이 눌러지면 D10 값을 증가
M0 X4
518 + K1 D10
> D10 K4 MOV K1 D10
D10의 값이 1이면 1의 자리 FND점멸, 증가 및 감소
M0 SM412
556 = D10 K1 MOV D21 K1Y40
SM412 MOV H0B K1Y40
MOVP D24 K1Y4C
X0 + K1 D21
> D21 K9 MOV K0 D21
X1 - K1 D21
< D21 K0 MOV K9 D21
D10의 값이 2이면 10의 자리 FND점멸, 증가 및 감소
M0 SM412
620 = D10 K2 MOV D22 K1Y44
SM412 MOV H0B K1Y44
MOVP D21 K1Y40
X0 + K1 D22
> D22 K9 MOV K0 D22
X1 - K1 D22
< D22 K0 MOV K9 D22
D10의 값이 3이면 100의 자리 FND점멸, 증가 및 감소
M0 SM412
685 = D10 K3 MOV D23 K1Y48
SM412 MOV H0B K1Y48
MOVP D22 K1Y44
X0 + K1 D23
> D23 K9 MOV K0 D23

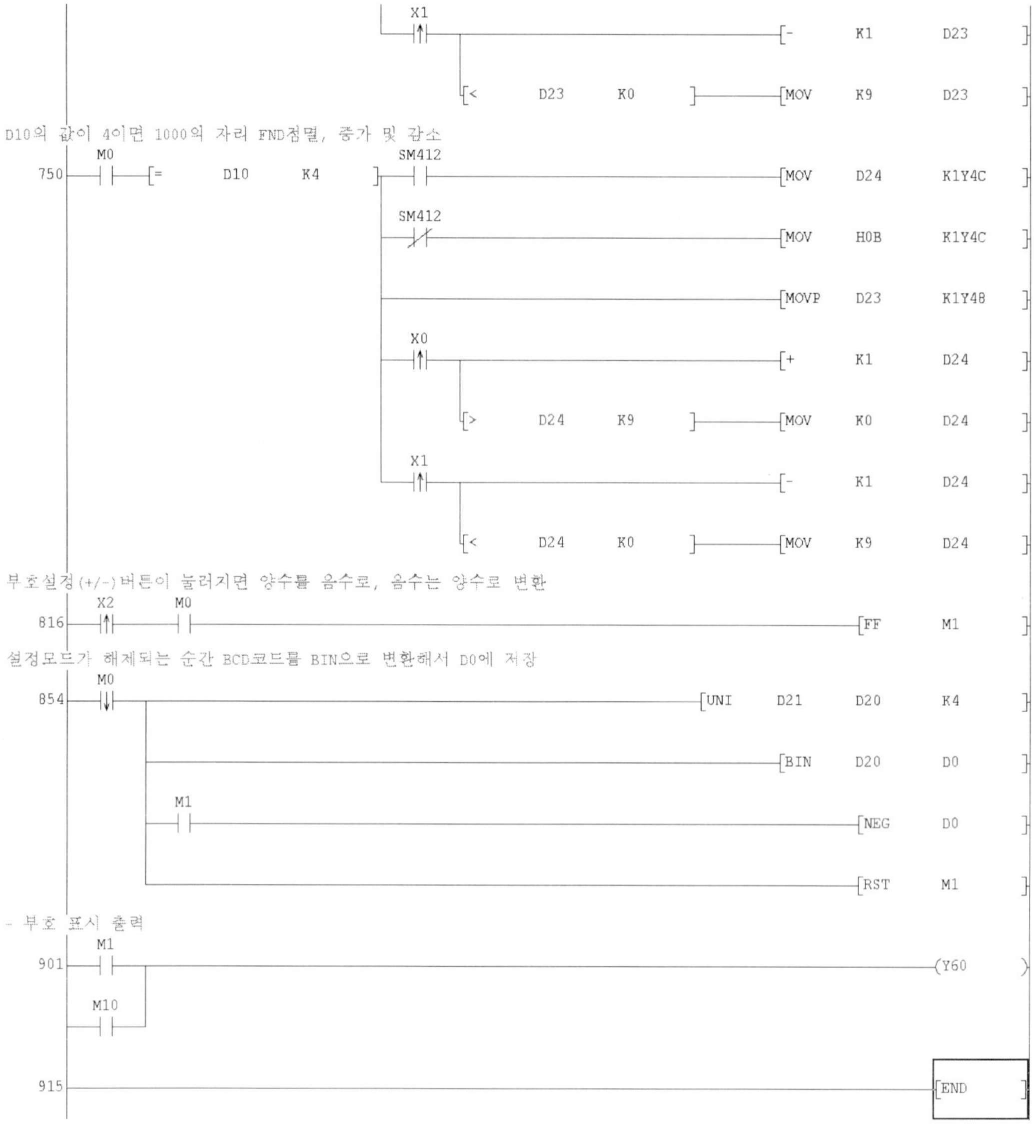

프로그램 1-10

프로그램 라인 0번부터 338번까지는 설정모드가 되었을 때, 순차적인 증가 및 감소 동작을 하지 않는다는 것 이외에는 [실습과제 1-9]와 별반 차이가 없다.

프로그램 라인 365번은 설정/해제 버튼이 눌러질 때마다, 설정모드와 해제모드를 나타내기 위해 FF명령어를 사용하였다. M0=1일 때는 설정모드, M0=0일 때는 해제모드이다. 그리고 설정모드가 되었을 때 1의 자리 표시를 하는 FND점멸 동작을 위해 D10=1로 설정하였다.

프로그램 라인 418번은 설정모드가 되는 순간 D0의 값을 검사해서 0보다 크면 바로 BCD변환 후, DISP명령어를 사용해서 각각의 자리수를 분리하고, 0보다 작으면 2의 보수를 취해 음수를 양수로 변환하고, 다시 BCD변환 후, DISP명령어를 사용해서 각각의 자리수를 분리한다. 그리고 원래의 값이 음수임을 나타내기 위해 M1=1로 설정한다.

프로그램 라인 518번은 설정모드에서 자리이동 버튼이 눌러질 때마다 D10의 값을 1씩 증가시켜 1 → 10 → 100 → 1000 → 1 → … 의 자리 순으로 순환하면서 FND을 점멸할 위치를 나타낸다.

프로그램 라인 556번은 설정모드이고 D10=1일 때, 1의 자리수의 FND을 점멸하고 증가와 감소버튼에 1의 자리 수 FND의 숫자를 증가시키거나 감소시킨다. 이 때 1000의 자리에 해당되는 FND자리수를 새롭게 쓰기 동작을 하도록 하는데 이는 점멸할 자리수가 이동될 때, 이전의 자리 수에 해당되는 숫자가 소등되는 모드에 있을 때 숫자가 표시되는 않는 것을 보완하기 위한 것이다.

프로그램 라인 620, 685, 750번은 프로그램 라인 556번과 동일한 동작을 한다.

프로그램 라인 816번은 설정모드에서 부호설정 버튼이 눌러질 때마다 부호설정을 변경하기 위한 것이다.

프로그램 라인 854번은 설정모드가 해제되는 순간 BCD코드로 변환된 값을 다시 BIN으로 변경하여 D0에 저장하는 영역이다. 만약 BIN으로 변경될 값이 음수이면 2의 보수로 변경하여 D0에 저장한다.

1-11 실습과제 알람시계 만들기1

일정한 시간동안 기계장치 등을 동작하기 위해 주로 타이머를 사용한다. [그림 1-57]에 나타낸 패널은 알람시계를 나타낸 것으로 사용자가 필요로 하는 시간을 설정한 후 "시작/정지" 버튼을 누르면 설정한 시간에서 1초씩 감소하면서 현재 남은 시간을 표시해 준다. 이러한 알람시계를 작동시키는 PLC프로그램을 작성해보자.

그림 1-57 알람시계 조작패널

[그림 1-57]에 나타낸 시스템 구성을 위한 입출력 번지를 [표 1-24]에 나타내었다.

표 1-24 PLC 입출력 번지 할당표

입력번호	기능	출력번호	기능
X00	시작/정지	Y47 ~ Y40	초(SEC)
X01	증가	Y4F ~ Y48	분(MIN)
X02	자리이동		
X03	설정/해제	Y60	부저

동작조건

① PLC의 전원이 ON되면 시간을 나타내는 FND에는 숫자 "0000"이 표시된다.

② 설정/해제 버튼을 누를 때마다 설정모드와 동작모드가 교대로 선택된다.

③ 설정모드에서는 FND가 점멸동작을 하고, 동작모드에서는 FND가 점멸동작을 하지 않는다.

④ 설정모드가 되면 FND의 4자리 숫자 중에서 제일 좌측에 위치한 FND의 숫자가 0.5초 간격으로 점멸된다. 이 때 증가버튼을 누르면 점멸되는 FND의 숫자가 증가한다. 증가하는 숫자는 분, 초의 일(10^0)의 자리는 0 ~ 9, 십(10^1)의 자리는 0 ~ 5의 숫자로 변경된다.

⑤ 설정모드에서 자리이동버튼을 누를 때마다 점멸위치가 좌측으로 1칸씩 이동되고 4번째 위치에서 자리이동버튼을 누르면 다시 제일 우측 FND가 점멸되도록 점멸되는 FND의 자리이동이 순환되도록 해야 한다.

⑥ 설정모드에서 설정모드버튼을 다시 누르면 동작모드가 된다. 동작모드에서는 FND가 점멸되지 않는다.

⑦ 동작모드에서 시간설정이 "00분00초"가 아니라면 시작/정지버튼을 누르면 시간이 설정된 시간에서 1초씩 감소되면서 표시되고 설정시간이 "00분00초"가 되면 3초간 부저가 0.5초 간격으로 동작한 후 정지한다.

⑧ 동작모드에서 시작/정지버튼을 눌러서 시간이 감소되는 도중에 시작/정지 버튼을 다시 누르면 설정시간은 "00분00초"가 되면서 즉시 동작을 정지한다. 이때는 부저가 동작하지 않는다.

PLC프로그램

```
프로그램명 : D5Y-M모듈을 이용한 알람시계
작 성 자 : 정 완 보
작 성 일 : 2011. 8

PLC전원이 ON될 때 FND에 "0000"표시를 위한 D0 설정값
      SM402
  0 ──┤ ├──────────────────────────────────[MOV   K0    D0   ]

설정모드가 아닌 경우에는 D0의 설정값을 FND에 표
시간을 다운 카운터 하기 위해 D0에 초단위의 설정시간 저장
예를들면 1분 24초를 설정하면 D0 84가 설정
D0의 값을 나눗셈 연산을 통해 분과 초로 구분하여 BCD변환
      SM400   M0
 84 ──┤ ├─────┤/├──┬────────────────[/     D0    K60   D1   ]
                   ├───────────────────────[BCD   D1    K2Y48]
                   └───────────────────────[BCD   D2    K2Y40]

설정/해제 버튼이 눌러지면 설정 및 해제를 반복 동작 함
설정모드 변환 시 점멸동작할 FND위치 설정
      X3
206 ──┤↑├──┬───────────────────────────────[FF    M0   ]
           └───────────────────────────[MOV   K1    D5   ]

설정모드가 되는 순간 분간 초 단위의 시간을 BCD변환 후
DISP명령을 이용하여 각각의 분(10, 1의 자리), 초(10과 1의 자리)
      M0
263 ──┤↑├──┬───────────────────────────[BCD   D1    D3   ]
           ├───────────────────────────[BCD   D2    D4   ]
           ├───────────────────[DISP  D4    D11   K2   ]
           └───────────────────[DISP  D3    D13   K2   ]

설정모드에서 자리이동 버튼이 눌러지면 D5의 값을 증가시킴
      M0      X2
341 ──┤ ├─────┤↑├──┬───────────────────────[+     K1    D5   ]
                   └─[>  D5  K4 ]──────────[MOV   K1    D5   ]

설정모드에서 자리이동에 의해 초(SEC)의 1의 자리 점멸동작
초(SEC)의 1의 자리 증가
      M0                        SM412
382 ──┤ ├──[=  D5  K1 ]──┬──────┤ ├────────[MOV   D11   K1Y40]
                         │      SM412
                         └──────┤/├────────[MOV   H0B   K1Y40]
```

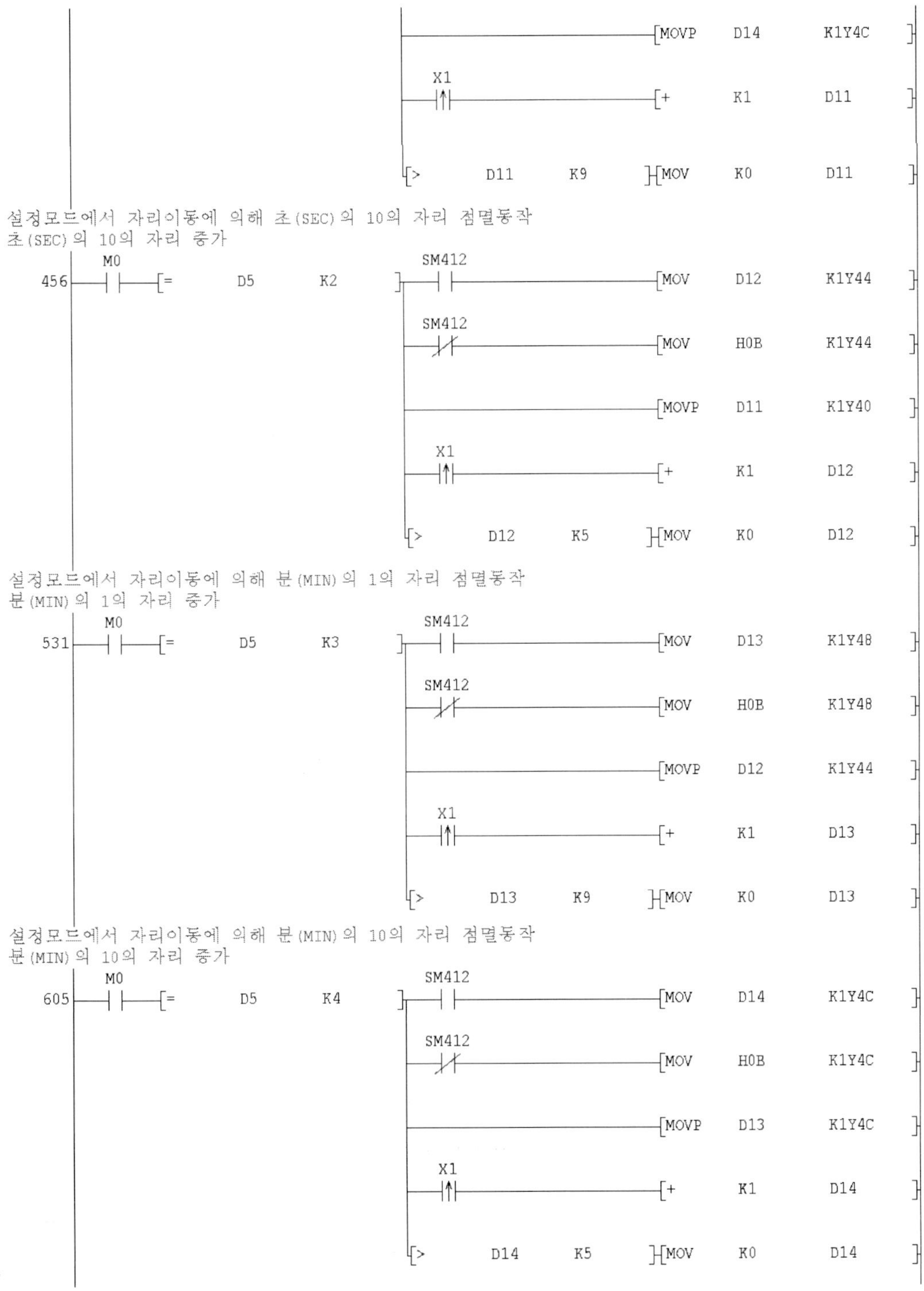
MOVP D14 K1Y4C
X1
+ K1 D11
> D11 K9 MOV K0 D11
설정모드에서 자리이동에 의해 초(SEC)의 10의 자리 점멸동작
초(SEC)의 10의 자리 증가
M0
456
= D5 K2
SM412
MOV D12 K1Y44
SM412
MOV H0B K1Y44
MOVP D11 K1Y40
X1
+ K1 D12
> D12 K5 MOV K0 D12
설정모드에서 자리이동에 의해 분(MIN)의 1의 자리 점멸동작
분(MIN)의 1의 자리 증가
M0
531
= D5 K3
SM412
MOV D13 K1Y48
SM412
MOV H0B K1Y48
MOVP D12 K1Y44
X1
+ K1 D13
> D13 K9 MOV K0 D13
설정모드에서 자리이동에 의해 분(MIN)의 10의 자리 점멸동작
분(MIN)의 10의 자리 증가
M0
605
= D5 K4
SM412
MOV D14 K1Y4C
SM412
MOV H0B K1Y4C
MOVP D13 K1Y4C
X1
+ K1 D14
> D14 K5 MOV K0 D14

```
설정모드가 해제될 때 분, 초의 자리를 UNI명령어로 조합
분 * 60의 수식으로 전체 설정시간을 초단위로 변환
       M0
 680 ──┤↓├──┬──────────────────[UNI   D11   D20   K2  ]
            ├──────────────────[UNI   D13   D21   K2  ]
            ├──────────────────[BIN   D20   D22       ]
            ├──────────────────[BIN   D21   D23       ]
            ├──────────────────[*     D23   K60   D24 ]
            ├──────────────────[+     D24   D22   D26 ]
            └──────────────────[MOV   D26   D0        ]

설정모드가 아닌 상태에서 시작/정지 버튼이 눌러지면
설정시간이 0이 아니면 시계동작
       M0        X0
 760 ──┤/├──────┤↑├──[>   D0   K0 ]────[FF    M10       ]

시계동작을 하면 1초 단위로 설정시간 감소
설정시간이 감소하다가 0이 되면 시계정지 및 부저 3초간 동작
       M10       SM412
 813 ──┤ ├──┬───┤↑├────────────────[-     K1    D0       ]
            └[<=  D0   K0 ]──┬─────[RST   M10            ]
                             └─────[SET   M11            ]

부저 작동시간 3초 계측
       M11                                        K30
 880 ──┤ ├─────────────────────────────────(T0          )

       T0
 899 ──┤ ├─────────────────────────────────[RST   M11   ]

시작/정지 버튼에 의해 정지가 되는 순간 설정시간 "0000"으로 설정
       M10
 901 ──┤↓├──┬──────────────────────[MOV   K0    D0       ]
            └──────────────────────[RST   M10            ]

부저 출력
       M11       SM412
 939 ──┤ ├──────┤ ├────────────────────────(Y60         )

 949 ──────────────────────────────────────[END         ]
```

프로그램 1-11

[실습과제 1-11]에서는 시간을 초단위로 저장해서 나눗셈 연산을 이용해 분과 초의 단위로 표시한다. 초와 분으로 나누어진 시간을 다시 BCD변환하여 DISP명령을 이용해서 초와 분을 일과 십의 자리로 각각 구분한 다음 해당 자리의 시간을 설정하도록 프로그램을 작성하였다.

프로그램 라인 680은 설정모드가 해제될 때, 일과 십의 자리로 각각 구분된 초와 분을 UNI명령어로 다시 조합하고, BIN명령어와 곱셈 및 덧셈 명령어를 이용해서 초와 분으로 설정된 시간을 초(SEC)단위로 D0에 다시 설정한다.

1-12 실습과제 알람시계 만들기2

[실습과제 1-11]에서 다루었던 알람시계 만들기를 DISP와 UNI명령어를 사용하지 않고 논리연산 명령어 WAND, WOR, SHR 명령어를 이용해 PLC프로그램을 작성해보자. 응용 명령어를 많이 알고 있으면 좀 더 손쉽게 프로그램을 작성할 수 있지만 응용 명령어는 PLC기종마다 지원되는 명령어가 다르기 때문에 여러 종류의 PLC을 이용하는 경우에는 기본 명령어만을 이용해서 PLC프로그램을 작성할 수 있어야 한다.

그림 1-58 알람시계 조작패널

[그림 1-58]에 나타낸 시스템 구성을 위한 입출력 번지를 [표 1-25]에 나타내었다.

표 1-25 PLC 입출력 번지 할당표

입력번호	기능	출력번호	기능
X00	시작/정지	Y47 ~ Y40	초(SEC)
X01	증가	Y4F ~ Y48	분(MIN)
X02	자리이동		
X03	설정/해제	Y60	부저

동작조건

① PLC의 전원이 ON되면 시간을 나타내는 FND에는 숫자 "0000"이 표시된다.

② 설정/해제 버튼을 누를 때마다 설정모드와 동작모드가 교대로 선택된다.

③ 설정모드에서는 FND가 점멸동작을 하고, 동작모드에서는 FND가 점멸동작을 하지 않는다.

④ 설정모드가 되면 FND의 4자리 숫자 중에서 제일 좌측에 위치한 FND의 숫자가 0.5초 간격으로 점멸된다. 이 때 증가버튼을 누르면 점멸되는 FND의 숫자가 증가한다. 증가하는 숫자는 분, 초의 일(100)의 자리는 0 ~ 9, 십(101)의 자리는 0 ~ 5의 숫자로 변경된다.

⑤ 설정모드에서 자리이동버튼을 누를 때마다 점멸위치가 좌측으로 1칸씩 이동되고 4번째 위치에서 자리이동버튼을 누르면 다시 제일 우측 FND가 점멸되도록 점멸되는 FND의 자리이동이 순환되도록 해야 한다.

⑥ 설정모드에서 설정모드버튼을 다시 누르면 동작모드가 된다. 동작모드에서는 FND가 점멸되지 않는다.

⑦ 동작모드에서 시간설정이 "00분00초"가 아니라면 시작/정지버튼을 누르면 시간이 설정된 시간에서 1초씩 감소되면서 표시되고 설정시간이 "00분00초"가 되면 3초간 부저가 0.5초 간격으로 동작한 후 정지한다.

⑧ 동작모드에서 시작/정지버튼을 눌러서 시간이 감소되는 도중에 시작/정지버튼을 다시 누르면 설정시간은 "00분00초"가 되면서 즉시 동작을 정지한다. 이때는 부저가 동작하지 않는다.

⑨ DISP, UNI명령어를 사용하지 않고 주어진 조건을 만족하는 PLC프로그램을 작성하라.

```
프로그램명 : D5Y-M모듈을 이용한 알람시계
작 성 자 : 정 완 보
작 성 일 : 2011. 8

PLC전원이 ON될 때 FND에 "0000"표시를 위한 D0 설정값
      SM402
  0 ──┤ ├──────────────────────────────────[MOV   K0    D0   ]

설정모드가 아닌 경우에는 D0의 설정값을 FND에 표
시간을 다운 카운터 하기 위해 D0에 초단위의 설정시간 저장
예를들면 1분 24초를 설정하면 D0 84가 설정
D0의 값을 나눗셈 연산을 통해 분과 초로 구분하여 BCD변환
      SM400    M0
 84 ──┤ ├──────┤/├──┬─────────────────[/     D0    K60   D1   ]
                    ├──────────────────────[BCD   D1    K2Y48 ]
                    └──────────────────────[BCD   D2    K2Y40 ]

설정/해제 버튼이 눌러지면 설정 및 해제를 반복 동작 함
설정모드 변환 시 점멸동작할 FND위치 설정
      X3
206 ──┤↑├──┬───────────────────────────────────[FF    M0   ]
           └───────────────────────────[MOV   K1    D5   ]

설정모드가 되는 순간 분간 초 단위의 시간을 BCD변환 후
WAND, WOR, SFR명령어를 이용하여 분, 초를 10과 1의 단위로 구분
      M0
263 ──┤↑├──┬───────────────────────────[BCD   D1    D3   ]
           ├───────────────────────────[BCD   D2    D4   ]
           ├──────────────────[WAND  D4    H0F   D11  ]
           ├──────────────────[WAND  D4    H0F0  D12  ]
           ├───────────────────────────[SFR   D12   K4   ]
           ├──────────────────[WAND  D3    H0F   D13  ]
           ├──────────────────[WAND  D3    H0F0  D14  ]
           └───────────────────────────[SFR   D14   K4   ]

설정모드에서 자리이동 버튼이 눌러지면 D5의 값을 증가시킴
      M0       X2
354 ──┤ ├──────┤↑├──┬──────────────────[+     K1    D5   ]
                    └[>  D5  K4 ]──────[MOV   K1    D5   ]

설정모드에서 자리이동에 의해 초(SEC)의 1의 자리 점멸동작
초(SEC)의 1의 자리 증가
```

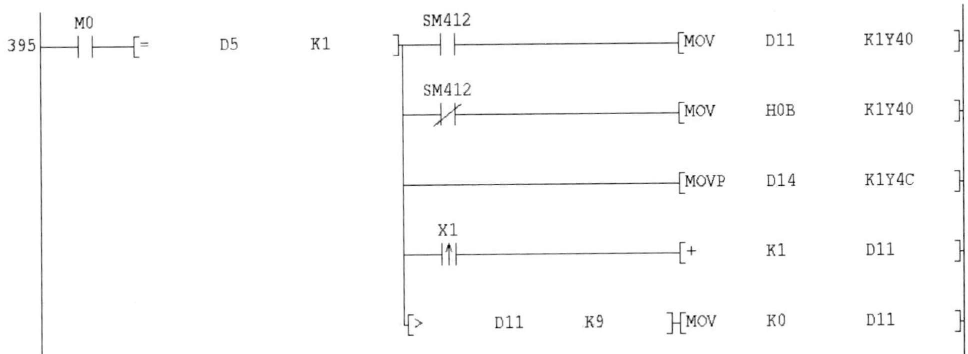

설정모드에서 자리이동에 의해 초(SEC)의 10의 자리 점멸동작
초(SEC)의 10의 자리 증가

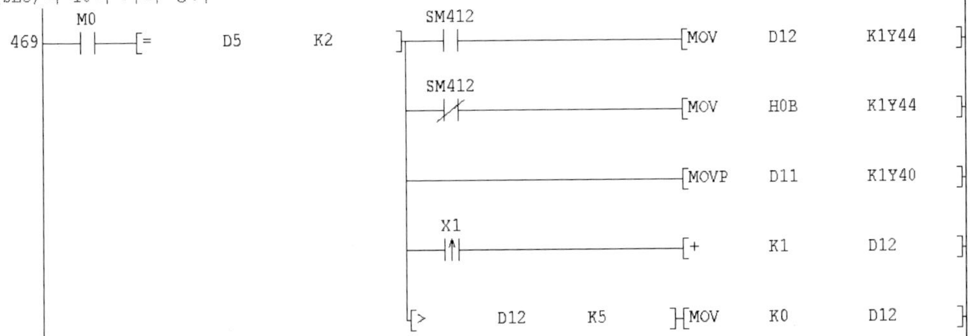

설정모드에서 자리이동에 의해 분(MIN)의 1의 자리 점멸동작
분(MIN)의 1의 자리 증가

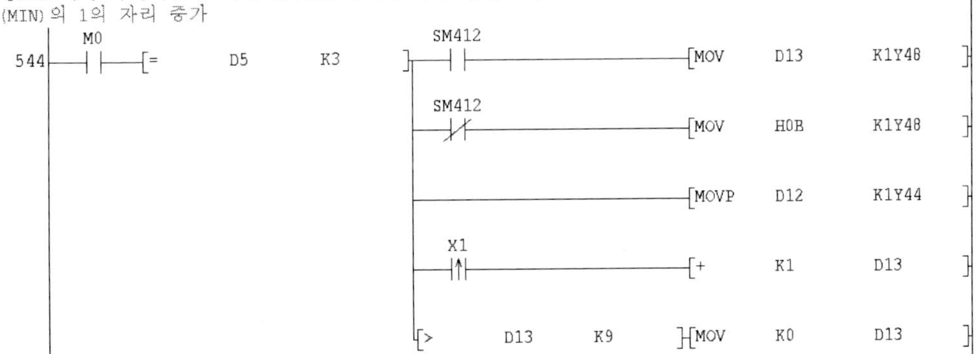

설정모드에서 자리이동에 의해 분(MIN)의 10의 자리 점멸동작
분(MIN)의 10의 자리 증가

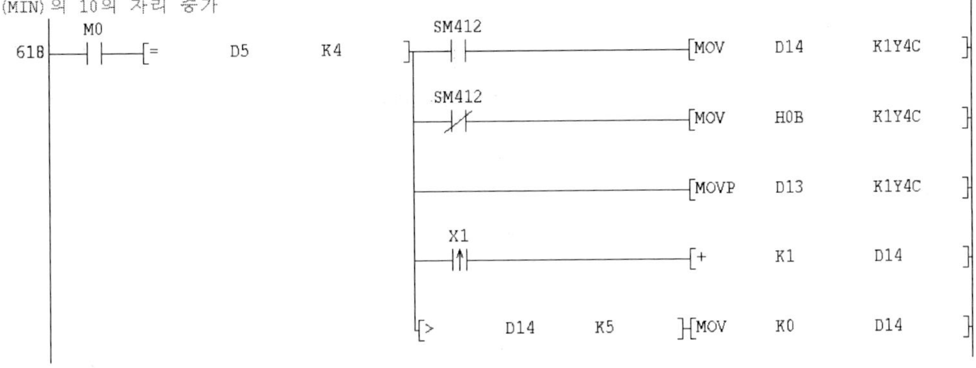

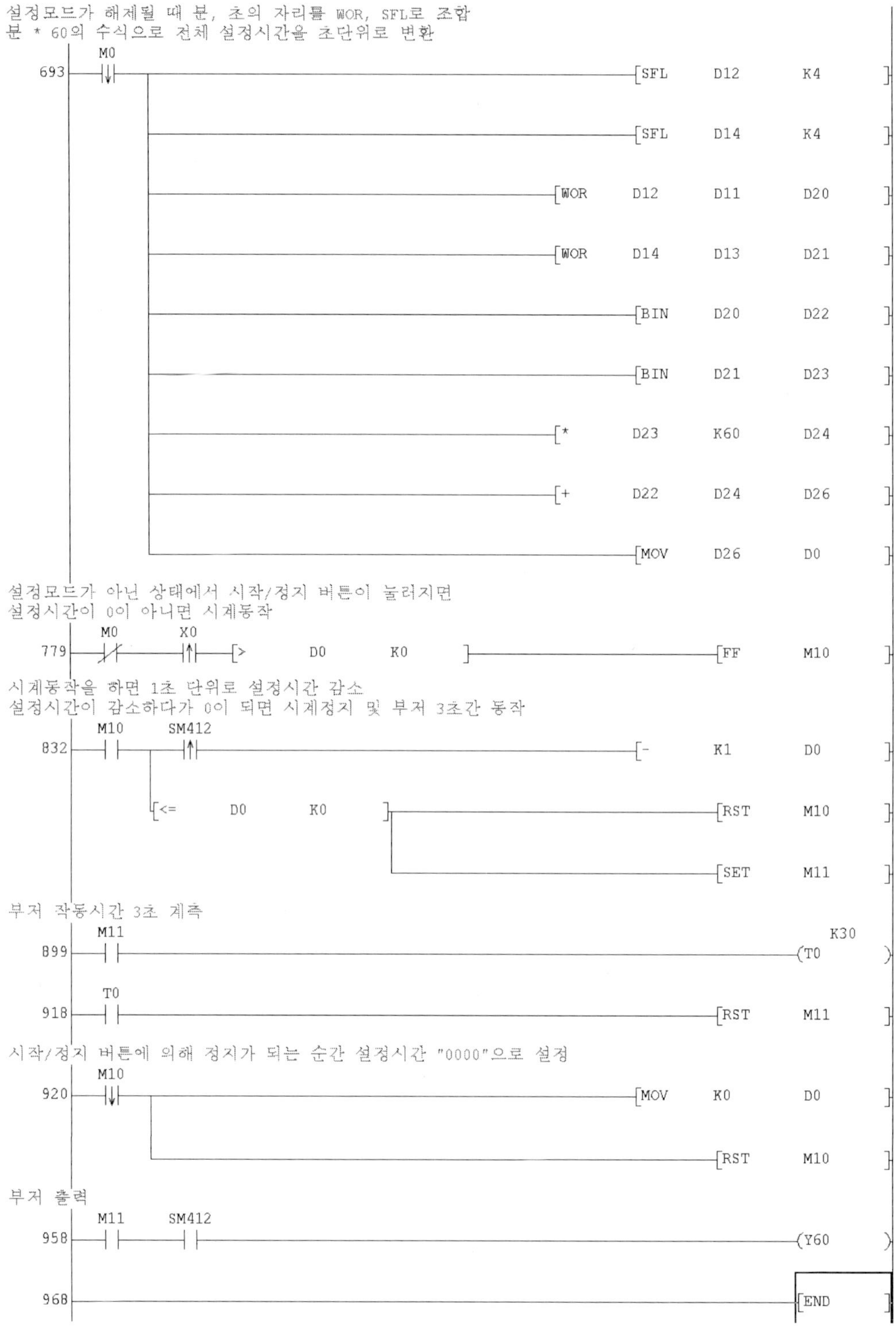
설정모드가 해제될 때 분, 초의 자리를 WOR, SFL로 조합
분 * 60의 수식으로 전체 설정시간을 초단위로 변환
693 M0
SFL D12 K4
SFL D14 K4
WOR D12 D11 D20
WOR D14 D13 D21
BIN D20 D22
BIN D21 D23
* D23 K60 D24
+ D22 D24 D26
MOV D26 D0
설정모드가 아닌 상태에서 시작/정지 버튼이 눌려지면
설정시간이 0이 아니면 시계동작
779 M0 X0
> D0 K0
FF M10
시계동작을 하면 1초 단위로 설정시간 감소
설정시간이 감소하다가 0이 되면 시계정지 및 부저 3초간 동작
832 M10 SM412
- K1 D0
<= D0 K0
RST M10
SET M11
부저 작동시간 3초 계측
899 M11
K30
T0
918 T0
RST M11
시작/정지 버튼에 의해 정지가 되는 순간 설정시간 "0000"으로 설정
920 M10
MOV K0 D0
RST M10
부저 출력
958 M11 SM412
Y60
968
END

프로그램 1-12

[그림 1-59]는 논리연산 명령어 WAND, WOR, SFR, SFL 명령어를 사용하여 주어진 동작을 구현하였다.

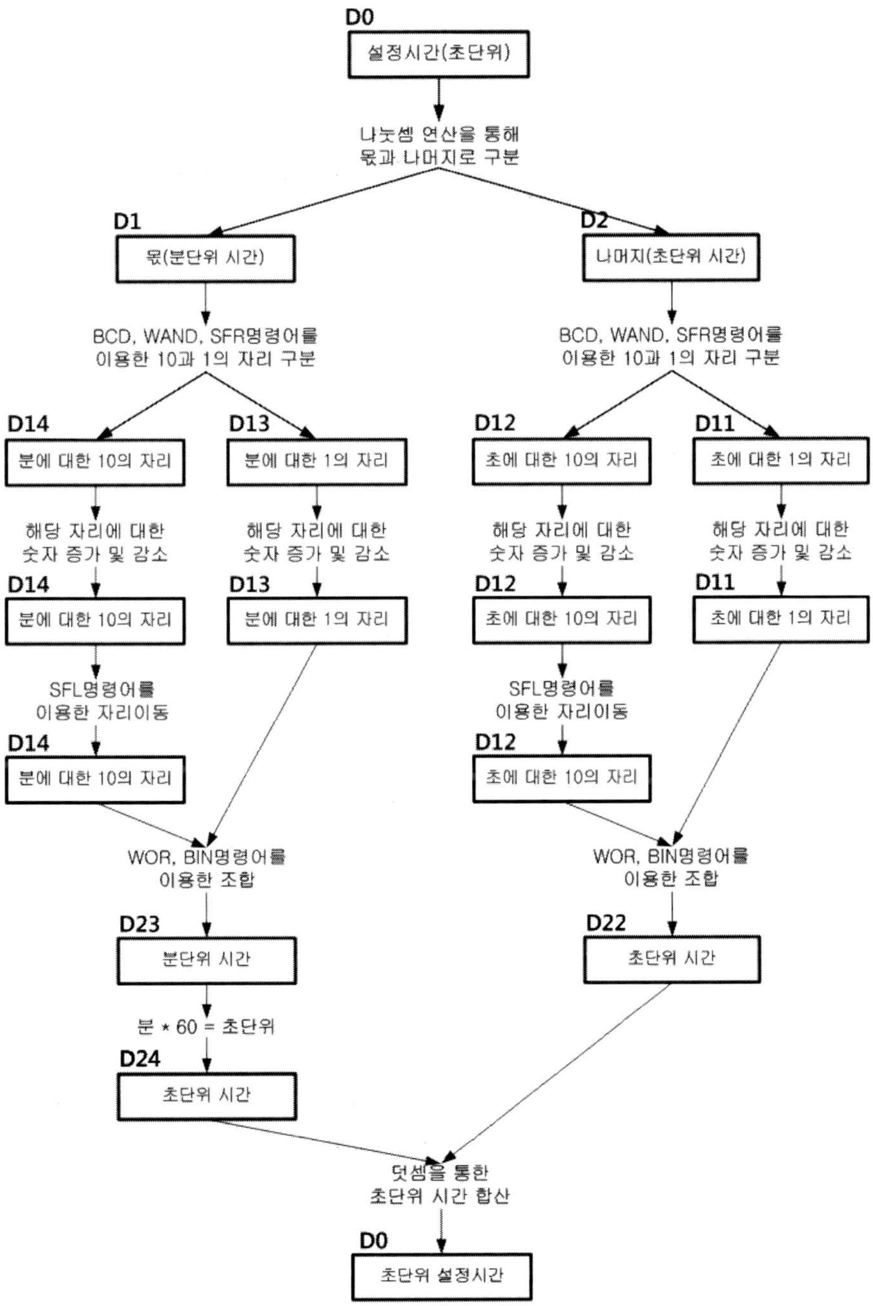

그림 1-59 [프로그램 1-12]의 동작 순서

[그림 1-59]는 [실습과제 1-12]의 프로그램 동작 순서를 나타낸 것이다. DIPS 명령어 대신에 WAND, SFR명령어를 이용해 분(MIN)의 10의 자리, 1의 자리, 초(SEC)의 10의 자리, 1의 자리를 각각 구분해서 데이터 레지스터에 저장한다. 예를 들면 D0=148이 설정되어 있다고 가정해보자. D0/60으로 나누면 몫이 "2", 나머지가 "28"이 된다. 여기서 몫은 분에 해당되고, 나머지는 초에 해당되는 값이다.

BIN값인 "28"을 BCD변환하면

"25" 에 해당되는 BIN값			
0000	0000	0001	1001

BIN → BCD 변환

"25" 에 해당되는 BCD값			
0000	0000	0010	0101

BCD값인 "0000 0000 0010 0101"을 WAND, SFR을 통해서 십과 일의 자리 분리

10의 자리 분리				
WAND	0000	0000	0010	0101
	0000	0000	1111	0000
결과값	0000	0000	0010	0000
우측 4비트 이동(SFR)	**0000**	**0000**	**0000**	**0010**

1의 자리 분리				
WAND	0000	0000	0010	0101
	0000	0000	0000	1111
결과값	**0000**	**0000**	**0000**	**0101**

이처럼 WAND명령어를 이용하면 데이터 레지스터에 저장된 값을 프로그래머가 원하는 비트만을 선택해서 구해낼 수 있고, SFR, SFL명령어를 이용해 원하는 비트를 원하는 위치에 이동시킬 수 있다. 이러한 논리연산 명령어는 PLC뿐만 아니라 CPU를 사용하는 모든 제어기기에 적용되는 명령어이다.

WOR명령어를 이용해 비트를 조합하는 것을 살펴보자.

10의 자리, 1의 자리 조합										
10의 자리	0000	0000	0000	0010		1의 자리	0000	0000	0000	0101
좌측 4비트 이동(SFR)	0000	0000	0010	0000	⇒		0000	0000	0010	0000
						WOR 결과값	**0000**	**0000**	**0010**	**0101**

10의 자리에 해당되는 데이터를 좌측으로 4비트 시프트하고 그 결과 값을 1의 자리에 해당되는 데이터를 WOR로 조합하여 원래의 BCD코드로 조합하고 있다. 이 결과값은 BIN으로 변환하면 원래의 BIN값인 "25"에 해당되는 "0000 0000 0001 1001"의 값을 구할 수 있다. 논리연산 명령어를 잘 이용하면 데이터를 원하는 형태로 조합할 수 있다.

1-5 BCD, BIN 명령어를 만드는 방법

주어진 실습과제를 해결하면서 BIN, BCD명령어를 많이 사용해왔다. 그럼 BIN, BCD명령어를 사용하지 않고 산술연산과 논리연산 명령어를 이용해 BIN과 BCD명령어와 같은 동작을 하는 PLC프로그램을 만들어 보자.

1-5-1 BCD명령어 만드는 방법

BCD명령어는 BIN값에 해당되는 BCD코드를 만드는 명령어이다. BIN값 "9999"는 BCD코드로 표현하면 아래의 도표와 같다.

"9999" 에 해당되는 BIN값				BIN → BCD 변환	"9999" 에 해당되는 BCD값			
0010	0111	0000	1111		1001	1001	1001	1001

그럼 BIN값을 어떤 방법을 이용해서 BCD코드로 변환할 수 있는가? 그 비밀은 나눗셈 연산과 그리고 시프트(SFR, S리)명령어, 그리고 WAND, WOR 같은 명령어의 조합을 통해 내가 원하는 BCD코드를 구하는 것이다.

9999 ÷ 1000 = 몫 9, 나머지 999
999 ÷ 100 = 몫 9, 나머지 99
99 ÷ 10 = 몫 9, 나머지 9

나눗셈 연산을 통해서 천, 백, 십, 일의 자리에 해당되는 각각의 숫자를 구할 수 있다. 그럼 구한 숫자를 어떻게 하면 "1001 1001 1001 1001"로 만들 수 있을까? 예를 들어 나눗셈 연산을 통해 천의 자리 수는 D11, 백의 자리 수는 D12, 십의 자리 수는 D13, 일의 자리 수는 D14에 저장되어 있다고 가정하고 논리연산 명령어를 이용해 BCD코드를 구하는 방법을 살펴보자.

"0009" 가 저장된 D11				[SFL D11 K12]	SFL명령 수행 결과 D11			
0000	0000	0000	1001		1001	0000	0000	0000

"0009" 가 저장된 D12			
0000	0000	0000	1001

[SFL D12 K8]

SFL명령 수행 결과 D12			
0000	1001	0000	0000

"0009" 가 저장된 D13			
0000	0000	0000	1001

[SFL D13 K4]

SFL명령 수행 결과 D12			
0000	0000	1001	0000

위의 도표에서 알 수 있듯이 시프트(SFR, SFL)명령어를 사용하면 원하는 비트를 원하는 위치로 이동시킬 수 있다. 이처럼 시프트 명령을 이용해 천, 백, 십, 일의 자리로 BCD코드를 위치한 후 WOR연산을 통해 하나의 BCD코드로 조합할 수 있다. 논리연산 명령어와 산술연산 명령어를 잘 이용하면 복잡한 문제를 쉽게 해결할 수도 있고 다양한 기능을 구현할 수 있다.

사용 명령	데이터 레지스터	설정데이터			
[WOR D11 D12 D20]	D11	1001	0000	0000	0000
	D12	0000	1001	0000	0000
	D20	**1001**	**1001**	**0000**	**0000**

사용 명령	데이터 레지스터	설정데이터			
[WOR D13 D20]	D13	0000	0000	1001	0000
	D20	1001	1001	0000	0000
	D20	**1001**	**1001**	**1001**	**0000**

사용 명령	데이터 레지스터	설정데이터			
[WOR D14 D20]	D14	0000	0000	0000	1001
	D20	1001	1001	1001	0000
	D20	**1001**	**1001**	**1001**	**1001**

WOR명령어를 이용해 D20에 우리가 구하고자 했던 BIN "9999" 에 해당되는 BCD코드 "1001 1001 1001 1001" 을 구할 수 있다.

1-5-2 BIN명령어 만드는 방법

BIN명령어는 BCD코드에 해당되는 값에 대응한 BIN값을 만드는 명령어이다. 이 명령어도 BCD명령어와 동일하게 산술연산과 논리연산 명령으로 만들 수 있다. BCD코드 "1001 1001 1001 1001"에 해당되는 BIN값 "9999"을 구하는 방법을 살펴보자.

"9999"에 해당되는 BCD값			
1001	1001	1001	1001

BIN → BCD
변환

"9999"에 해당되는 BIN값			
0010	0111	0000	1111

먼저 BCD코드를 각각 천, 백, 십, 일의 자리로 분류한 후 각 자리수에 해당되는 값을 곱하고, 구해진 각 자리에 대한 전체 값을 구하면 BCD코드에 해당되는 BIN값을 구할 수 있다.

천의 자리 * 1000 = 천의 자리에 해당되는 BIN값
백의 자리 * 100 = 백의 자리에 해당되는 BIN값
십의 자리 * 10 = 십의 자리에 해당되는 BIN값
일의 자리 * 1 = 일의 자리에 해당되는 BIN값

각각의 자리 수에 해당되는 BIN값을 구했으면 이들 각 자리 수에 해당되는 BIN값을 더하면 최종적인 BCD코드에 해당되는 BIN값을 구할 수 있다.

천 자리 BIN + 백 자리 BIN + 십 자리 BIN + 일 자리 BIN = 최종 BIN

위의 내용을 도표로서 정리해보자.

사용 명령	데이터 레지스터	설정데이터			
[WAND D10 H0F000 D21]	D10	1001	1001	1001	1001
	16진수	1111	0000	0000	0000
	D21	**1001**	**0000**	**0000**	**0000**
[SFR D21 K12]	D21	**0000**	**0000**	**0000**	**1001**

사용 명령	데이터 레지스터	설정데이터			
[WAND D10 H0F00 D22]	D10	1001	1001	1001	1001
	16진수	0000	1111	0000	0000
	D22	**0000**	**1001**	**0000**	**0000**
[SFR D22 K8]	D22	**0000**	**0000**	**0000**	**1001**

사용 명령	데이터 레지스터	설정데이터			
[WAND D10 H0F0 D23]	D10	1001	1001	1001	1001
	16진수	0000	0000	1111	0000
	D23	**0000**	**0000**	**1001**	**0000**
[SFR D22 K8]	D23	**0000**	**0000**	**0000**	**1001**

사용 명령	데이터 레지스터	설정데이터			
[WAND D10 H0F D24]	D10	1001	1001	1001	1001
	16진수	0000	0000	0000	1111
	D24	**0000**	**0000**	**0000**	**1001**

WAND, SFR명령어를 이용해 BCD코드를 천, 백, 십, 일의 자리로 각각 구분하였다. 그럼 구한 결과 값에다가 각 자리 수에 해당되는 값을 곱해주면 된다.

사용 명령	데이터 레지스터	설정데이터			
[* D21 K1000 D30]	D21	0000	0000	0000	1001
	K1000	0000	0011	1110	1000
	D30	**0010**	**0011**	**0010**	**1000**

사용 명령	데이터 레지스터	설정데이터			
[* D22 K100 D32]	D22	0000	0000	0000	1001
	K100	0000	0000	0110	0100
	D32	**0000**	**0011**	**1000**	**0100**

사용 명령	데이터 레지스터	설정데이터			
[* D23 K10 D34]	D23	0000	0000	0000	1001
	K100	0000	0000	0000	1010
	D34	**0000**	**0000**	**0101**	**1010**

곱셈 명령어를 이용해 천, 백, 십의 자리에 해당되는 BIN값을 구했다. 곱셈 명령어의 결과 값은 32비트 크기로 저장되지만 제일 큰 값이 9000의 값이기 때문에 D31, D30에 저장된 값 중에서 D30에만 9000의 값이 저장되기 때문에 32비트 크기에서 16비트 크기인 D30만 사용해도 결과 값에는 변함이 없다.

[* D21 K1000 D30]의 결과값							
D31				D30			
0000	0000	0000	0000	0010	0011	0010	1000

곱셈한 결과 값을 덧셈으로 합하면 BCD코드 "1001 1001 1001 1001"에 해당되는 BIN값 "9999"를 구할 수 있다.

사용 명령	데이터 레지스터	설정데이터			
[+ D30 D32 D40]	D30	0010	0011	0010	1000
	D32	0000	0011	1000	0100
	D40	**0010**	**0110**	**1010**	**1100**

사용 명령	데이터 레지스터	설정데이터			
[+ D34 D40]	D34	0000	0000	0101	1010
	D40	0010	0110	1010	1100
	D40	**0010**	**0111**	**0000**	**0110**

사용 명령	데이터 레지스터	설정데이터			
[+ D24 D40]	D24	0000	0000	0000	1001
	D40	0010	0111	0000	0110
	D40	**0010**	**0111**	**0000**	**1111**

산술연산과 논리연산으로 BCD코드를 BIN값으로 변환하는 방법에 대해 살펴보았다. 그럼 배운 내용을 바탕으로 주어진 과제를 해결해보자.

1-13 실습과제 D5Y-M모듈의 숫자표시1

[실습과제 1-7]의 내용과 동일한 과제를 BCD명령을 사용하지 않고 앞에서 배운 논리연산과 산술연산을 이용해서 D5Y-M모듈에 숫자를 표시해보자.

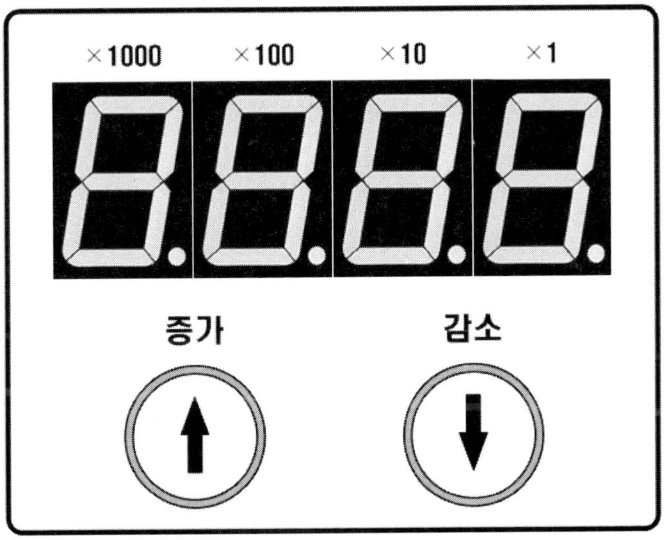

그림 1-60 조작패널

[그림 1-60]에 나타낸 시스템 구성을 위한 입출력 번지를 [표 1-26]에 나타내었다.

표 1-26 PLC 입출력 번지 할당표

입력번호	기능	출력번호	기능
X00	시작 버튼	Y43 ~ Y40	일의자리 FND
X01	정지 버튼	Y47 ~ Y44	십의자리 FND
		Y4B ~ Y48	백의자리 FND
		Y4F ~ Y4C	천의자리 FND

동작조건

① PLC의 전원이 ON되면 FND에는 숫자 "0001"이 표시된다.

② 증가버튼을 누르면 숫자가 "1"씩 증가한다. 단 증가버튼을 계속 누르고 있으면 증가버튼을 누르는 순간 숫자가 "1" 증가하고 1.5초 후에는 0.1초 간격으로 1씩 증가한다. 단 숫자는 최고 "9999"까지만 증가하고 "9999"에서는 증가버튼을 누르더라도 더 이상 숫자는 증가하지 않는다.

③ 감소버튼을 누르면 숫자가 "1"씩 감소한다. 단 감소버튼을 계속 누르고 있으면 감소버튼을 누르는 순간 숫자가 "1" 감소하고 1.5초 후에는 0.1초 간격으로 1씩 감소한다. 단 숫자는 "0000"까지만 감소하고 "0000"에서는 감소버튼을 누르더라도 더 이상 숫자는 감소하지 않는다.

④ BCD명령을 사용하지 않고 산술연산과 논리연산을 이용해 숫자를 D5Y-M 모듈에 표시할 수 있도록 PLC프로그램을 작성하라.

PLC 프로그램

```
프로그램명 : BCD명령어를 사용하지 않고 D5Y-M에 숫자 표시
작 성 자 : 정 완 보
작 성 일 : 2011. 8.

PLC전원이 ON되면 D5Y-M모듈에 숫자 1 표시
     SM402
 0 ──┤ ├──────────────────────────────[MOV    K1      D0    ]

D0에 저장된 값을 산술연산, 논리연산 명령어 이용 BCD코드 변환
D1 : 천 , D2 : 백 , D3 : 십 , D4 : 일
     SM400
87 ──┤ ├──┬───────────────────────[/     D0     K1000   D1    ]
          ├───────────────────────[/     D2     K100    D2    ]
          ├───────────────────────[/     D3     K10     D3    ]
          ├──────────────────────────────[SFL    D1      K12   ]
          ├──────────────────────────────[SFL    D2      K8    ]
          ├──────────────────────────────[SFL    D3      K4    ]
          ├───────────────────────[WOR   D1     D2      D10   ]
```

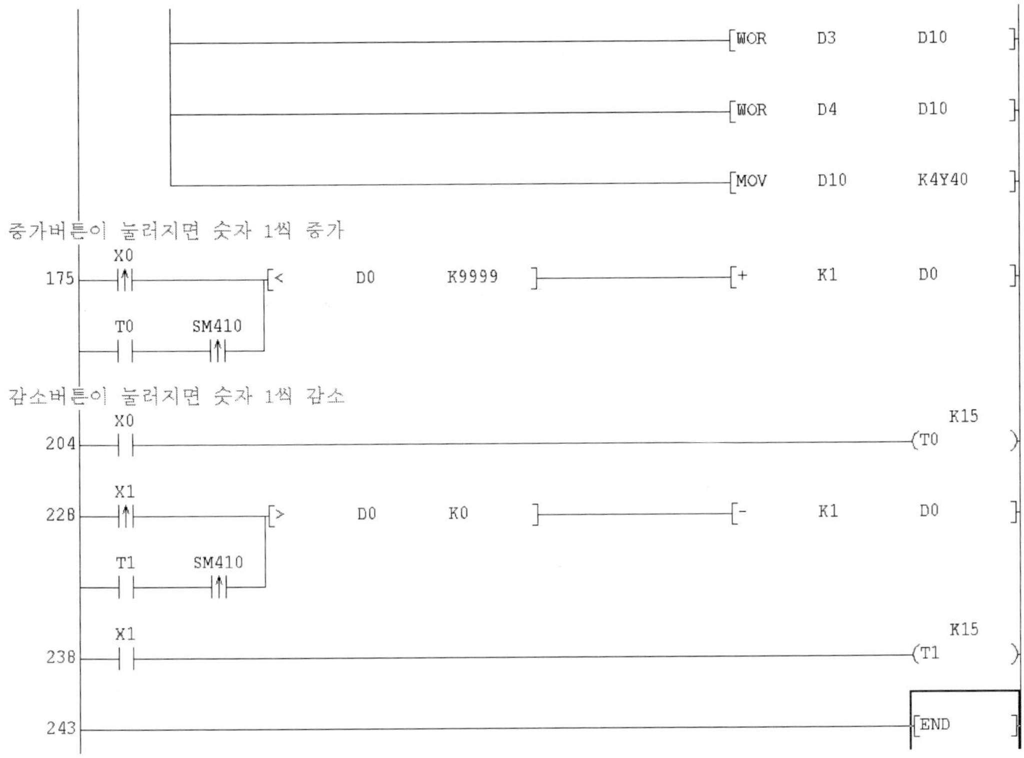
WOR D3 D10
WOR D4 D10
MOV D10 K4Y40
증가버튼이 눌러지면 숫자 1씩 증가
175 X0
< D0 K9999
+ K1 D0
T0 SM410
감소버튼이 눌러지면 숫자 1씩 감소
204 X0
K15
T0
228 X1
> D0 K0
- K1 D0
T1 SM410
238 X1
K15
T1
243
END

프로그램 1-13

1-6 프로그램의 구조화

교재의 실습과제를 실행하는 프로그램의 스텝 수가 대부분 수 백 스텝을 차지한다. 하지만 산업현장의 자동화 장치를 구동하기 위한 프로그램은 수 천 스텝에서 수만 스텝을 필요로 하기 때문에 프로그램을 체계적이고 합리적으로 작성하기 위해서는 프로그램의 구조화가 반드시 필요로 한다. 멜섹Q PLC에서 프로그램을 구조화 하는 방법은 다음의 2가지 방법을 사용한다.

- 동일 프로그램에서의 구조화
- 파일 분할 구조화

1-6-1 동일 프로그램 내에서의 구조화

한 개의 프로그램을 메인 프로그램, 서브루틴 프로그램, 인터럽트 프로그램을 나누어 작성하는 방법을 의미한다.

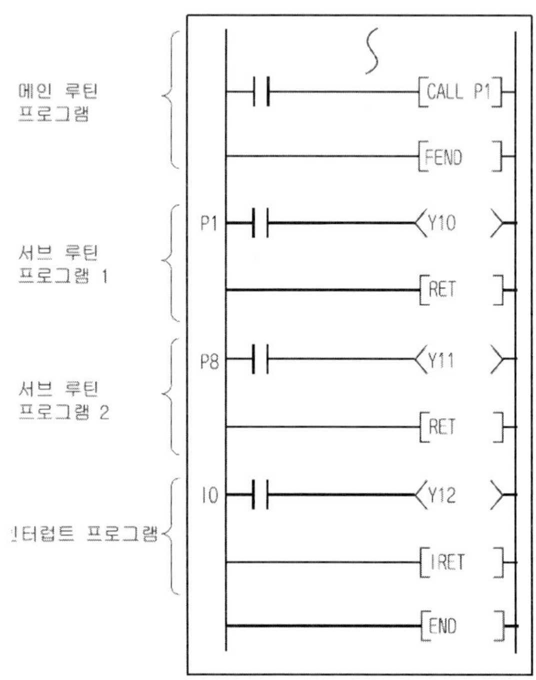

그림 1-61 동일 프로그램에서 구조화 방법

1) 서브루틴 프로그램

서브루틴 프로그램이란 한 개의 프로그램에서 여러 번 반복적으로 사용되는 프로그램을 모듈화 시켜 서브루틴 프로그램으로 만들고 서브루틴 프로그램을 호출하는 명령어를 이용해 모듈화된 서브루틴 프로그램을 호출해서 사용하는 방법을 의미한다. 서브루틴 프로그램을 이용하면 프로그램의 스텝 수를 줄일 수 있고, 프로그램을 쉽고 편리하게 관리할 수 있는 장점이 있다.

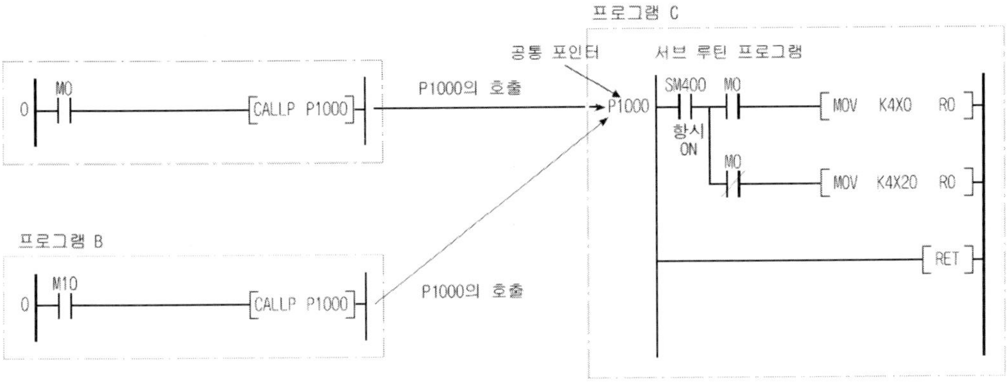

그림 1-62 서브루틴 프로그램 호출 방법

2) 서브루틴 프로그램 작성 방법

서브루틴 프로그램은 포인터(P□□□)에서 RET명령까지의 프로그램이다. 메인 루틴 프로그램 내에서 서브루틴 프로그램의 호출 명령어(CALL(P), FCALL(P) 등)으로 호출하였을 때만 실행되는 프로그램이다. 서브루틴 프로그램의 용도는 1스캔 중에 여러 차례 실행되는 프로그램을 서브루틴 프로그램으로 하면, 전체의 스텝 수가 줄어들고 따라서 스캔 타임도 짧아지는 장점을 가진다. 서브루틴 프로그램의 작성은 메인 루틴 프로그램의 FEND ~ END명령 사이에 작성하게 된다.

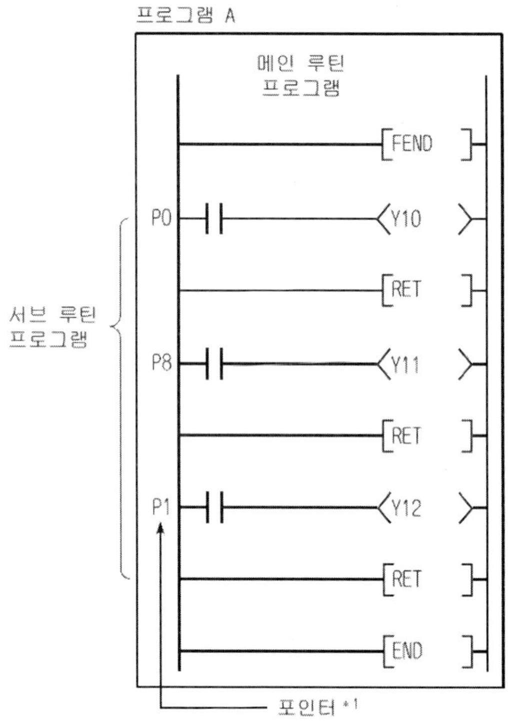

그림 1-63 서브루틴 프로그램 작성법

3) 서브루틴 프로그램의 실행

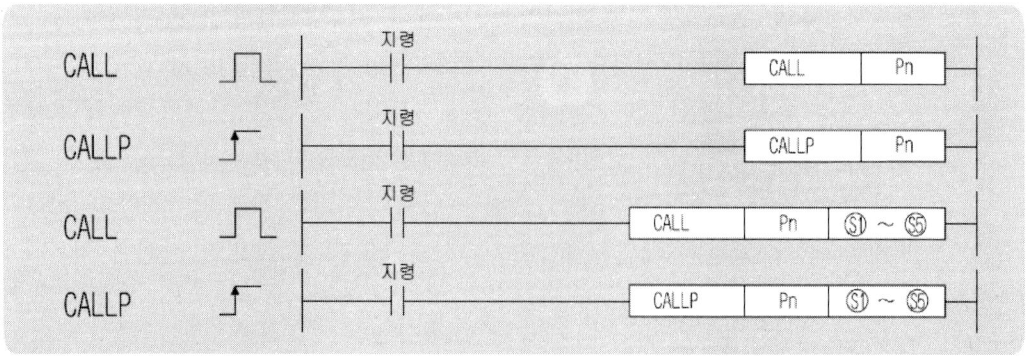

Pn : 서브루틴 프로그램의 선두 포인터 번호(디바이스명)

(S1) ~ (S5) : 서브루틴 프로그램에 인수로 건네주는 디바이스 번호(비트, 워드)

그림 1-64 서브루틴 프로그램 호출 명령어

서브루틴 프로그램 실행 명령어 "CALL"을 실행하면 "Pn"으로 지정된 포인터의 서브루틴 프로그램을 실행하고 "RET" 명령어를 만나면 서브루틴 프로그램의 실행을 종료하고 "CALL" 명령어 이후의 스캔 프로그램을 실행한다.

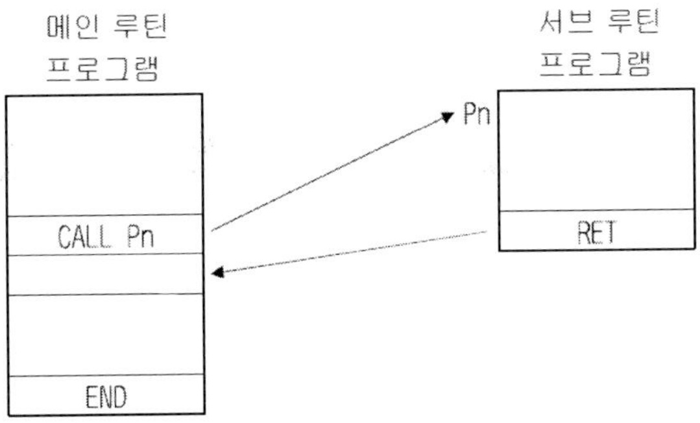

그림 1-65 서브루틴 프로그램 호출

1-14 실습과제 서브루틴 프로그램 호출 방법

이번 과제에서는 서브루틴 프로그램을 작성하는 방법에 대해 살펴보자. [실습과제 1-13]에서 다루었던 BCD명령어를 사용하지 않고 BCD코드를 만들었던 부분을 서브루틴으로 작성해서 서브루틴 호출 명령어를 사용해 주어진 동작조건을 만족하는 PLC프로그램을 작성해보자.

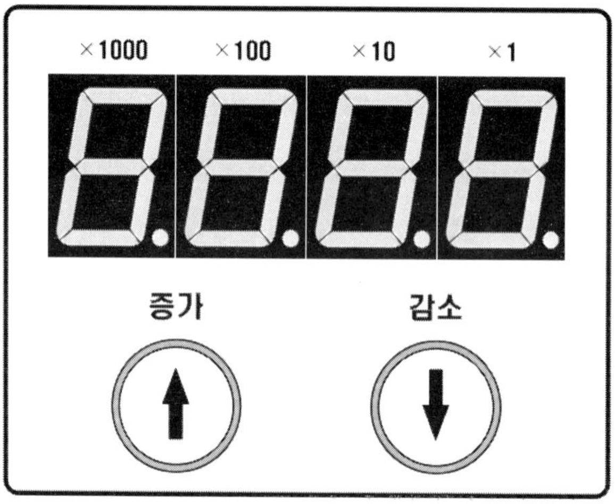

그림 1-66 조작패널

[그림 1-66]에 나타낸 시스템 구성을 위한 입출력 번지를 [표 1-27]에 나타내었다.

표 1-27 PLC 입출력 번지 할당표

입력번호	기능	출력번호	기능
X00	시작 버튼	Y43 ~ Y40	일의자리 FND
X01	정지 버튼	Y47 ~ Y44	십의자리 FND
		Y4B ~ Y48	백의자리 FND
		Y4F ~ Y4C	천의자리 FND

동작조건

① PLC의 전원이 ON되면 FND에는 숫자 "0001"이 표시된다.

② 증가버튼을 누르면 숫자가 "1"씩 증가한다. 단 증가버튼을 계속 누르고 있으면 증가버튼을 누르는 순간 숫자가 "1" 증가하고 1.5초 후에는 0.1초 간격으로 1씩 증가한다. 단 숫자는 최고 "9999"까지만 증가하고 "9999"에서는 증가버튼을 누르더라도 더 이상 숫자는 증가하지 않는다.

③ 감소버튼을 누르면 숫자가 "1"씩 감소한다. 단 감소버튼을 계속 누르고 있으면 감소버튼을 누르는 순간 숫자가 "1" 감소하고 1.5초 후에는 0.1초 간격으로 1씩 감소한다. 단 숫자는 "0000"까지만 감소하고 "0000"에서는 감소버튼을 누르더라도 더 이상 숫자는 감소하지 않는다.

④ FND에 숫자 표시를 위한 BCD코드 변환을 BCD명령을 사용하지 않고 산술연산과 논리연산으로 프로그램을 작성하고, BCD코드 변환 프로그램을 서브루틴으로 작성해서 스캔 프로그램에서 이 프로그램을 필요로 할 때 서브루틴 호출 명령어 "CALL"을 이용한다.

PLC 프로그램

프로그램명 : 서브 루틴 프로그램 작성법_1
작 성 자 : 정 완 보
작 성 일 : 2011. 11. 21

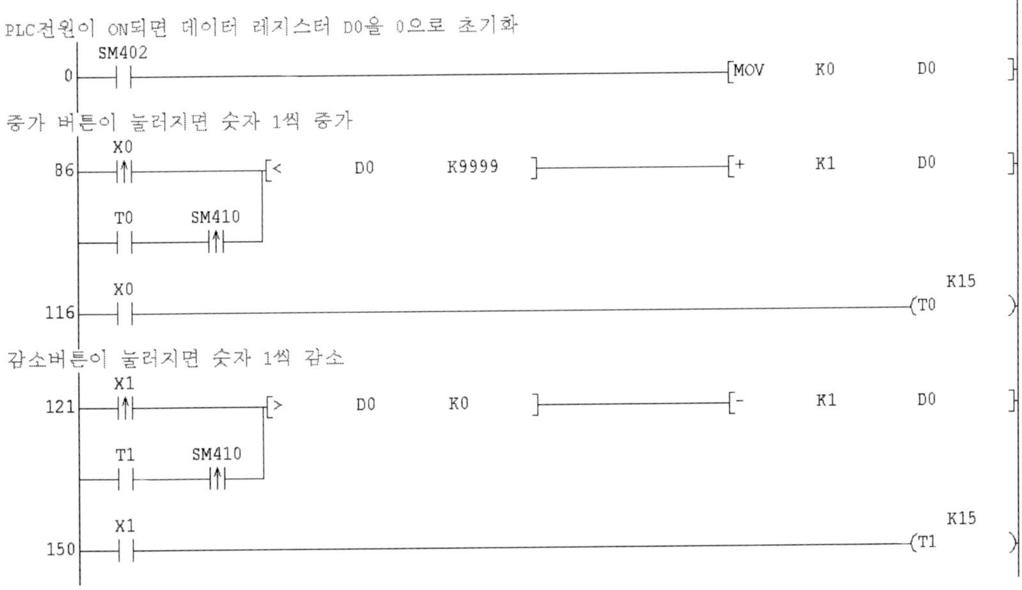

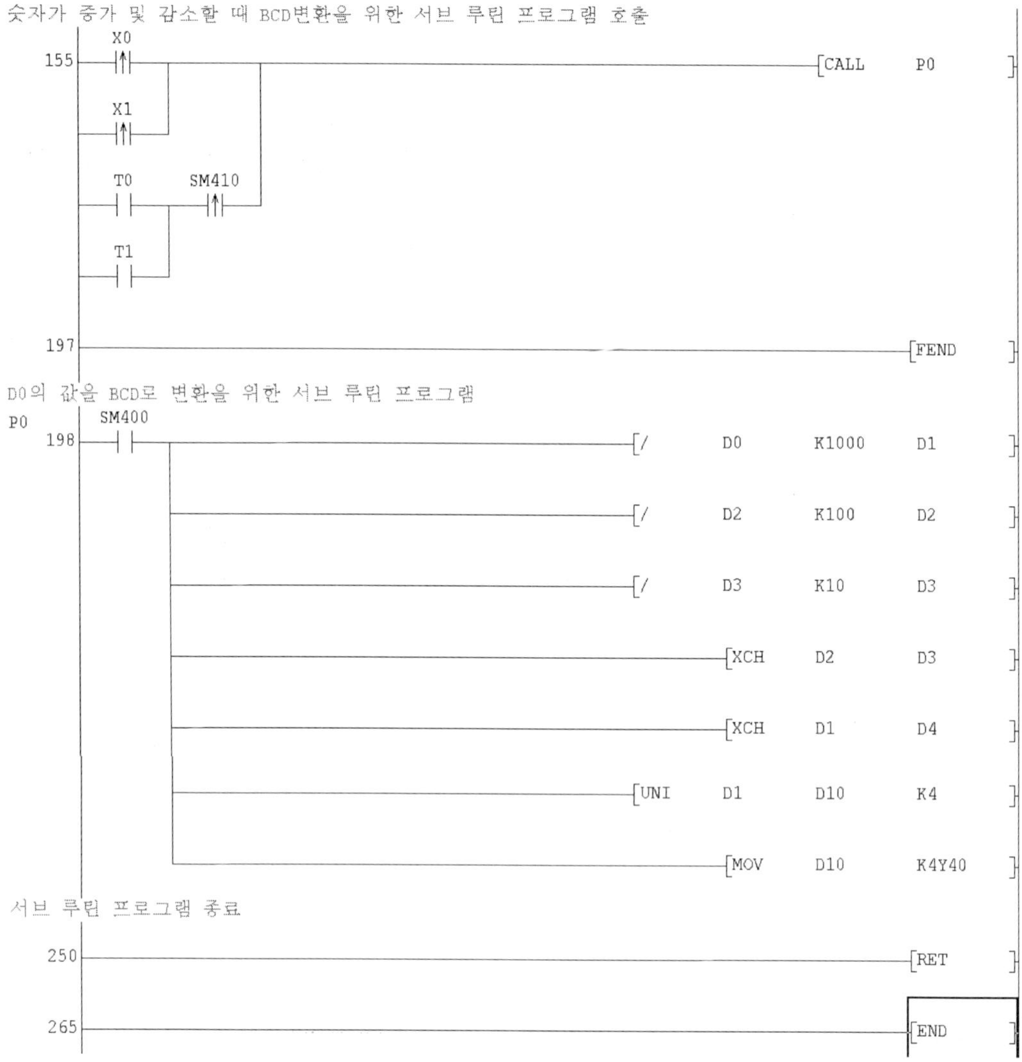

프로그램 1-14 서브루틴 프로그램

[프로그램 1-14]는 서브루틴 호출 명령어를 실행해서 D0에 저장된 2진수 값을 서브루틴 프로그램에서 BCD코드로 변환한 후 FND모듈에 숫자를 표시하는 프로그램이다. [실습과제 1-13]의 BCD코드 변환 프로그램을 좀 다르게 작성해보았다. 16비트 데이트의 4비트 결합 명령어 "UNI" 명령어는 앞에서 학습했고, 여기서는 "XCH" 명령어를 살펴보자. 서브루틴 프로그램에서 2진수 값을 BCD코드로 변환하는 과정을 살펴보면 D1에는 천의 자리에 해당되는 숫자가 저장되고, D2에는 백의 자리, D3에는 십의 자리, D4에는 일의 자리에 해당되는 숫자가 저장된다.

[그림 1-67]처럼 UNI명령어를 바로 적용해 FND표시하고자 하는 BCD코드를 저장하는 D10을 살펴보면 표시할 숫자의 자리가 바뀌어져 있음을 알 수 있다. 따라서 이러한 문제점을 해결하기 위해서 "XCH" 명령어를 사용한다.

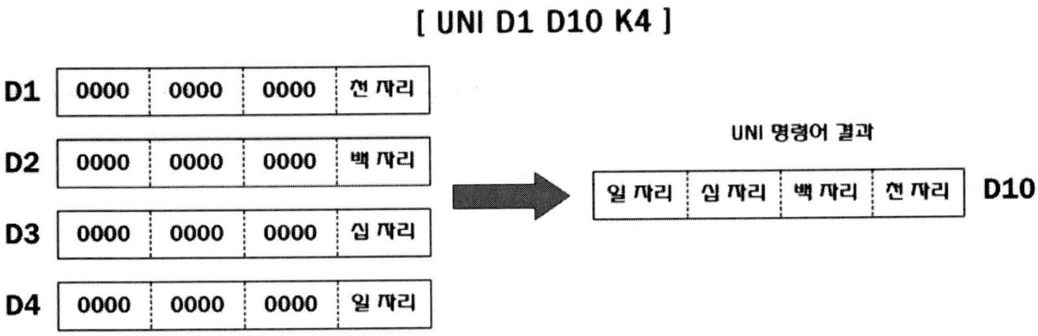

그림 1-67 UNI명령어 처리 결과

(1) XCH명령어

XCH명령어는 데이터 레지스터의 내용을 서로 교환하는 명령어이다.

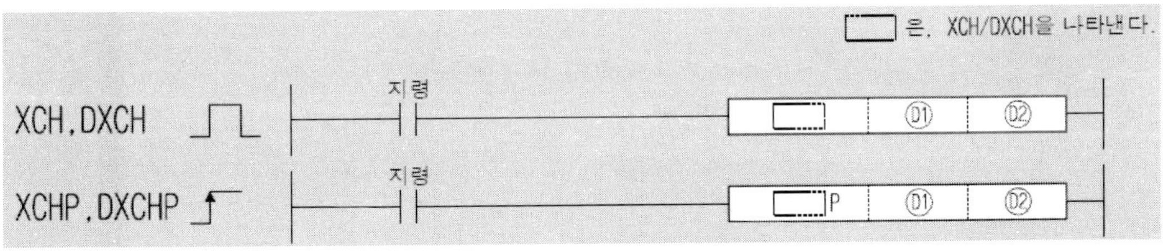

그림 1-68 XCH명령어 사용법

16비트 데이터 레지스터 교환 명령어(XCH)와 32비트 데이터 레지스터 교환 명령어(DXCH)명령어로 구분된다. 명령 실행 결과를 살펴보면 [그림 1-69]처럼 지정된 데이터 레지스터에 저장된 데이터가 바뀌어 있음을 알 수 있다.

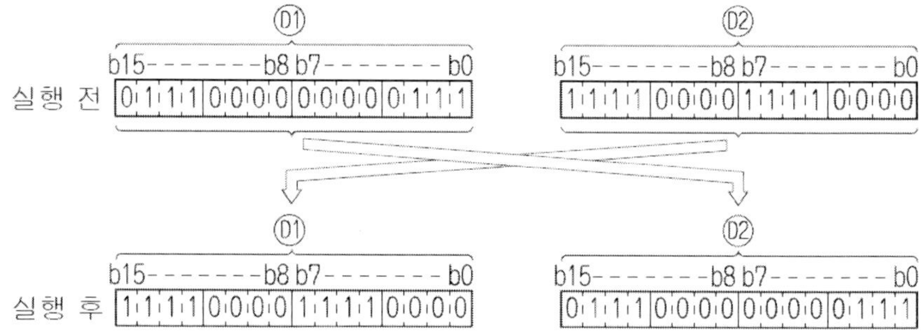

그림 1-69 XCH명령어 실행 결과

[프로그램 1-14]에서 XCH명령어를 사용하여 천과 일의 자리 데이터를 교환하고, 십과 백의 자리 데이터를 교환하면 D10에 원했던 BCD코드를 구할 수 있다. 이처럼 PLC의 논리명령어를 사용하면 복잡한 프로그램을 간단하게 구성할 수 있다.

(2) SWAP명령어

SWAP명령어는 하나의 데이터 레지스터에 있는 데이터를 상위8비트와 하위 8비트로 구분하여 자리를 변경하는 명령어이다.

그림 1-70 SWAP명령어 사용법

[그림 1-71]의 명령어 실행 결과를 살펴보면 지정된 16비트의 데이터 레지스터에 저장된 값을 상위 8비트와 하위 8비트로 구분해서 자리변경이 되고 있음을 알 수 있다.

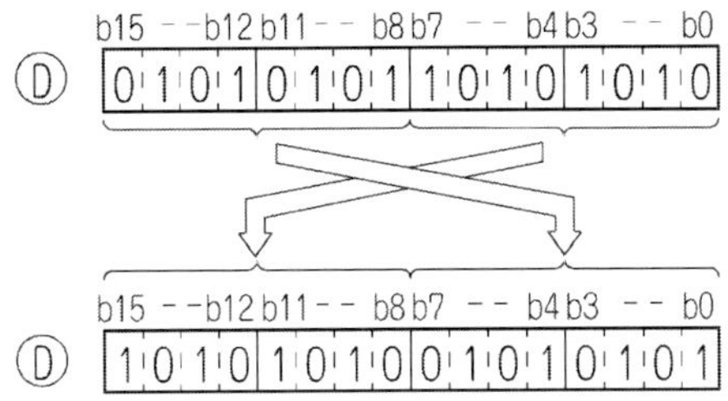

그림 1-71 SWAP명령어 실행 결과

3) 인수 부착 서브루틴 호출 명령어

인수 부착 서브루틴 호출 명령어를 사용하면 서브루틴 프로그램을 좀 더 효율적으로 사용할 수 있게 된다.

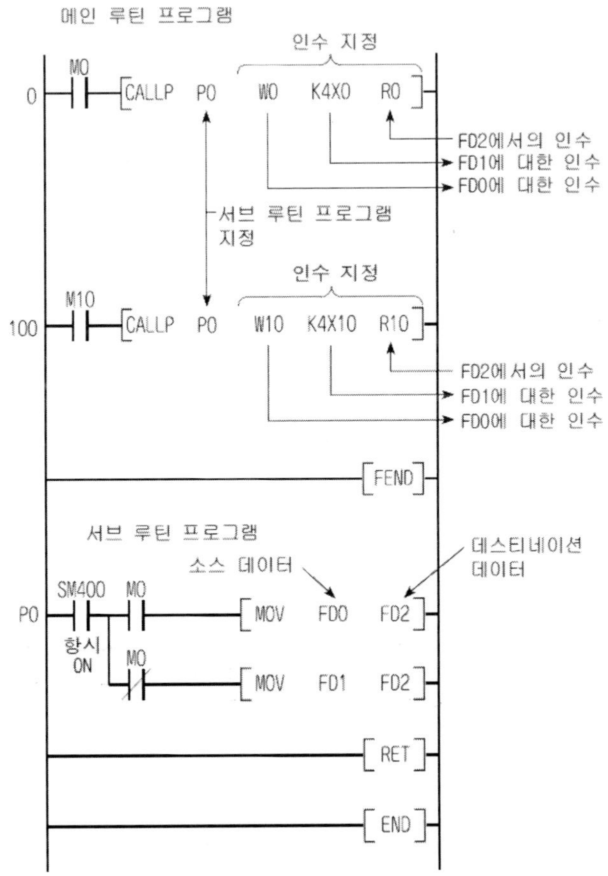

그림 1-72 인수 부착 서브루틴 호출

(1) 펑션 디바이스(FX, FY, FD)

펑션 디바이스는 인수 부착 서브루틴 프로그램에서 사용하는 디바이스이다. 사용방법은 [그림 1-73]와 같다.

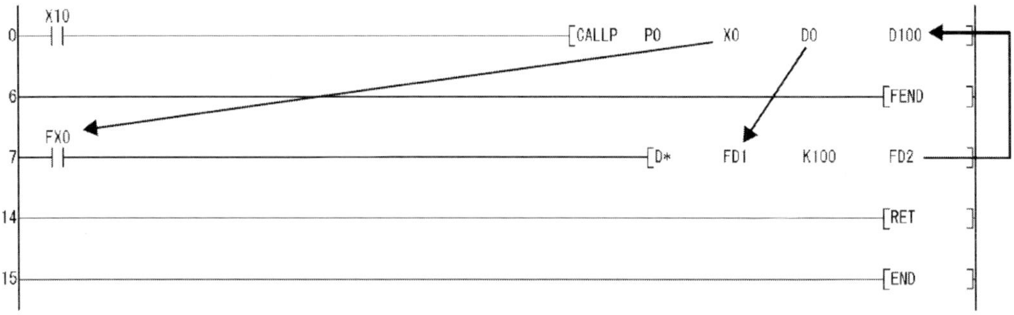

그림 1-73 인수 부착 서브루틴 프로그램에서 펑션 디바이스 사용법

[그림 1-73]에서 알 수 있듯이 인수 부착 서브루틴 호출 명령어는 서브루틴 프로그램의 실행에 필요한 비트 및 워드 데이터를 전달할 수 있고, 서브루틴 프로그램의 결과를 인수를 통해서 받을 수도 있는 기능을 가지고 있다. 인수 부착 서브루틴 프로그램 호출 명령어에 사용할 수 있는 인수는 총 5개이고 비트와 워드를 순서에 관계없이 사용할 수 있다. [그림 1-73]에서 펑션 입력디바이스 FX는 서브루틴 프로그램 실행하기 전에 서브루틴 프로그램에 비트 데이터의 내용을 전달하는 경우에 사용하는 디바이스이다. CPU모듈의 모든 비트 데이터 지정 디바이스를 사용할 수 있다. 펑션 출력디바이스 FY는 서브루틴 프로그램에서의 연산 결과(ON/OFF상태)를 호출 소스로 전달하는 경우에 사용하는 디바이스이다. CPU모듈의 입력(X, DX)를 제외하고 비트 데이터 지정 디바이스를 사용할 수 있다.

펑션 레지스터 FD는 서브루틴 프로그램과 그 호출 소스 프로그램 간에 워드 데이터를 읽기/쓰기 하는데 사용한다. 펑션 레지스터는 사용하는 명령어의 종류에 따라 1워드부터 최대 4워드를 점유한다.

1-15 실습과제 인수 부착 서브루틴 프로그램 호출 방법1

이번 과제에서는 인수 부착 서브루틴 프로그램을 작성하는 방법에 대해 살펴보자. [실습과제 1-14]에서 다루었던 서브루틴 호출 프로그램을 인수 부착 서브루틴 프로그램으로 작성해보자.

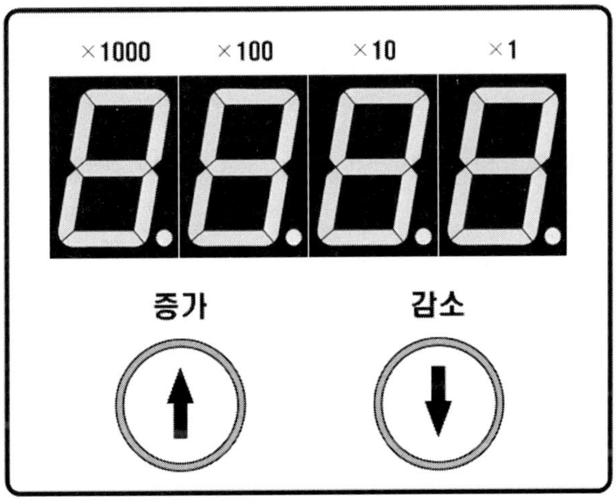

그림 1-74 조작패널

[그림 1-74]에 나타낸 시스템 구성을 위한 입출력 번지를 [표 1-28]에 나타내었다.

표 1-28 PLC 입출력 번지 할당표

입력번호	기능	출력번호	기능
X00	시작 버튼	Y43 ~ Y40	일의자리 FND
X01	정지 버튼	Y47 ~ Y44	십의자리 FND
		Y4B ~ Y48	백의자리 FND
		Y4F ~ Y4C	천의자리 FND

동작조건

① PLC의 전원이 ON되면 FND에는 숫자 "0001"이 표시된다.

② 증가버튼을 누르면 숫자가 "1"씩 증가한다. 단 증가버튼을 계속 누르고 있으면 증가버튼을 누르는 순간 숫자가 "1" 증가하고 1.5초 후에는 0.1초 간격으로 1씩 증가한다. 단 숫자는 최고 "9999"까지만 증가하고 "9999"에서는 증가버튼을 누르더라도 더 이상 숫자는 증가하지 않는다.

③ 감소버튼을 누르면 숫자가 "1"씩 감소한다. 단 감소버튼을 계속 누르고 있으면 감소버튼을 누르는 순간 숫자가 "1" 감소하고 1.5초 후에는 0.1초 간격으로 1씩 감소한다. 단 숫자는 "0000"까지만 감소하고 "0000"에서는 감소버튼을 누르더라도 더 이상 숫자는 감소하지 않는다.

④ BCD명령을 사용하지 않고 산술연산과 논리연산을 이용해 숫자를 D5Y-M 모듈에 표시할 수 있도록 서브루틴 프로그램으로 작성하고, 이 프로그램을 인수 부착 서브루틴 프로그램 호출 명령어를 이용해서 사용할 수 있도록 PLC프로그램을 작성해보자.

PLC 프로그램

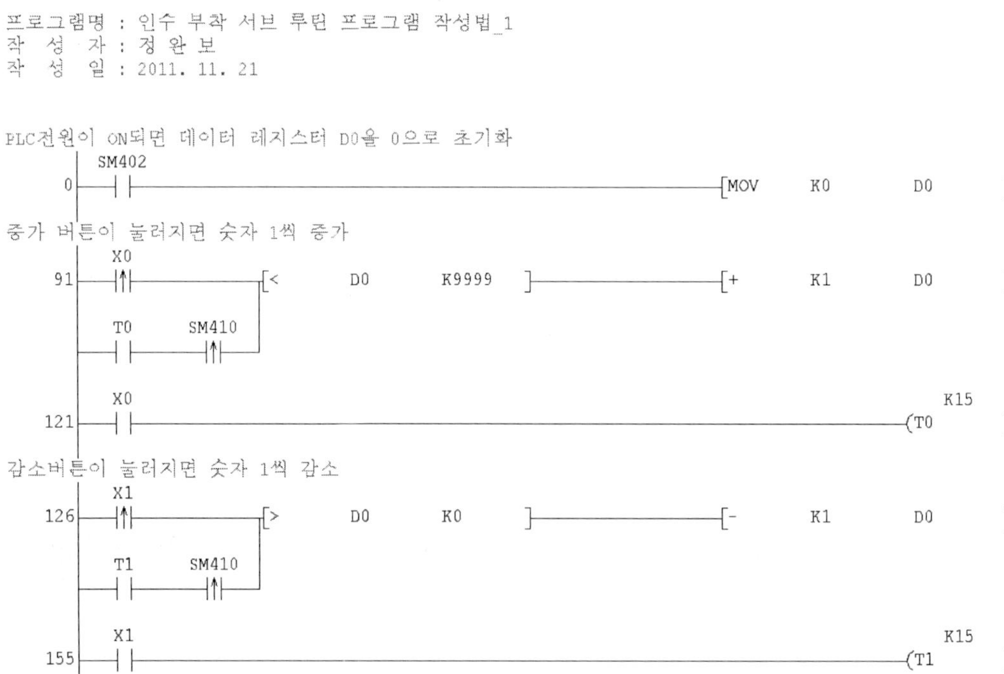

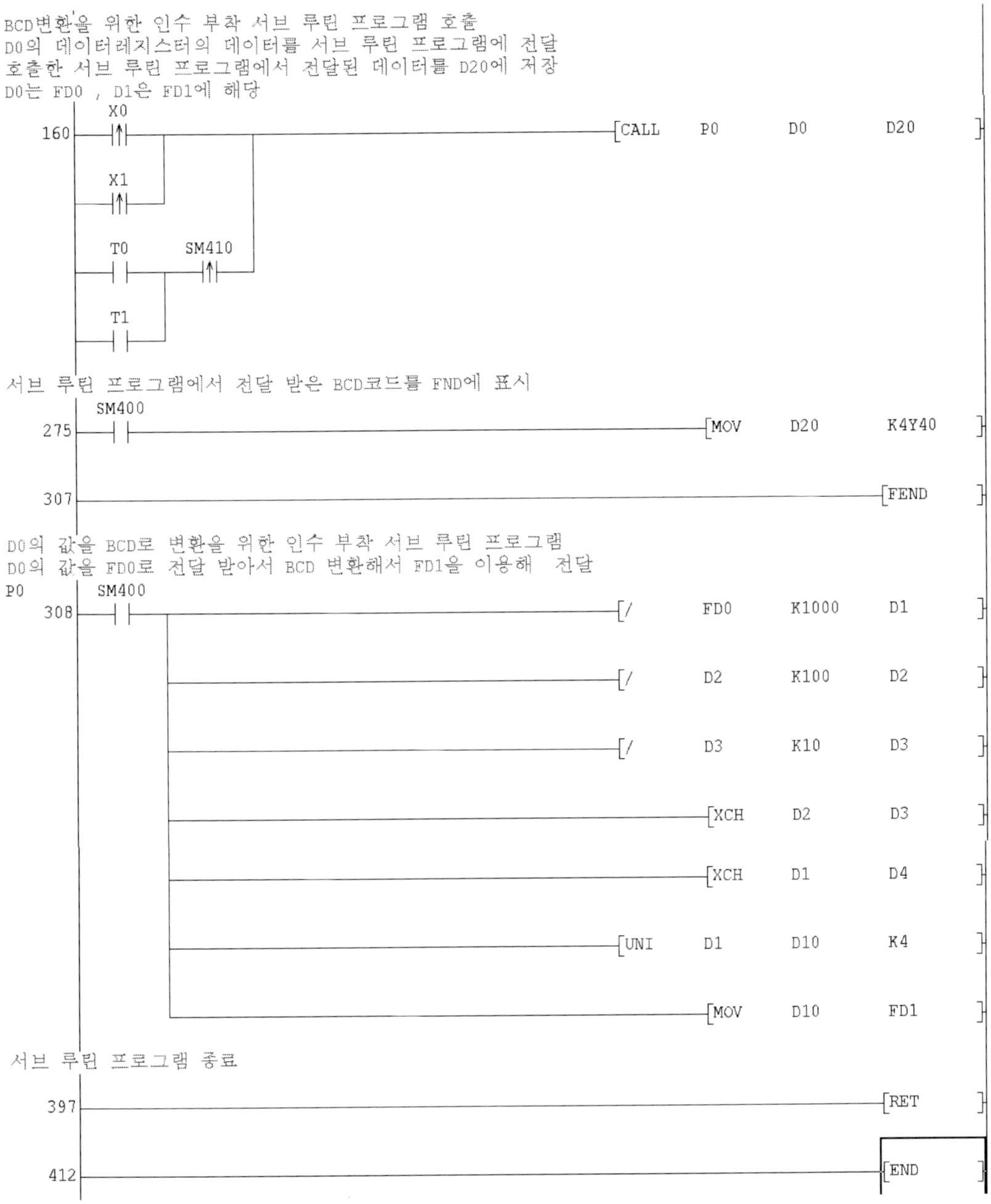

프로그램 1-15 인수 부착 서브루틴 프로그램

[프로그램 1-15]는 인수 부착 서브루틴 호출 명령어를 통해서 D0에 저장된 2진수 값을 서브루틴 프로그램에서 BCD코드로 변환한 후 FND모듈에 숫자를 표시하는 프로그램이다.

프로그램 라인 160을 살펴보면 증가 및 감소 스위치가 동작할 때 마다 D0의 숫자값을 증가 또는 감소시켜 인수 부착 서브루틴 프로그램 호출 명령을 이용하여 D0의 값을 서브루틴 프로그램에 전달하고 D0의 값을 BCD변환하여 FD1인자를 이용하여 D20으로 호출한 메인 프로그램에서 받아서 FND모듈에 표시하는 동작을 하는 PLC프로그램이다. 인수 부착 서브루틴 호출 명령에서 사용할 수 있는 인수는 1개~5개이고 프로그래머가 사용할 인수의 개수를 정하면 된다. 단 전달인수와 되돌려 받는 인수의 개수는 항상 일치해야 한다.

1-16 실습과제 인수 부착 서브루틴 프로그램 호출 방법2

4칙 연산을 실행하는 PLC프로그램을 인수 부착 서브루틴 프로그램 작성법을 이용해서 만들어보자. 주어진 조작패널과 동작조건을 만족하는 PLC프로그램을 인수 부착 서브루틴 프로그램을 사용해서 작성하라.

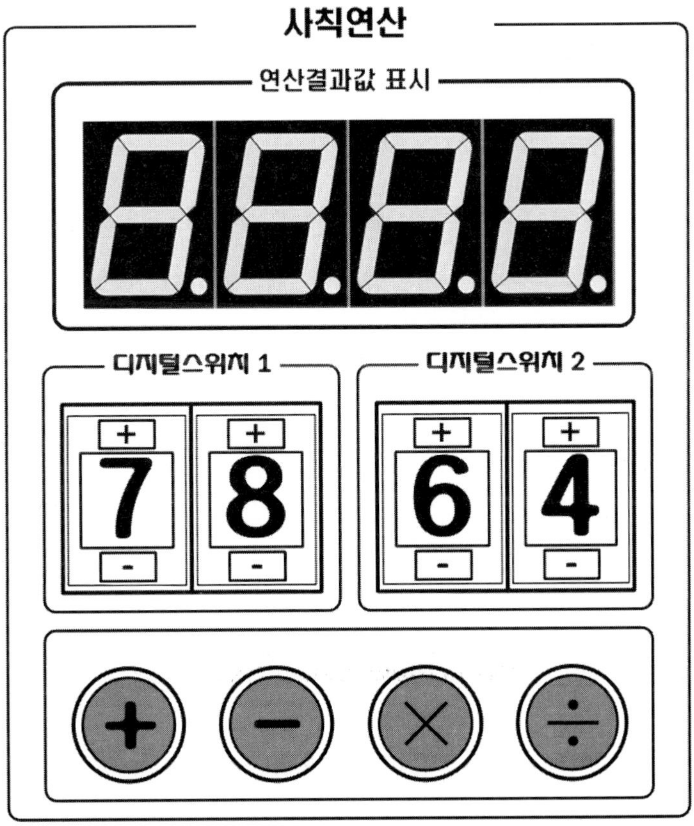

그림 1-75 조작패널

[그림 1-75]에 나타낸 시스템 구성을 위한 입출력 번지를 [표 1-29]에 나타내었다.

표 1-29 PLC 입출력 번지 할당표

입력번호	기능	출력번호	기능
X00	덧셈(+)	Y4F~Y40	연산결과값 표시
X01	뺄셈(−)		
X02	곱셈(×)		
X03	나눗셈(÷)		
X20~X27	디지털 스위치2		
X2F~X28	디지털 스위치1		

동작조건

① PLC의 전원이 ON되면 FND에는 숫자 "0000"이 표시된다.

② 디지털스위치1, 2을 조작하여 연산하고자 하는 숫자를 선택한다.(프로그램에서 산술연산의 오류발생 부분을 확인하지 않기 때문에 산술연산이 가능한 숫자를 선택한다)

③ 사칙연산의 버튼을 누르면 해당 결과 값이 FND에 표시된다.
예를 들면 디지털스위치1에 99을 설정하고 디지털스위치2를 99에 설정한 후 곱셈 버튼을 누르면 FND에는 9801이 표시되어야 한다.

④ 위의 동작조건을 만족하는 PLC프로그램을 인수 부착 서브루틴 프로그램 호출 방법을 포함하여 작성하라.

PLC프로그램

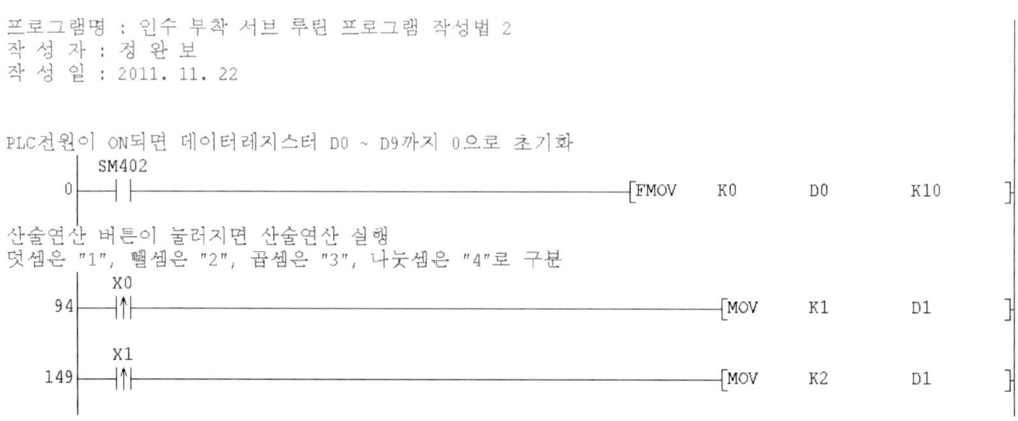

```
      X2
152 ─┤↑├──────────────────────────[MOV    K3      D1   ]

      X3
155 ─┤↑├──────────────────────────[MOV    K4      D1   ]

산술연산 스위치가 눌러지면 디지털 입력스위치 설정값 확인
산술연산을 위한 인수 부착 서브 루틴 프로그램 호출
산술연산 결과를 BCD변환 위해 인수 부착 서브 루틴 프로그램 호출
      X0
158 ─┤↑├──┬───────────────────────[BIN    K2X28   D2   ]
      X1  │
    ─┤↑├──┼───────────────────────[BIN    K2X20   D3   ]
      X2  │
    ─┤↑├──┼──────────[CALL   P0    D1    D2    D3    D4   ]
      X3  │
    ─┤↑├──┴─────────────────[CALL   P1    D4    D5   ]

산술연산결과값을 FND에 표시
      SM400
270 ─┤ ├──────────────────────────[MOV    D5      K4Y40 ]

289 ──────────────────────────────────────────[FEND   ]

산술연산을 위한 서브 루틴 프로그램 시작
전달 인수 FD0 = D1, FD1 = D2, FD3 = D3
반환 인수 FD4 = D4
D0의 설정값에 따라 사칙연산 실행
P0
290 [=   FD0   K1 ]──────────────[+   FD1   FD2   FD3 ]

373 [=   FD0   K2 ]──────────────[-   FD1   FD2   FD3 ]

380 [=   FD0   K3 ]──────────────[*   FD1   FD2   FD3 ]

386 [=   FD0   K4 ]──────────────[/   FD1   FD2   FD3 ]

393 ──────────────────────────────────────────[RET    ]

산술연산 서브 루틴 프로그램 종류

394 ──────────────────────────────────────────[FEND   ]

BCD코드 변환을 위한 서브 루틴 프로그램 시작 부분
전달 인수 FD0 = D4 , 반환 인수 FD1 = D5
P1    SM400
414 ─┤ ├──┬──────────────────────[/   FD0   K1000   D11 ]
          │
          ├──────────────────────[/   D12   K100    D12 ]
          │
          └──────────────────────[/   D13   K10     D13 ]
```

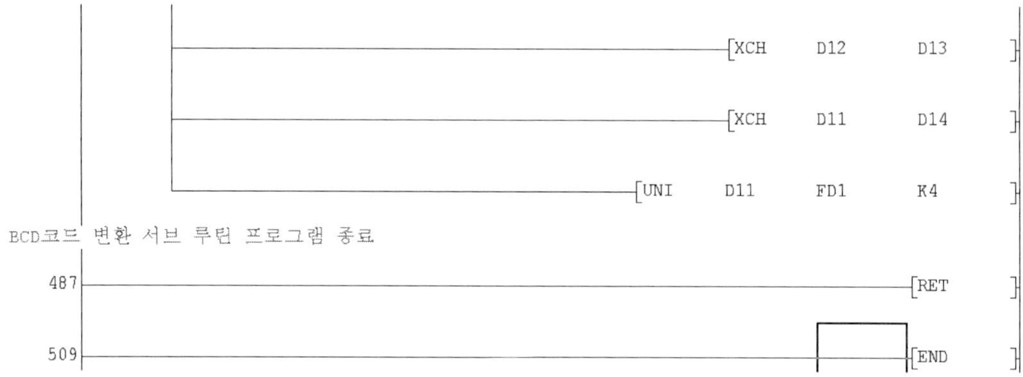

프로그램 1-16

[프로그램 1-16]은 인수 부착 서브루틴 호출 명령어를 통해서 산술연산과 BCD코드 변환을 하는 PLC프로그램이다.

프로그램 라인 158번을 살펴보면 산술연산을 위한 전달 인수 3개와 반환 인수 1개로 구성된 서브루틴 프로그램 호출과 전달 인수 1개와 반환 인수 1개로 구성된 서브루틴 프로그램 호출을 사용하고 있다. 서브루틴 프로그램 호출을 위해 사용하는 명령어 "CALL"은 최대 5개의 인수를 설정할 수 있고 5개의 인수에서 FX, FY, FD중에서 필요한 것을 설정하면 된다.

[프로그램 1-16]에서 나타낸 것과 같이 서브루틴 호출 명령어를 사용하여 프로그램을 사용하면 효율적이고 유지 및 보수가 편리한 PLC프로그램을 작성할 수 있다.

1-6-2 인터럽트 프로그램

인터럽트(interrupt) 프로그램이란 매 스캔마다 실행되는 프로그램이 아닌 특정한 조건이 되었을 때에 한해서만 실행되는 프로그램이다. 인터럽트란 스캔 프로그램 실행 도중에 인터럽트 요인이 발생되면 스캔 프로그램의 실행을 중지한 후, 인터럽트 프로그램을 실행한 후 다시 스캔 프로그램을 실행하는 동작을 의미한다.

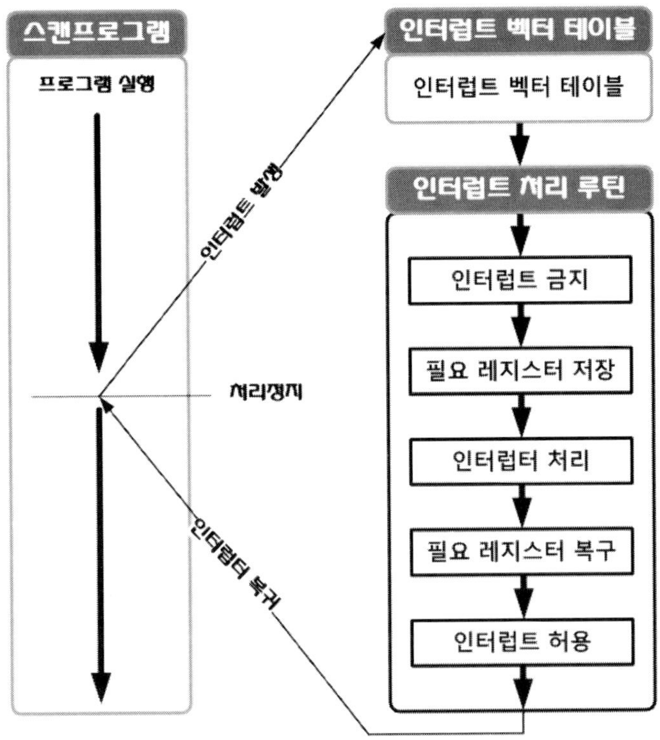

그림 1-76 인터럽터 처리 프로세서

[그림 1-76]에서 살펴보면 스캔 프로그램이 정상적으로 처리되다가 인터럽트가 발생하게 되면 인터럽트 발생지점에서 스캔 프로그램의 실행을 잠시 중지하고 사전에 정해진 인터럽트 처리 루틴을 실행한다. 인터럽트가 발생되면 인터럽트 포인터 번호를 벡터 테이블에서 확인하고 해당 포인터의 인터럽트 처리 루틴을 실행하는데 인터럽트 루틴 프로그램 실행 중에 또 다른 인터럽트의 허용 여부를 결정하고(그림에서는 인터럽트 루틴 프로그램 실행 중에 다른 인터럽트 금지) 스캔 프로그램에서 사용했던 필요 데이터를 스택(stack) 메모리에 저장한 후, 인터럽트 프로그램을 실행한다. 인터럽트 실행 프로그램을 완료 후 인터럽트 발생 전에 실행했던 스캔 프로그램을 정상적으로 실행하기 위해 인터럽트 실행 전에 스택 메모리에 저장했던 데이터를 복구한 후 이전에 정지한 스캔 프로그램을 다시 실행하는 동작을 한다.

1) 인터럽트 포인트

인터럽트 포인트란 인터럽트 프로그램의 선두에 라벨로 사용하는 디바이스를 의미한다. 모든 프로그램에서 사용할 수 있고, 사용 가능한 인터럽트 포인터 점수는 256점(I0 ~ I255)이다. [표 1-30]에 인터럽트 요인에 따른 인터럽트 포인터 번호를 나타내었다.

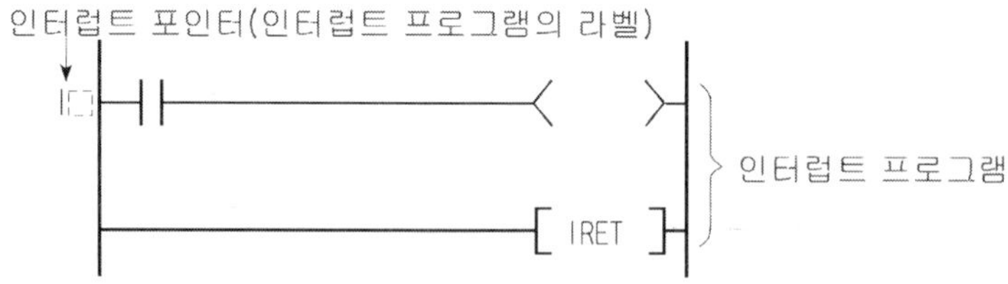

그림 1-77 인터럽트 포인터 사용 예

표 1-30 인터럽트 포인트 번호

인터럽트 요인	인터럽트 포인트 번호	
인터럽트모듈에 의한 인터럽트	I0 ~ I15	인터럽트 모듈에서 인터럽트 신호 입력
내부 타이머에 의한 인터럽트	I28~I31	내부 타이머에 의한 고정스캔 인터럽트
멀티CPU간 동기 인터럽트	I45	모션CPU연산주기와 동기제어
인텔리전트 기능모듈 인터럽트	I50~I255	인텔리전트 기능모듈 인터럽트

인터럽트 포인트 번호 I0 ~ I15는 인터럽트 모듈(QI60)에 의한 인터럽트로 QI60모듈을 사용했을 때 사용할 수 있는 인터럽트이고, I28 ~ I31은 내부 타이머에 의한 타이머 인터럽트이다. 타이머 인터럽트에 대한 자세한 사항은 [표 1-31]에 나타내었다.

표 1-31 타이머 인터럽트

인터럽트 포인트 번호	인터럽트 요인	설정시간 (변경가능)	인터럽트 우선순위
I28	내부 타이머에 의한 인터럽트	100ms	5
I29		40ms	4
I30		20ms	3
I31		10ms	2

타이머 인터럽트의 설정시간은 PLC파라미터의 PLC시스템 설정에서 0.5ms ~ 1000ms까지 0.5ms단위로 변경 가능하다. [표 1-31]에서 인터럽트 우선순위는 여러 개의 인터럽트 요청이 동시에 발생했을 경우 인터럽트의 처리 순서를 의미한다. 즉 I28번 인터럽트 동작 중에 I31인터럽트 동작 요청이 발생하면 I31번 인터럽트의 우선순위가 높기 때문에 I28번의 동작을 중지시킨 후, I31번 인터럽트를 처리한 후, I28번 인터럽트 처리를 마무리 하는 형태로 작동한다.

2) 인터럽트 사용 시 주의사항

멜섹Q PLC에서 사용할 수 있는 인터럽트 포인트 I0 ~ I255번 중에서 PLC전원 투입 시 또는 리셋되었을 때, I0 ~ I31, I48 ~ I255의 인터럽트는 실행 허가 상태, I32 ~ I47의 인터럽트는 실행 금지 상태가 된다. 인터럽트의 허가/금지 상태는 SD715 ~ SD717, SD781 ~ SD793 영역에 저장되어 있다.

인터럽트를 사용하기 위해서는 "IMSK", "EI", "DI" 명령어를 사용한다. 이들 명령어의 사용법에 대해 살펴보자.

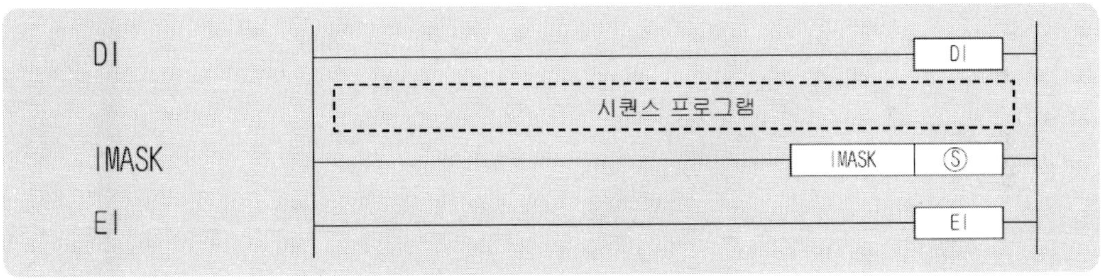

그림 1-78 인터럽트 사용 명령어

(1) DI

인터럽트 실행 원인이 발생해도 EI명령이 실행될 때까지 인터럽트 실행을 금지하는 명령어이다. PLC에 전원 투입 시 또는 CPU모듈 리셋 시에 인터럽트 금지 상태가 되기 때문에 PLC의 일반적인 동작 상태에서는 인터럽트가 발생하지 않는다.

(2) EI

인터럽트 금지 상태를 해제하는 명령어로 IMASK명령에 의해 허가된 인터럽트 포인트 번호의 인터럽트와 고정 스캔 실행 타입 프로그램을 실행 가능 상태로 만드는 명령어이다.

(3) IMASK

ⓢ ~ ⓢ+15의 총 16워드 디바이스를 이용해 I0 ~ I255까지의 인터럽트 포인터 번호의 인터럽트 실행 허가 또는 금지 상태로 만드는 명령어이다.

	b15	b14	b13	b12	b11	b10	b9	b8	b7	b6	b5	b4	b3	b2	b1	b0
Ⓢ	I15	I14	I13	I12	I11	I10	I9	I8	I7	I6	I5	I4	I3	I2	I1	I0
Ⓢ+1	I31	I30	I29	I28	I27	I26	I25	I24	I23	I22	I21	I20	I19	I18	I17	I16
Ⓢ+2	I47	I46	I45	I44	I43	I42	I41	I40	I39	I38	I37	I36	I35	I34	I33	I32

그림 1-79 인터럽트 포인트 번호의 할당

[그림 1-79]는 IMASK명령어에 사용되는 16개의 워드 중에서 ⓢ ~ ⓢ+2까지만 나타낸 것이다. 각각의 해당 비트에 대응하는 인터럽트 포인트 번호가 할당되어 있고 해당 비트의 ON/OFF에 의해 인터럽트가 실행/금지 상태가 된다.

- "1 (ON)" : 인터럽트 프로그램의 실행 허가 상태
- "0 (OFF)" : 인터럽트 프로그램의 실행 금지 상태

1-17 실습과제 타이머 인터럽트 기능을 이용한 스톱워치 만들기

이번 과제에서는 타이머 인터럽트 기능을 이용해 스톱워치를 만들어 보자. 멜섹Q PLC에서는 4개의 타이머 인터럽트를 사용할 수 있다. 그 중에서 100ms마다 인터럽트를 발생하는 인터럽트 포인트 번호 I28번을 이용해 0.1초 단위로 시간 계측이 가능한 스톱워치를 만들어 보자.

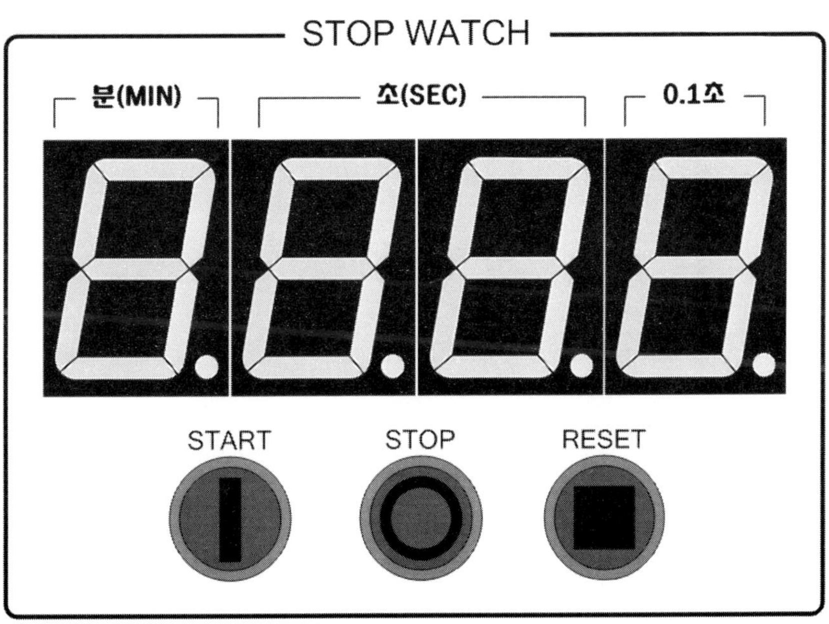

그림 1-80 조작패널

[그림 1-80]에 나타낸 시스템 구성을 위한 입출력 번지를 [표 1-32]에 나타내었다.

표 1-32 PLC 입출력 번지 할당표

입력번호	기능	출력번호	기능
X00	START	Y43 ~ Y40	0.1초 표시
X01	STOP	Y4B ~ Y44	초 표시
X02	RESET	Y4F ~ Y4C	분 표시

▌동작조건

① PLC의 전원이 ON되면 FND에는 숫자 "0000"이 표시된다.

② START 버튼을 누르면 0.1초 단위로 시간이 증가한다.

③ STOP버튼을 누르면 시간이 정지한다. 이 상태에서 다시 START버튼을 누르면 정지된 시간을 이어서 시간이 증가한다.

④ STOP버튼을 눌러서 시간이 정지된 상태에서 RESET버튼을 누르면 현재 계측된 시간이 "0000"으로 클리어된다. 시간에 계측되고 있는 상태에서는 RESET버튼을 눌러도 리셋 동작을 하지 않는다.

⑤ 시간계측을 위한 100ms의 시간은 타이머 및 특수릴레이를 사용하지 않고 타이머 인터럽트 I28번을 이용한다.

⑥ START버튼을 누르면 타이머 인터럽트 I28번의 사용을 허가하고, STOP버튼이 눌러지면 인터럽트 I28번의 사용을 금지한다.

▌PLC프로그램

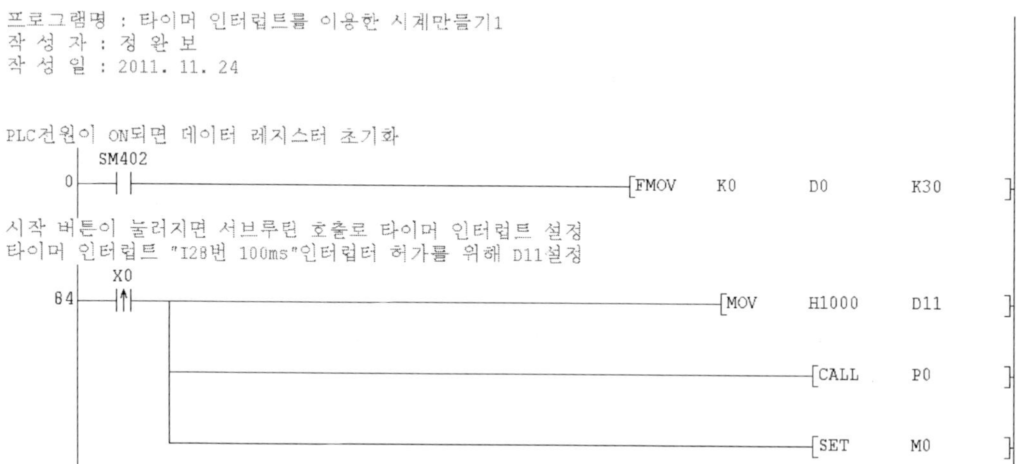

```
정지 버튼이 눌러지면 서브루틴 호출로 타이머 인터럽트 해제
        X1
152 ──┤↑├──┬──────────────────────────────[CALL   P1    ]
           └──────────────────────────────[RST    M0    ]

타이머 인터럽트에 의해 측정된 시간을 분, 초, 0.1초 단위로 증가
FND를 통해서 계측 시간 표시
       SM400
187 ──┤ ├──┬─[>   D0   K9  ]─┬────────────[MOV   K0   D0    ]
           │                 └────────────[+     K1   D1    ]
           ├─[>   D1   K59 ]─┬────────────[MOV   K0   D1    ]
           │                 └────────────[+     K1   D2    ]
           ├─[>   D2   K9  ]──────────────[MOV   K0   D2    ]
           ├──────────────────────────────[BCD   D0   K1Y40 ]
           ├──────────────────────────────[BCD   D1   K2Y44 ]
           └──────────────────────────────[BCD   D2   K1Y4C ]

리셋 버튼이 눌러지면 계측 시간 클리어
        X2       M0
272 ──┤↑├─────┤/├─────────────────[FMOV   K0   D0   K3    ]

299 ──────────────────────────────────────────────[FEND     ]

타이머 인터럽트 I28번 사용을 위한 IMASK와 인터럽트 사용 허가
P0
300 ──────────────────────────────────────────────[DI       ]

335 ──────────────────────────────────────[IMASK   D10      ]

337 ──────────────────────────────────────────────[EI       ]

서브루틴 P0 종료
338 ──────────────────────────────────────────────[RET      ]

350 ──────────────────────────────────────────────[FEND     ]

타이머 인터럽트 사용 금지
P1
351 ──────────────────────────────────────────────[DI       ]

서브루틴 P1 종료
```

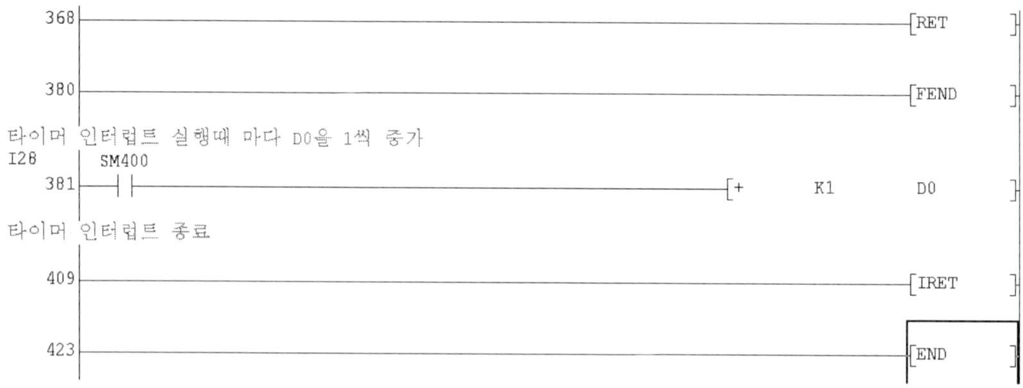

프로그램 1-17

[프로그램 1-17]은 PLC의 타이머 인터럽트 기능을 이용하여 스톱워치를 구현한 프로그램이다.

프로그램 라인 84번은 스톱워치의 START버튼이 눌러지면 타이머 인터럽트 I28번만을 동작시키기 위해 IMASK명령으로 I28번만 인터럽트를 허용하고 나머지 인터럽트 사용은 금지하는 동작을 하게 된다. 그래서 START버튼이 눌러지면 0.1초 단위로 타이머 인터럽트가 작동하게 되어 스톱워치의 시간을 계측하게 된다.

프로그램 라인 152번은 STOP버튼이 눌러지면 인터럽트의 사용을 금지하도록 하여 스톱워치의 시간계측이 정지하도록 프로그램이 되어있다.

인터럽트의 허용 및 금지 설정을 서브루틴 프로그램 호출 방식으로 처리하였다.

1-7 파일 분할 구조화

파일 분할 구조화 방식의 프로그램 작성법은 PLC로 동작시키고자 하는 자동화 장치를 공정별 또는 기능별로 분할해서 프로그램을 작성하는 방법을 의미한다. 프로그램을 공정 및 기능별로 분할해 관리하면, 분할된 프로그램의 기능에 따라 다른 프로그램에서 재활용할 수 있고, 프로그램 작성 사양이 변경된 경우 분할 된 해당 프로그램만을 수정하면 되기 때문에 프로그램의 생산성이 높아지는 장점을 가진다.

1) 공정별로 프로그램을 분할하는 경우

PLC로 제어하고자 하는 자동화 장치의 공정을 분석해서 공정별로 프로그램을 분할해 작성하는 방법을 의미한다.

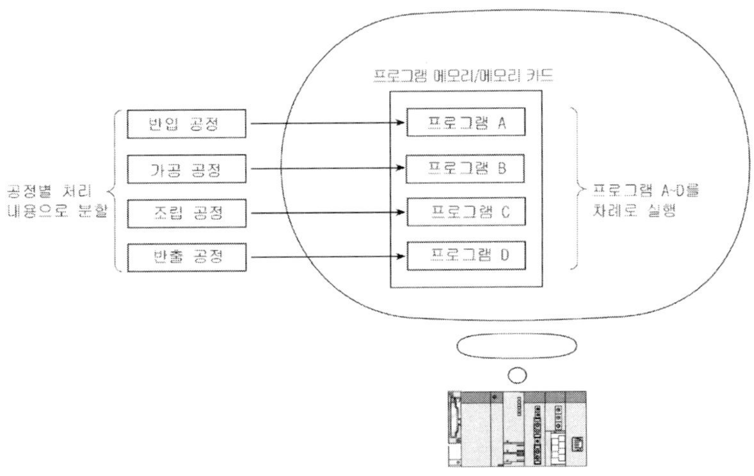

그림 1-81 공정별로 프로그램을 분할

2) 기능별로 프로그램을 분할하는 경우

PLC로 제어하고자 하는 프로그램의 기능을 분할해 작성하는 방법을 의미한다.

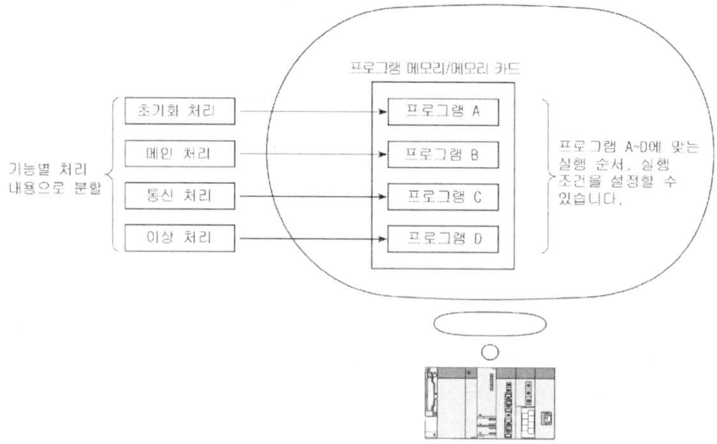

그림 1-82 기능별로 프로그램을 분할

3) 프로그램을 분할하여 사용하는 방법

1개로 작성된 프로그램을 기능 및 공정별로 분할해 프로그램을 작성하면 여러 사람이 프로그래밍을 할 수 있고, 분할된 프로그램을 실행하기 위해서는 PLC파라미터의 프로그램 창에서 분할된 프로그램을 실행할 수 있도록 프로그램 등록 과정을 거쳐야 한다. 또한 분할된 프로그램마다 별도의 PLC메모리를 할당해 사용할 수도 있다. 따라서 프로그램을 분할해서 작성할 경우 각 프로그램마다 사용 메모리 영역을 지정해 각각의 프로그램에서 공통으로 사용할 메모리와 개별로 사용할 메모리를 구분해서 사용한다.

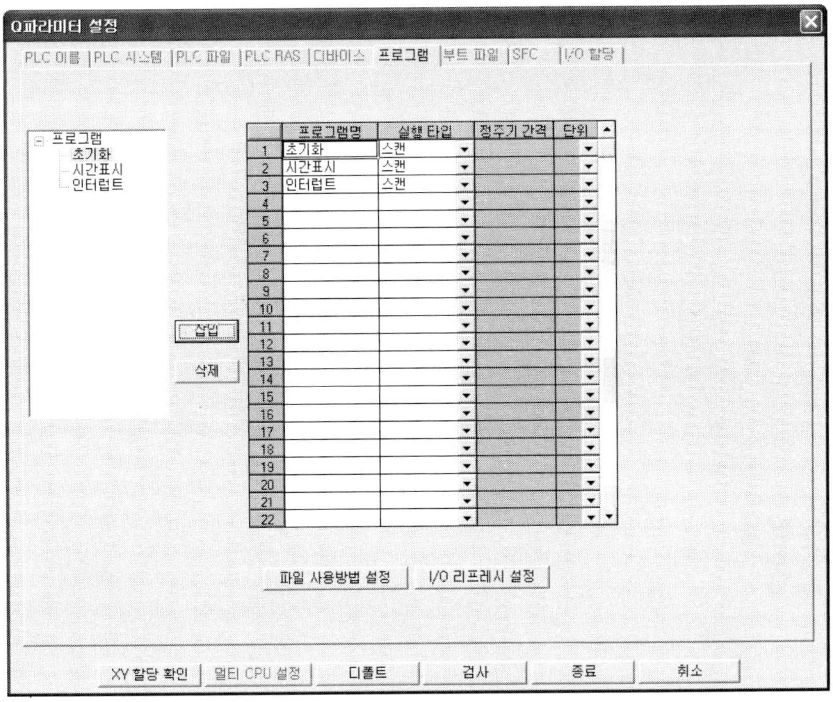

그림 1-83 분할 작성된 프로그램의 등록

분할 작성된 프로그램을 실행하기 위해서는 [그림 1-83]과 같이 프로그램을 등록하고 프로그램의 실행타입을 지정해야 한다. 실행타입은 총 4가지로 프로그램의 기능에 맞게 설정한다.

표 1-33 분할 프로그램의 실행 타입 종류

실행타입	기능
초기(Initial)	PLC전원 OFF→ON 또는 STOP상태에서 RUN상태로 전환 시 한번만 실행
스캔(Scan)	초기 실행타입 프로그램 실행한 후 다음 스캔부터 매 스캔마다 실행
대기(Wait)	실행 요구가 있을 때만 실행
고정스캔	고정스캔 간격과 단위로 설정된 시간마다 실행

분할된 프로그램의 등록과 실행타입을 지정한 후, 각각의 분할된 프로그램에서 사용할 메모리의 종류를 설정해야 한다. [그림 1-83]의 창에서 "파일 사용방법 설정" 버튼을 클릭하면 [그림 1-84]의 창이 생성된다.

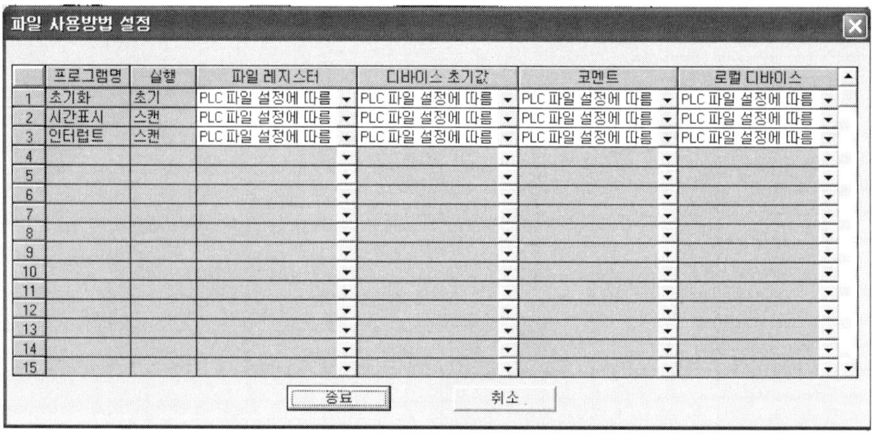
파일 사용방법 설정

	프로그램명	실행	파일 레지스터	디바이스 초기값	코멘트	로컬 디바이스
1	초기화	초기	PLC 파일 설정에 따름	PLC 파일 설정에 따름	PLC 파일 설정에 따름	PLC 파일 설정에 따름
2	시간표시	스캔	PLC 파일 설정에 따름	PLC 파일 설정에 따름	PLC 파일 설정에 따름	PLC 파일 설정에 따름
3	인터럽트	스캔	PLC 파일 설정에 따름	PLC 파일 설정에 따름	PLC 파일 설정에 따름	PLC 파일 설정에 따름
4						
5						
6						
7						
8						
9						
10						
11						
12						
13						
14						
15						

종료 취소

그림 1-84 파일 사용방법 설정 창

설정 값은 "PLC파일 설정에 따름"과 "사용안함"이 있는데 사용안함을 설정하면 프로그램의 전환 시 로컬 디바이스의 임시 저장과 복귀를 실행하지 않는다.

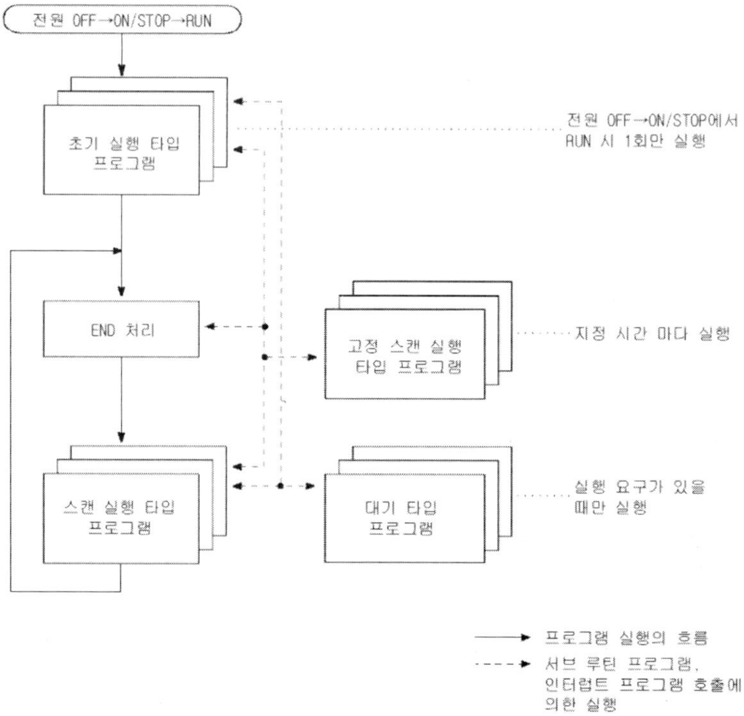

그림 1-85 분할 프로그램의 실행 순서

[그림 1-85]는 여러 개의 파일로 분할하여 프로그램 작성하고 실행했을 때의 프로그램 실행 순서를 나타낸 것이다.

(1) 초기 실행 타입 프로그램이란?

CPU모듈의 전원 OFF → ON 또는 STOP상태에서 RUN상태로 전환하였을 때 한번만 실행되는 프로그램이다.

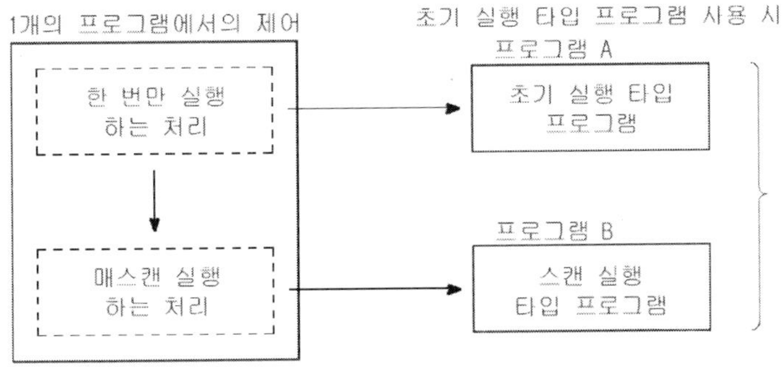

그림 1-86 초기 실행 타입 프로그램

[그림 1-86]은 1개의 파일로 구성된 PLC프로그램을 초기 실행 타입 프로그램과 스캔 실행 타입 프로그램으로 분리한 것을 나타낸 것이다. 동작 순서는 초기 실행 타입 프로그램의 실행을 모두 완료하고, END처리 후에 다음 스캔에서 스캔 실행 타입 프로그램을 실행한다. 초기 실행 타입 프로그램 작성 시 주의사항은 명령어 처리 시간이 수 스캔 필요로 하는 명령(완료 디바이스가 존재 하는 명령으로 SEND, RECV와 같은 명령)은 사용할 수 없다.

(2) 스캔 실행 타입 프로그램

스캔 실행 타입 프로그램은 초기 실행 타입 프로그램을 실행한 다음 스캔부터 매 스캔에 한번 씩 실행되는 프로그램이다.

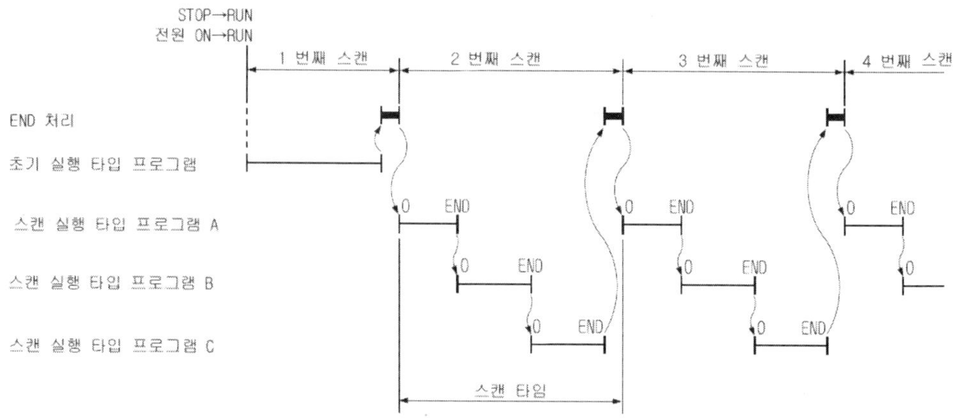

그림 1-87 스캔 실행 타입 프로그램의 동작 순서

(3) 대기 타입 프로그램

실행요구만 있을 때 실행되는 프로그램이고 서브루틴 프로그램, 인터럽트 프로그램을 대기 타입 프로그램으로 하여 메인 루틴 프로그램과 별도로 관리하는 경우에 사용한다. 1개의 대기 타입 프로그램에서 서브루틴 프로그램, 인터럽트 프로그램을 복수로 작성할 수 있다.

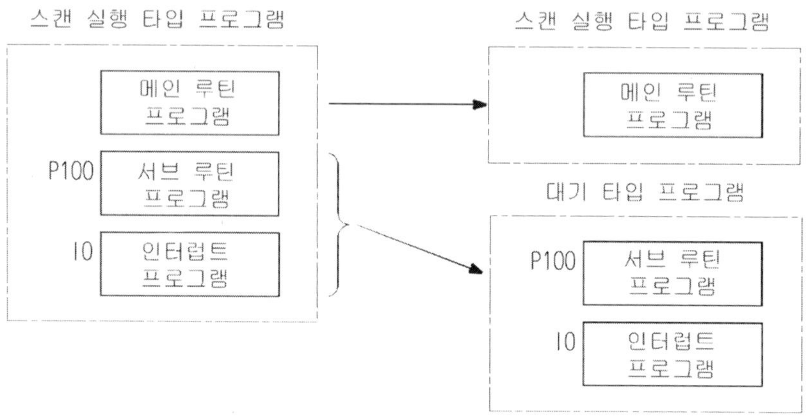

그림 1-88 대기 실행 타입 프로그램

(4) 고정 스캔 실행 타입 프로그램

지정된 시간마다 실행되는 인터럽트 프로그램을 의미한다. 하지만 인터럽트 프로그램과 달리, 인터럽트 포인터 및 IRET명령을 사용하지 않고도 파일 단위로 인터럽트가 가능하다. 고정 스캔 타입 프로그램을 실행하는 경우, 초기 실행 타입 또는 스캔 실행 타입 프로그램에서 EI명령에 의해 인터럽트 허가 상태로 해야 한다. 고정스캔 실행 타입 프로그램과 인터럽트 프로그램(I28 ~ I31)이 같은 타이밍에 지정 시간에 도달한 경우, 인터럽트 프로그램을 우선해 실행한다.

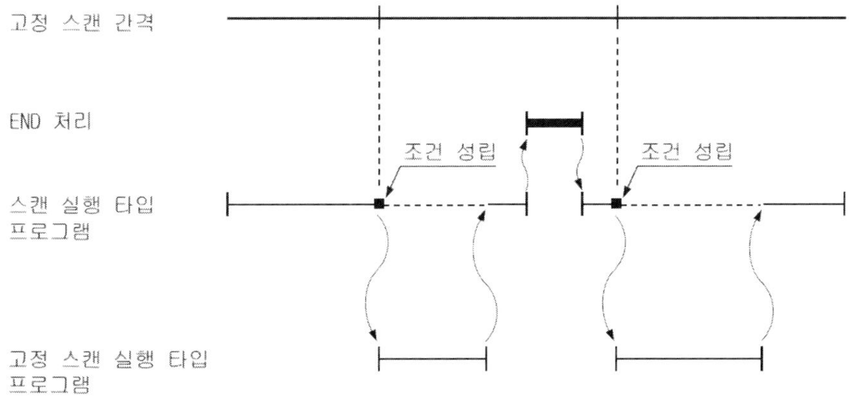

그림 1-89 고정 스캔 실행 타입 프로그램의 실행 순서

1-18 실습과제 프로그램 분할 작성

이번 과제에서는 [실습과제 1-17]을 프로그램 분할 방식을 통해서 스톱워치를 구동하는 방법에 대해 살펴보자. 초기화 프로그램, 스캔 프로그램, 고정 스캔 프로그램으로 구분해서 주어진 조건을 만족하는 PLC프로그램을 작성해보자.

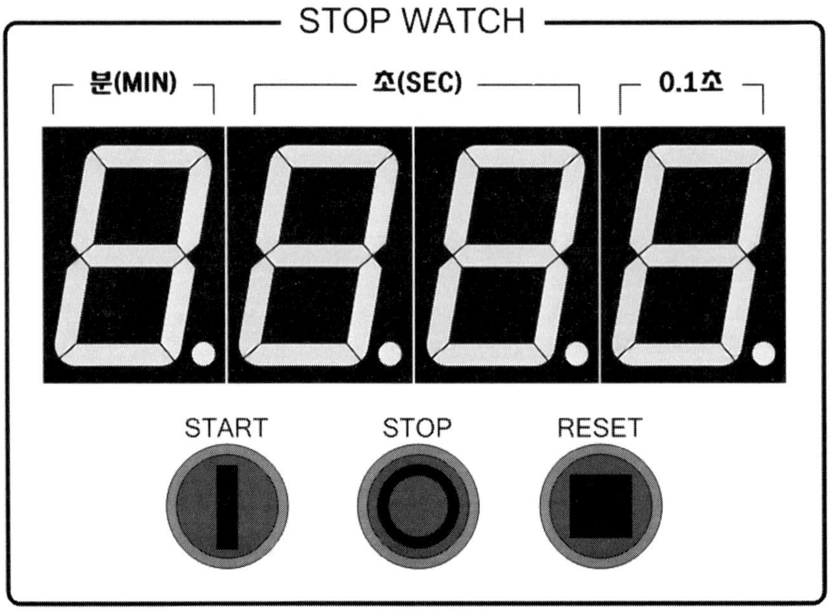

그림 1-90 조작패널

[그림 1-90]에 나타낸 시스템 구성을 위한 입출력 번지를 [표 1-34]에 나타내었다.

표 1-34 PLC 입출력 번지 할당표

입력번호	기능	출력번호	기능
X00	START	Y43 ~ Y40	0.1초 표시
X01	STOP	Y4B ~ Y44	초 표시
X02	RESET	Y4F ~ Y4C	분 표시

동작조건

① PLC의 전원이 ON되면 초기화 프로그램이 동작하는지를 확인하기 위해 FND에는 숫자 "1분 59초 0(0.1초)"가 표시된다.

② START 버튼을 누르면 0.1초 단위로 시간이 증가한다.

③ STOP버튼을 누르면 시간이 정지한다. 이 상태에서 다시 START버튼을 누르면 정지된 시간을 이어서 시간이 증가한다.

④ STOP버튼을 눌러서 시간이 정지된 상태에서 RESET버튼을 누르면 현재 계측된 시간이 "0000"으로 클리어 된다. 시간에 계측되고 있는 상태에서는 RESET버튼을 눌러도 리셋 동작을 하지 않는다.

⑤ 시간계측을 위한 100ms의 시간은 타이머 및 특수릴레이, 타이머 인터럽트를 사용하지 않고 고정스캔 프로그램 타입을 선택해서 사용한다.

⑥ 스톱워치 구동 프로그램을 초기화, 스캔, 고정 스캔 프로그램 타입으로 구분해서 작성한다.

PLC 프로그램

분할 프로그램을 작성하기 위해서 [그림 1-91]처럼 3개의 프로그램을 작성한다. INIT_PRM은 초기화 프로그램, SCAN_PRM은 스캔 프로그램, FIX_PRM은 고정 스캔 프로그램을 의미한다.

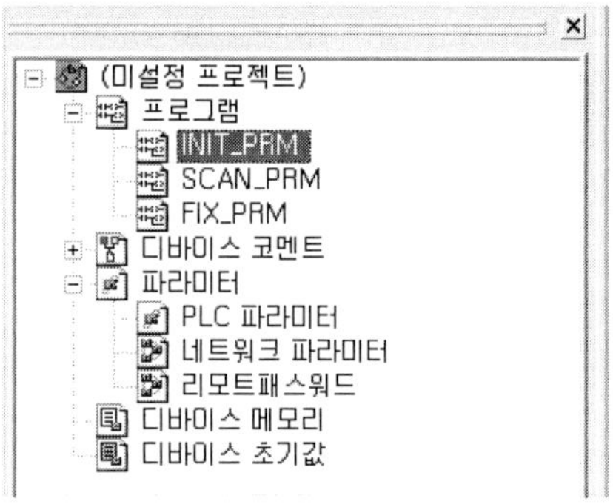

그림 1-91 분할 프로그램 항목

1) INIT_PRM(초기화 타입 프로그램)

CPU모듈의 전원 OFF → ON 또는 STOP상태에서 RUN상태로 전환하였을 때 한번만 실행되는 프로그램이다. 초기화 프로그램이 정상적인 실행여부를 판별하기 위해 FND에 표시할 시간 데이터를 저장하는 데이터 레지스터를 초기화 하는 PLC프로그램이다.

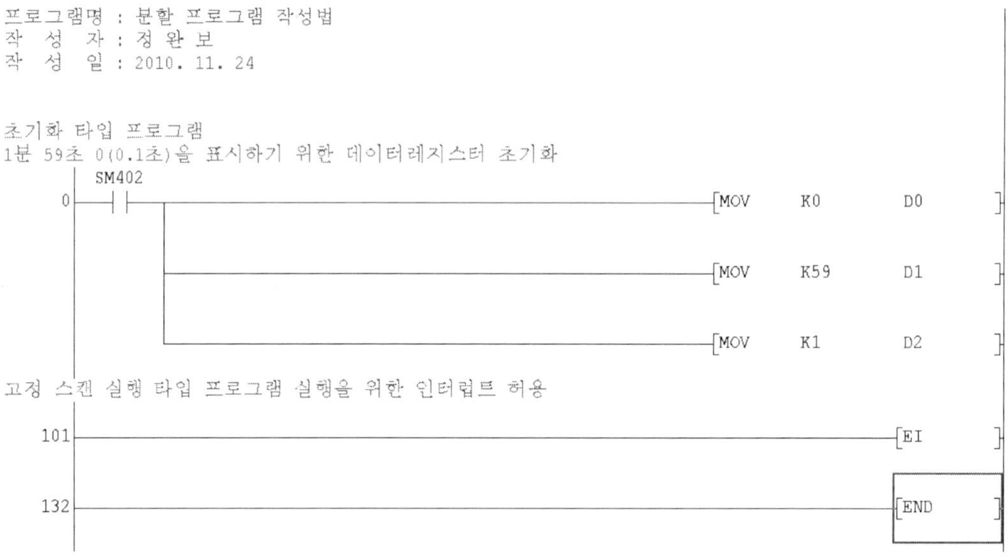

프로그램 1-18 초기화 타입 프로그램

2) SCAN_PRM(스캔 실행 타입 프로그램)

매 스캔마다 실행되는 프로그램이다. 0.1초 단위로 증가하는 시간을 계측하여 분, 초, 0.1초 단위로 계산하고 FND에 표시하는 PLC프로그램이다.

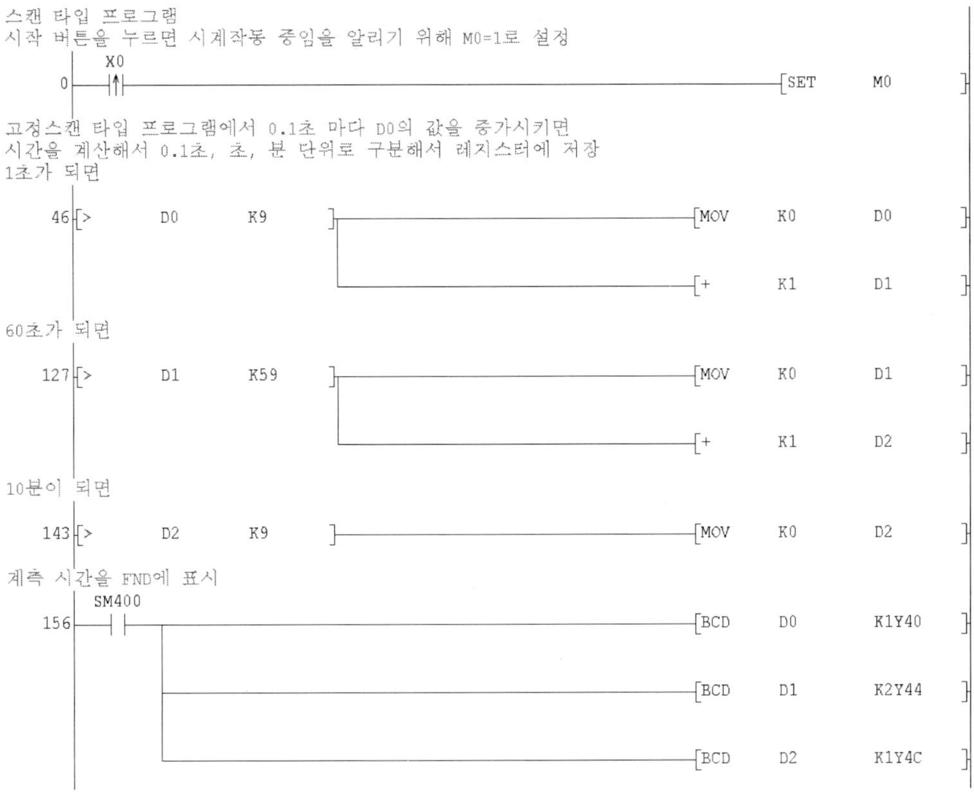

프로그램 1-19 스캔 실행 타입 프로그램

3) FIX_PRM(고정 스캔 타입 프로그램)

100ms마다 실행되는 고정 스캔 타입 프로그램으로 100ms마다 D0의 값을 1씩 증가시키는 PLC프로그램이다.

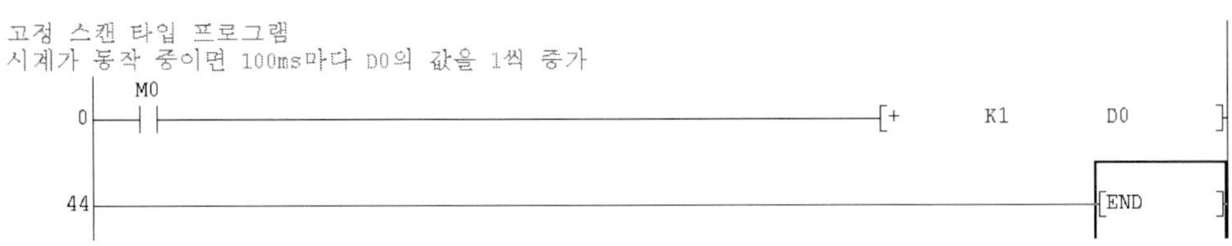

프로그램 1-20 고정 스캔 실행 타입 프로그램

이처럼 한 개로 작성했던 PLC프로그램을 3개로 분할해 프로그램을 작성하였다. 프로그램을 분할하게 되면 PLC파라미터의 프로그램 창에서 실행할 프로그램과 프로그램 타입을 등록해야 한다.

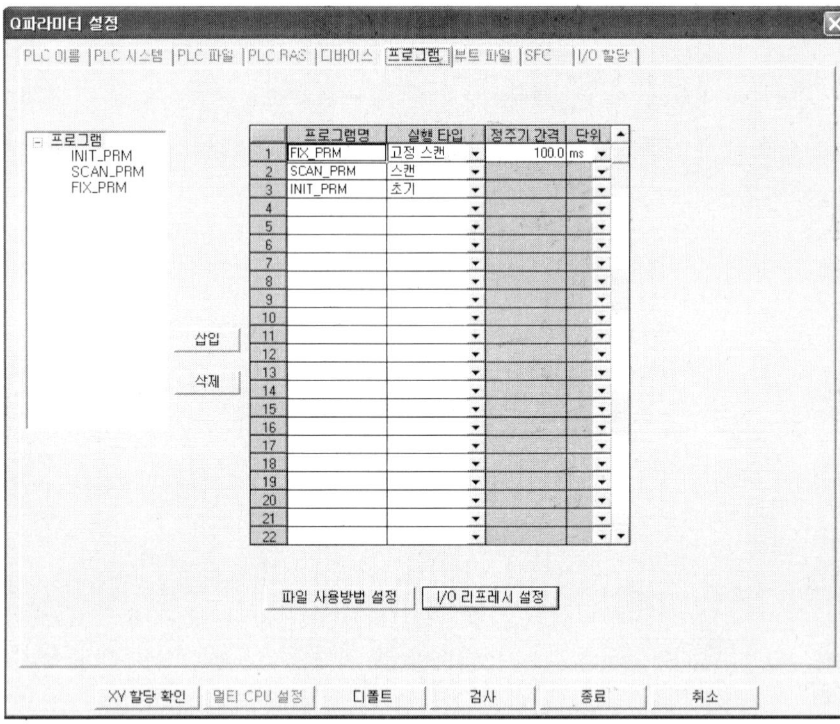

그림 1-92 분할 프로그램의 등록 및 고정 스캔 타입 프로그램을 실행 간격 등록

[그림 1-92]에서처럼 실행할 프로그램을 등록하고 각각의 프로그램 실행타입을 설정해야 한다. 고정 스캔 타입을 설정하면 정주기 간격의 시간을 설정할 수 있도록 설정창이 활성화 된다. 설정시간은 "ms" 단위를 사용하는 경우에는 0.5 ~ 999.5ms(0.5ms 단위로 설정 가능)까지 설정 가능하고, "s" 단위를 사용하는 경우에는 1 ~ 60s(1s 단위로 설정 가능)까지 설정 가능하다.

2

CHAPTER

DC모터를 이용한 위치 제어

1. DC모터 제어 실습
2. DC모터를 이용한 위치 제어

CHAPTER 2

1 DC모터 제어 실습

1장에서는 FND와 D5Y-M모듈을 이용해 숫자를 표시하는 다양한 방법에 대해 살펴보았다. 2장에서는 쉽게 구할 수 있는 DC모터를 이용해 위치제어를 하는 방법에 대해 살펴보자. DC모터 제어라고 해서 쉽게 생각하지 말자. 사실 본 교재는 DC모터를 제어하기 위한 실습을 하는 것이 아니라 다양한 PLC 프로그램 작성방법을 배우기 위해 DC모터를 사용하는 것이다. DC모터 실습장치를 이용해 PLC프로그래밍 방법에 대해 학습해보자.

1-1 DC모터 제어를 위한 실습 장치

[그림 2-1]은 PLC를 이용한 DC모터 제어에 사용할 실습 장치를 나타낸 것이다. 그림에서 알 수 있듯이 DC모터의 정역회전 제어를 통해 스크류에 설치된 이송 테이블의 위치를 좌우로 이송시키는 장치이다. 모터의 회전운동을 직선운동으로 변환하는 기구 구조를 갖는 장치는 전체 이동거리의 한계가 있기 때문에 센서 또는 리밋 스위치 등을 이용해 이동가능 거리를 벗어나지 않도록 해야 한다.

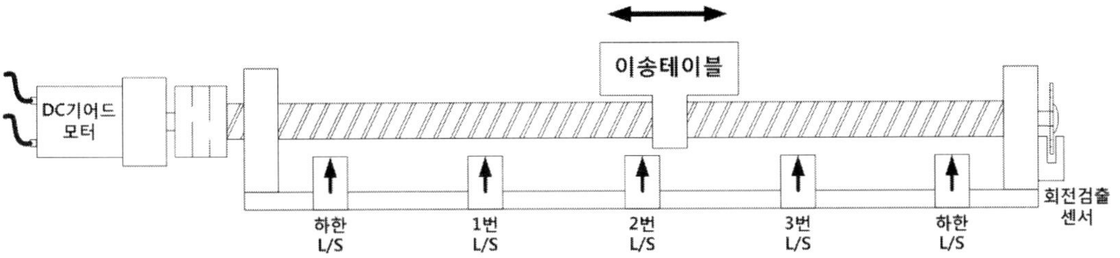

그림 2-1 DC모터 제어 실습 장치

[그림 2-1]에서 알 수 있듯이 실습 장치는 DC모터의 정역 회전 운동에 의해 스크류에 설치된 이송 테이블이 좌우로 이동하고 이송 테이블의 이송 위치 검출 및 이동거리를 제한하기 위한 센서가 설치되어 있다. 위치 검출을 위해 사용한 센서는 오토닉스(주)에서 시판하는 "BS5시리즈"의 포토마이크로 센서이다.

1-2 포토마이크로 센서

포토마이크로 센서는 오토닉스(주) 뿐만 아니라 센서를 제작하는 대부분의 업체에서 생산하고 있으며 국내 자동화 업체에서는 오토닉스(주) 제품 또는 일본의 (주)옴런에서 생산하는 제품을 주로 사용한다. 포토마이크로 센서는 소형 앰프 내장형 광전센서로 일반 광전센서와 동일하게 물체의 통과 검지나 위치 결정을 위해 "도그"라는 금속편을 검출하는 용도에 주로 사용한다. 포토마이크로 센서의 형상은 사용용도에 따라 여러 가지 형태를 가지고 있지만 그 중에서는 [그림 2-2]에 나타낸 것과 같은 타입의 종류가 널리 사용된다. 포토마이크로 센서도 광전센서이기 때문에 동작모드를 선택하는 기능을 가지고 있다.

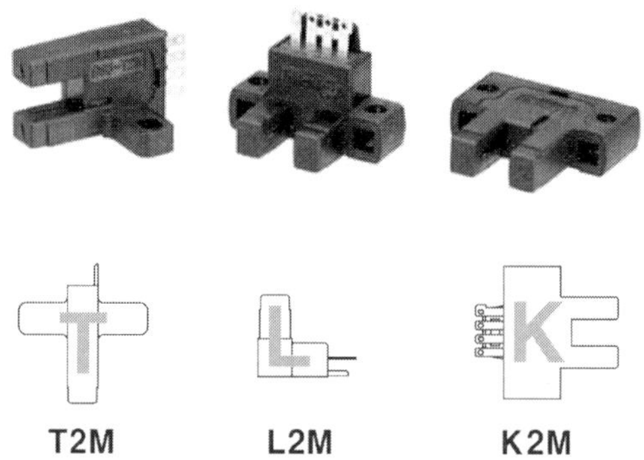

그림 2-2 포토마이크로 센서의 형상

1-2-1 포토마이크로 센서의 동작모드

광전센서는 기본적으로 빛을 발생하는 발광부와 빛을 검출하는 수광부로 구성되어 있다. 포토마이크로 센서는 발광부와 수광부가 일체형으로 제작된 제품으로 발광부에서는 전원이 ON되면 항상 빛을 발생하고 수광부에서는 빛을 검출하여 센서의 출력을 ON/OFF하게 된다.

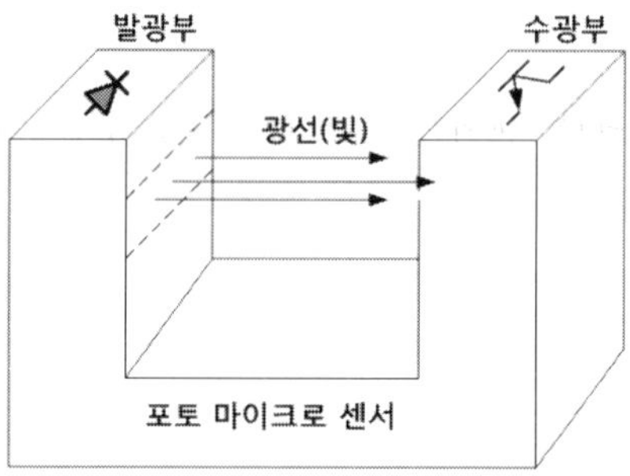

그림 2-3 동작원리

포토마이크로 센서의 동작모드는 [그림 2-3]에 나타낸 것처럼 발광부에서 발생한 광선을 수광부에서 검출했을 때 센서의 출력을 ON으로 할 것인지, 또는 발광부에서 발생한 광선을 수광부에서 검출하지 못했을 때 센서의 출력을 ON으로 할 것인지를 결정하는 방법을 의미한다. 대부분의 광전센서는 이러한 동작모드를 선택하는 기능을 가지고 있다. [그림 2-4]에서와 같이 포토마이크로 센서는 4개의 전기 단자를 가지고 있는데 센서를 동작시키기 위한 외부 전압 입력 단자 2개, 센서의 출력신호 단자 1개, 그리고 남은 1개의 단자가 포토마이크로 센서의 동작모드를 결정하는 Control 단자이다.

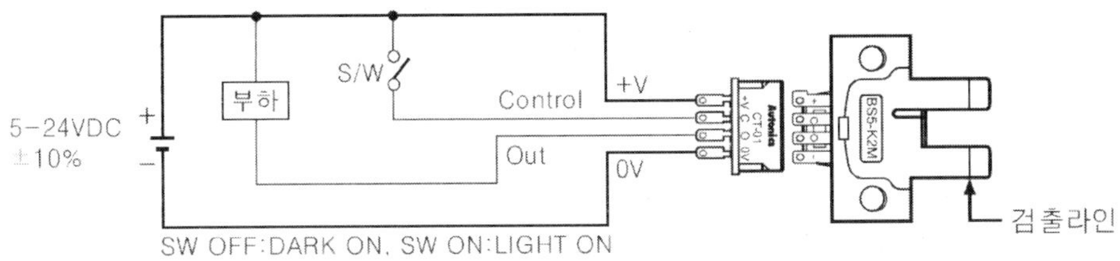

그림 2-4 포토 마이크로 센서의 결선도

Control단자가 개방되어 있으면 발광부의 빛을 수광부에서 검출하지 못했을 때, 센서의 출력이 ON되고 Control단자가 전원의 +전압에 연결되어 있으면 발광부의 빛을 수광부에서 검출했을 때, 센서의 출력이 ON이 된다. 이러한 동작모드가 광전센서에 있는 이유가 무엇일까?

센서는 전기제품에 사용한다. 그럼 센서는 전기제품의 어떤 기능을 대체하기 위해서 만들어졌을까? 센서는 기존에 수작업으로 동작시키는 스위치를 대체하기 위해서 만들어진 부품이라고 생각하면 크게 틀리지 않을 것 같다. 여기에서의 센서는 아날로그 센서를 제외한 ON/OFF형 디지털 타입의 센서만을 의미한다.

스위치는 [그림 2-5]와 같이 기본적으로 2가지의 접점을 가지고 모든 전기의 흐름을 제어한다.

그림 2-5 스위치 접점의 종류

NO접점(Normally Open contact)은 상시 열림형 접점 또는 a접점(arbeit contact)이라 하고 평상시 OFF되어 있다가 스위치가 동작하면 접점이 ON되는 스위치이고, NC접점(Normally Closed contact)은 b접점(break contact)이라 하고 평상시 ON되어 있다가 스위치가 동작하면 접점이 OFF된다.

스위치의 a접점 용도는 전기 공급이 차단된 전기회로에 전기를 공급하는 역할을 하고, b접점은 전기가 공급되어 동작하는 전기회로의 전원을 차단하여 동작을 중지시키는 역할을 한다. 따라서 일반 전기제품의 경우 a접점은 주로 ON하는 용도의 스위치로, b접점은 OFF하는 용도의 스위치로 사용된다.

포토마이크로 센서는 특히 기존의 리밋 스위치를 대체하기 위해서 만들어진 제품이기 때문에 리밋 스위치가 가지고 있는 두 종류의 a접점과 b접점의 기능을 제공하기 위해 Control단자를 가지고 있다. 포토 마이크로 센서의 Control단자가 개방되어 있으면 리밋 스위치의 a접점에 해당되는 역할을 하게 되고, Control단자가 전원 +단자에 연결되어 있으면 리밋 스위치의 b접점에 해당되는 역할을 하게 된다.

[그림 2-6]은 포토마이크로 센서의 Control단자가 개방된 상태에서 즉, DARK ON상태에서 동작하고 있는 모습을 나타낸 것이다. 수광부에서 빛이 검출되면 센서의 출력이 OFF되어 램프가 소등된 상태를 유지하고, 장애물에 의해 수광부에서 빛이 검출되지 않으면 센서의 출력이 ON되어 램프가 점등된 상태가 유지된다. 즉 스위치의 a접점을 이용해 램프를 ON/OFF하는 동작과 같다.

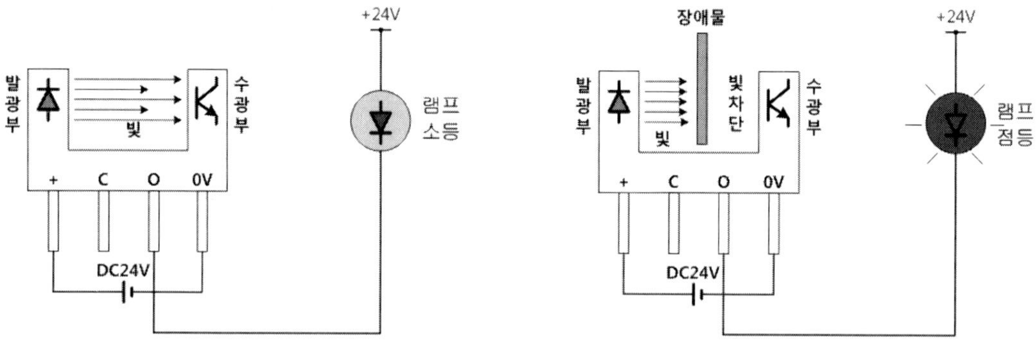

그림 2-6 Control 단자가 개방된 상태의 포토 마이크로 센서의 동작 상태

[그림 2-7]은 Control단자가 +24V 전원에 연결되었을 때 포토마이크로 센서의 동작 모습을 나타낸 것이다. 그림에서 수광부에서 빛이 검출되면 센서의 출력은 ON되어 램프를 점등하고, 수광부에서 빛이 검출되지 않으면 센서의 출력이 OFF되어 램프가 소등되어 있음을 알 수 있다. 즉, 스위치의 b접점을 이용해 램프를 ON/OFF하는 동작과 같다고 할 수 있다.

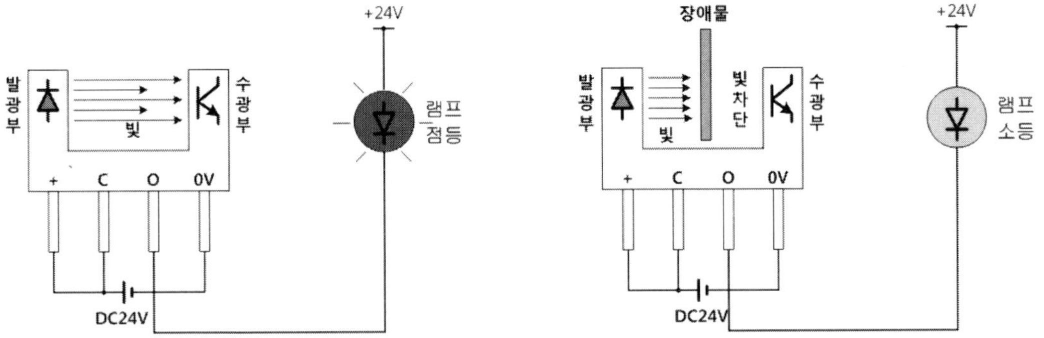

그림 2-7 Control 단자가 전원에 연결된 상태의 포토 마이크로 센서의 동작 상태

포토마이크로 센서 동작모드의 필요성에 대해 살펴보자. [그림 2-1]에서 모터를 회전시키면 이송테이블은 좌측 또는 우측으로 계속 이동하면 언젠가는 상한 리밋과 하한 리밋을 만나게 된다. 만약 상한과 하한 리밋 센서가 동작을 하면 즉시 모터의 회전동작을 멈추게 해야 한다. 만약 상한과 하한의 리밋센서가 고장이 났거나 연결된 전선이 끊어졌을 때, 모터를 회전시키면 어떻게 될까. 이런 경우에 잘못하면 상한과 하한의 위치를 검출할 수 없기 때문에 기계에 심각한 문제를 초래할 수 있는 사고가 발생할 수 있다. 따라서 산업현장에서는 이러한 문제점을 해결하기 위해 비상정지 입력(여기에서는 상한과 하한 리밋 센서)의 신호접점으로 반드시 b접점을 사용해 센서의 고장이나 또는 센서와 연결된 전선의 단선으로 인해 센서의 신호가 검출되지 않을 때에는 모터가 회전하지 않도록 한다.

[그림 2-8]의 좌측그림은 a접점을 사용하여 PLC의 입력을 ON/OFF하는 그림이고 우측그림은 b접점을 사용하여 PLC의 입력을 ON/OFF하는 그림이다. a접점을 사용한 경우에는 전선의 끊어짐이나 스위치의 불량을 확인하기 위해서는 스위치를 조작해야 확인할 수 있지만, b접점을 사용한 경우에는 스위치를 조작하지 않아도 평상시 입력이 ON상태를 유지하기 때문에 전선의 끊김 또는 스위치의 고장이 발생되면 즉시 입력신호가 OFF된다. 따라서 PLC의 입력신호로 b접점을 사용할 경우에는 입력에 연결된 센서 또는 스위치의 고장 또는 전선의 끊김을 검출할 수 있다.

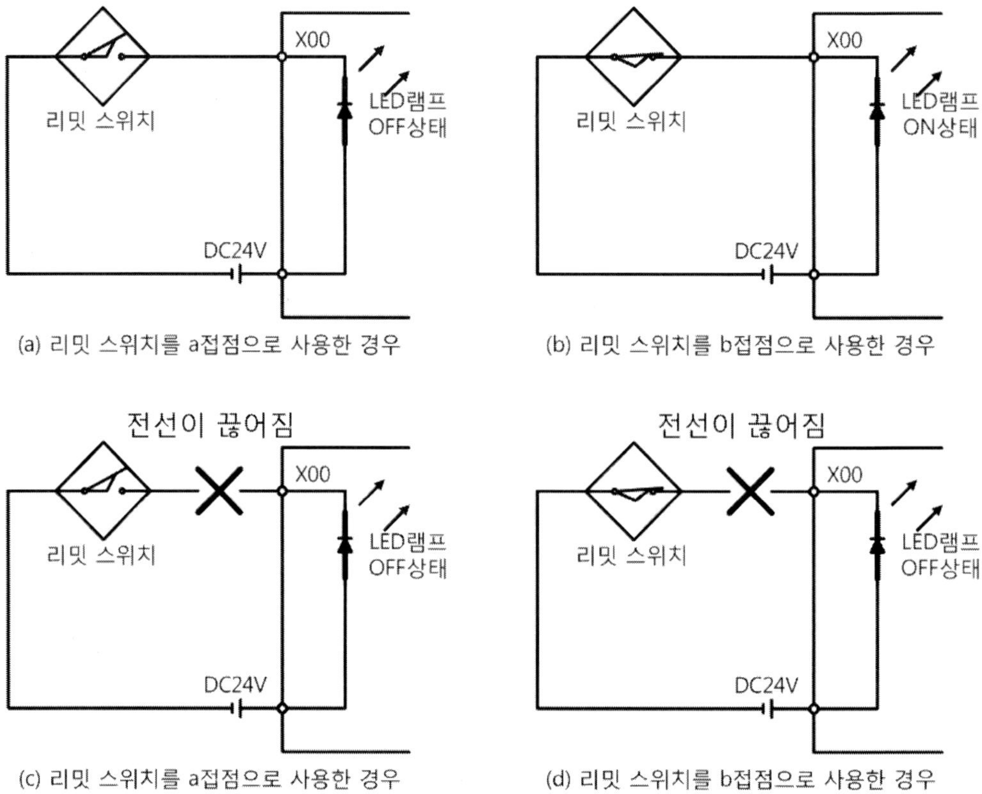

(a) 리밋 스위치를 a접점으로 사용한 경우
(b) 리밋 스위치를 b접점으로 사용한 경우
(c) 리밋 스위치를 a접점으로 사용한 경우
(d) 리밋 스위치를 b접점으로 사용한 경우

그림 2-8 스위치를 b접점으로 사용하는 이유

따라서 산업현장에서는 비상정지 조건의 입력에 센서 또는 스위치를 사용할 경우 반드시 b접점을 이용한다. 따라서 [그림 2-1]에 나타낸 DC모터 제어 실습 장치에도 위치를 검출하는 센서는 a접점으로 상한과 하한 리밋으로 사용하는 센서는 b접점으로 PLC입력에 연결되어 사용한다.

1-2-2 DC기어드 모터

[그림 2-1]에서 이송테이블을 좌우 이동하기 위해 DC기어드 모터를 사용하였다. DC기어드 모터는 DC모터와 감속변환용 기어가 조합되어 있는 모터이다. DC모터는 고속회전일 때 효율이 좋아지도록 설계되어 있다. 그래서 DC모터를 이용하는 대부분의 경우에는 기어를 이용해 회전수를 낮추고 대신 모터의 토크를 크게 하여 사용하는 것이 일반적이다.

그림 2-9 DC기어드 모터

1-2-3 릴레이

PLC의 출력을 이용해 DC모터의 정역회전을 제어하기 위해서는 별도의 부가 장치를 필요로 한다. 오늘날 사용하는 대부분의 PLC 출력모듈은 트랜지스터 출력모듈로 구성되어 있다. 따라서 트랜지스터 출력모듈을 이용해 DC모터를 직접 구동하면 출력모듈의 트랜지스터에 과도한 전류가 흐르게 되어 출력모듈이 손상될 수 있다. 대부분의 산업 현장에도 PLC의 트랜지스터 출력모듈을 이용해 직접 부하를 구동하지 않고 출력모듈에 릴레이를 접속시켜 릴레이 접점을 이용해 부하를 구동한다.

릴레이는 전기적인 힘(전자력)에 의해 작동하는 스위치이다. 대부분의 스위치들은 사람이 조작하거나 또는 기계의 움직임에 의해서 동작하는 구조를 가지고 있지만 릴레이는 전자석의 원리를 이용해 릴레이의 전자석 코일에 전기가 흐를 때, 스위치가 동작하는 구조로 만들어져 있고 릴레이는 한 번에 여러 개의 접점을 동시에 ON/OFF하는 구조를 가지고 있다. 릴레이의 특징을 살펴보면 다음과 같다.

① 주변의 온도에 영향을 거의 받지 않는다(-40℃ ~ +80℃에서 사용가능).
② 전류의 개폐용량이 크고 전기 노이즈에 강하다.
③ 각 접점들 사이에 절연되어 있고 육안으로 동작 확인이 가능하다.
④ 동작 소음이 있고, 기계적 마찰로 인해 수명에 한계가 있다.
⑤ 응답시간이 비교적 길다(3ms ~ 20ms).
⑥ 접점이 ON에서 OFF될 때, 아크(Arc)발생으로 접점이 손상될 수 있다.
⑦ 접점이 ON/OFF될 때 스프링에 의해 접점이 진동하는 채터링 현상 발생.

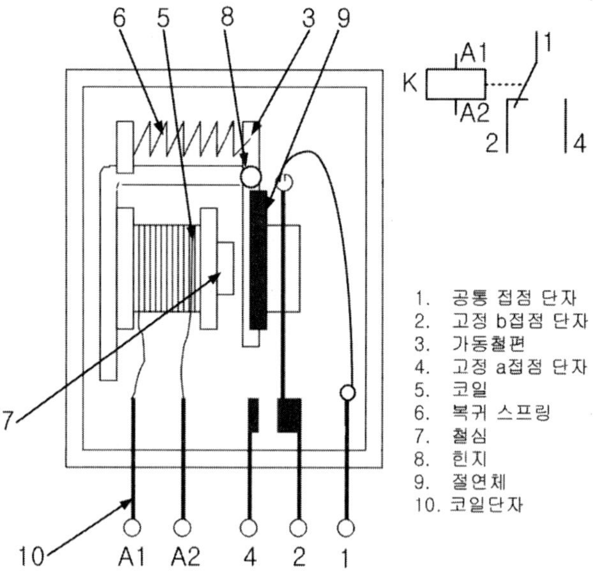

그림 2-10 릴레이 구조

PLC의 TR출력 모듈에 릴레이를 연결해서 사용하는 이유는 여러 가지가 있을 수 있지만 산업현장에서 PLC의 출력으로 제어하는 대부분의 전기 기기들이 공압 솔레노이드 밸브, 램프 등과 같은 ON/OFF형 부하들이 대부분이고, 그리고 동작 속도가 1초에 1~2회 정도의 ON/OFF 빈도수를 가지고 있는 것이 대부분이다. 멜섹Q PLC의 TR출력 모듈의 각 접점별 ON/OFF가능한 전류는 16㎃ 이내로 사용하게 되어있다. 하지만 램프나 솔레노이드 밸브의 경우에는 수십에서 수백㎃를 요구하므로 PLC의 TR출력 모듈의 접점을 이용해 직접 구동하면 TR출력 모듈의 접점이 파손될 우려가 있다. 따라서 TR출력 모듈의 접점을 이용해 릴레이 코일을 구동하고 실제 부하의 ON/OFF는 릴레이 접점을 이용해서 구동하게 되면 TR출력 모듈의 접점은 전류용량 16㎃ 이내의 릴레이 코일을 안정적으로 구동하고 릴레이 접점을 이용해서 큰 전류 용량을 가진 부하를 개폐하도록 해서 TR출력 모듈의 접점이 전기적 충격으로 인해 파손되는 것을 방지할 수 있다. 만약 구동 부하에 전기적 문제가 발생해도 릴레이의 접점만 손상이 되지 전기적으로 절연된 릴레이 코일과 PLC의 TR출력 모듈의 접점에는 영향을 미치지 않는다. 따라서 PLC의 TR출력 모듈의 접점을 장기적으로 신뢰성 있게 사용하기 위해서 TR출력 모듈의 접점에 릴레이를 연결해서 사용한다. PLC TR출력 모듈의 접점을 이용해 릴레이를 구동할 때 주의할 점은 릴레이 코일이 유도성 부하(전자석의 원리를 이용한 부하 : 모터, 릴레이,

솔레노이드 밸브 등)이기 때문에 릴레이 코일에 통하는 전류를 차단시키면 코일에 저장되어 있던 자기장 에너지가 순간적으로 전기에너지로 환원되면서 역기전력이 발생해 출력접점인 TR을 파손시킬 수 있다. 따라서 TR출력 접점을 이용해 유도성 부하를 ON/OFF할 경우에는 다이오드를 이용한 역기전력 방지회로를 반드시 설치해야 한다. [그림 2-11]에 역기전력 방지 다이오드를 설치한 전기회로 모습을 나타낸 것이다.

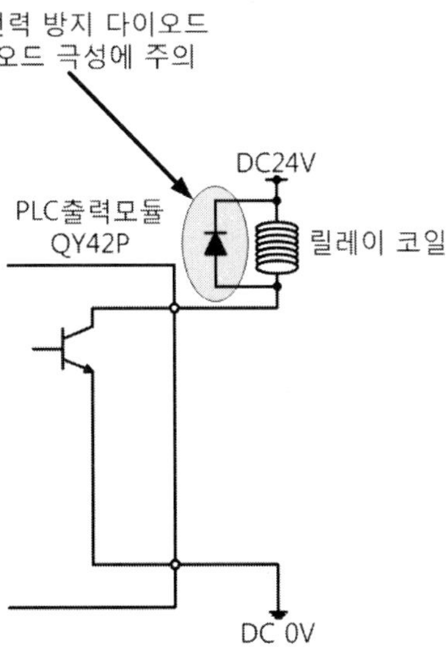

그림 2-11 역기전력 방지 다이오드

1-2-4 릴레이를 이용한 모터 정역회로 구성

DC모터를 정역 회전하는 전기회로를 구성하기 위해서는 [그림 2-12]와 같은 MY-4 DC24V용 릴레이 2개를 필요로 한다. MY-4는 하니웰, 옴런 등에서 생산하는 릴레이 모델이다. 다른 모델의 릴레이도 가능한데 C접점 2개 이상의 DC24V용 릴레이를 준비하면 된다.

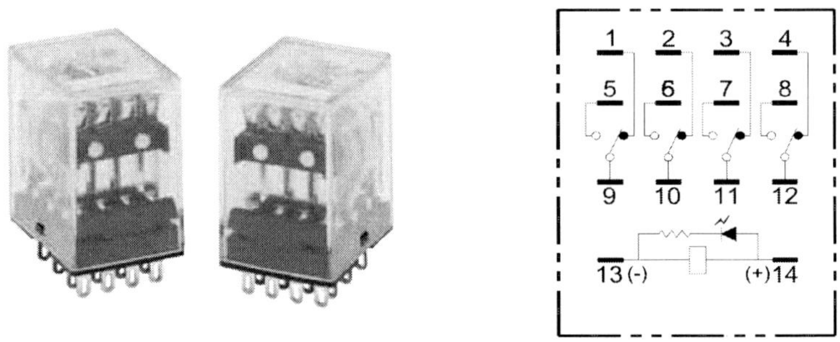

그림 2-12 MY4 릴레이의 외형 및 접점 구성

DC모터에 공급되는 전류의 방향이 바뀌면 DC모터는 회전방향을 변경하게 된다. 이러한 원리를 이용해 릴레이 2개를 사용하여 DC모터에 공급되는 전류의 방향을 변경하는 전기회로를 구현하여 모터의 회전방향을 변경한다. [그림 2-13]에 DC모터 정역 회전 제어를 위한 PLC의 입·출력 구성을 나타내었다. 그림과 같이 입출력 회로를 구성하여 PLC로 DC모터 정역 제어를 구현해 보자.

[그림 2-13]에서 릴레이 K1이 동작하면 DC모터는 시계 방향으로 정회전하고, 릴레이 K2가 동작하면 반시계 방향으로 역회전하게 된다. 릴레이 K1, K2가 동시에 동작하게 되어도 DC모터는 정지된 상태를 유지하고 전기적으로도 아무런 문제가 발생하지 않는다.

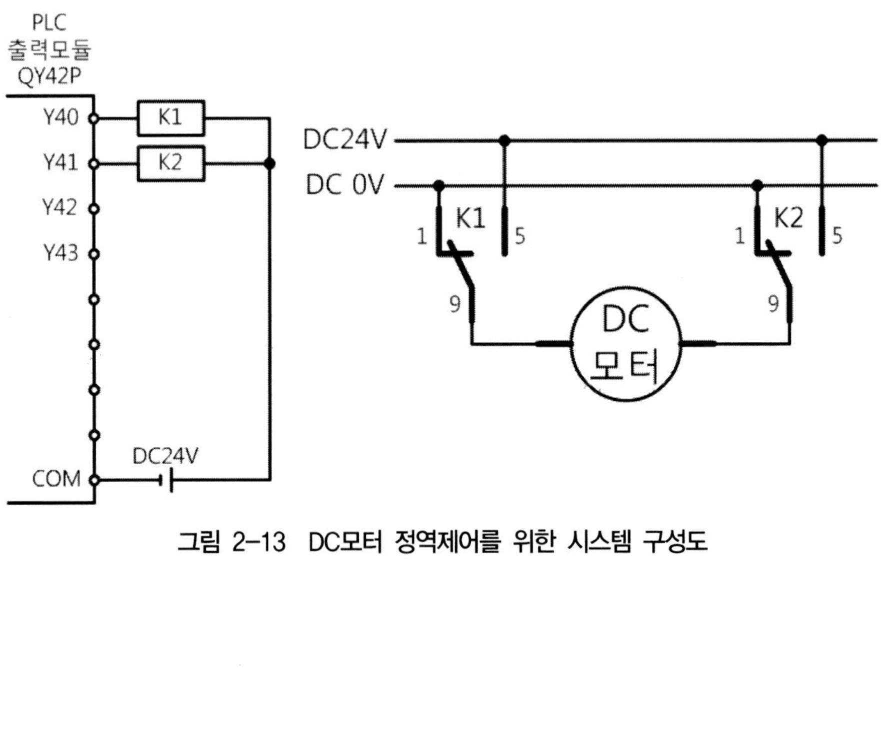

그림 2-13 DC모터 정역제어를 위한 시스템 구성도

또한 DC모터가 회전하다가 정지하게 되면 모터의 전선이 양쪽 모두가 DC 0V에 연결되기 때문에 모터가 급정지하는 효과가 나타나게 된다. 이러한 모터 정지 방법을 발전제동(dynamic breaking)이라 한다. DC모터는 회전하다가 정지하게 되면(모터의 회전수가 점차 줄어드는 현상) DC모터는 발전기로 동작하게 되어 모터에서 전류가 생성되는데 이때 발생되는 전류를 큰 부하를 통해서 소모시키면 급격한 제동을 할 수 있다. 실습에 사용하는 DC모터는 소형이기 때문에 발생된 전기를 DC 0V로 쇼트를 시켜도 큰 문제가 되지 않는다. 단 모터의 용량이 큰 경우에는 저항을 사용 한다. DC모터의 정역 제어를 할 때에는 [그림 2-13]에 나타낸 릴레이를 사용한 회로를 주로 많이 사용한다. 릴레이를 이용하면 큰 전류용량을 가진 DC모터의 정역 제어도 손쉽게 할 수 있지만 모터의 속도제어는 불가능하다. 속도제어를 위해서는 트랜지스터 모듈을 이용해야 한다.

1-2-5 DC모터 정역 제어 실습을 위한 PLC 입 · 출력 구성

이제부터는 DC모터 정역 제어 실습을 위한 PLC의 입 · 출력 구성을 살펴보자. [그림 2-14]에 나타난 것처럼 DC모터 정역 제어 실습에 사용할 PLC의 구성은 +콤먼 입력모듈 QX42(64점), 트랜지스터 출력모듈 QY42P(64점)를 이용한다. [그림 2-15]는 DC모터 정역제어 실습을 위한 PLC의 입 · 출력 결선도는 나타낸 것이다. 6개의 푸시버튼과 5개의 포토마이크로 센서, DC모터 정역 제어를 위한 두 개의 릴레이 출력을 사용한다.

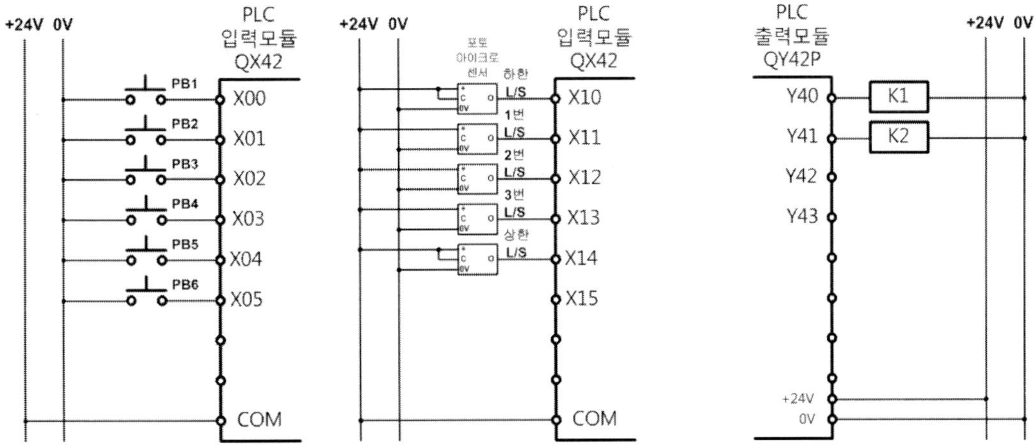

그림 2-14 DC모터 정역제어 실습을 위한 PLC결선도

2-1 실습과제 DC모터의 단순 정역 제어 실습

실습 장치를 이용해 PLC의 입력에 연결된 해당 스위치를 누르고 있는 동안 이송 테이블이 좌우로 움직이는 PLC프로그램을 작성하고자 한다. 실습과제를 수행하기 전에 PLC의 입력모듈에 있는 입력신호 확인용 LED를 이용해 PLC의 입력모듈에 연결된 포토마이크로 센서의 상태를 0(OFF상태), 1(ON상태)로 표시하면 [표 2-1]과 같이 동작해야 한다.

표 2-1

센서구분	하한L/S	1번 L/S	2번 L/S	3번 L/S	상한 L/S
입력상태	1	0	0	0	1

하한 및 상한L/S는 포토마이크로 센서의 Control단자에 +24V 전원이 연결되어 수광부에서 빛이 검출되었을 때, 출력이 ON되는 타입으로 사용하기 때문에 평상시 센서의 출력이 ON되어 있다. 1, 2, 3번 L/S는 수광부에서 빛이 차단될 때, 센서의 출력이 ON되는 상태가 되기 때문에 평상시에는 출력이 OFF된 상태이다. 하한 및 상한L/S를 b접점형태로 사용한다는 의미이다. 그 이유에 대해서는 앞에서 설명한 내용을 참조하기 바란다. 주어진 조건을 만족하는 모터 정역회전 PLC프로그램을 작성해보자.

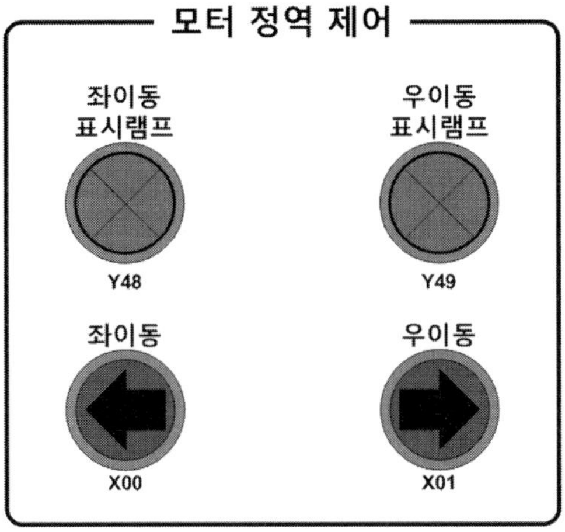

그림 2-15 조작 패널

표 2-2 PLC 입출력 번지 할당표

입력번호	기 능	출력번호	기 능
X00	좌이동	Y40	DC모터 좌이동
X01	우이동	Y41	DC모터 우이동
X10	하한(좌측)L/S	Y48	좌이동 표시램프
X14	상한(우측)L/S	Y49	우이동 표시램프

▌동작조건

① 좌이동 버튼을 누르고 있는 동안 이송 테이블이 좌측으로 이동하고 좌이동 표시램프가 점등 동작을 한다. 이송 테이블이 좌측으로 이동 중에 하한 L/S가 동작하면 모터는 즉지 정지하고 좌이동 표시램프는 0.5초 간격으로 점멸동작을 한다. 이 상태에서 좌이동 버튼을 누르고 있어도 모터는 동작하지 않고 좌이동 표시램프만 점멸동작을 한다. 이 상태에서 우이동 버튼을 누르면 이송 테이블이 우측으로 이동하고 우이동 표시램프가 점등된다.

② 우이동 버튼을 누르고 있는 동안 이송 테이블은 우측으로 이동하고 우이동 표시램프가 점등 동작을 한다. 이송 테이블이 우측으로 이동 중에 상한 L/S가 동작하면 모터는 즉시 정지하고 우이동 표시램프가 0.5초 간격으로 점멸동작을 한다. 이 상태에서 우이동 버튼을 누르고 있어도 모터는 동작하지 않고 우이동 표시램프만 점멸동작을 한다. 이 상태에서 좌이동 버튼을 누르면 이송 테이블이 좌측으로 이동하고 좌이동 표시램프가 점등된다.

PLC 프로그램 작성

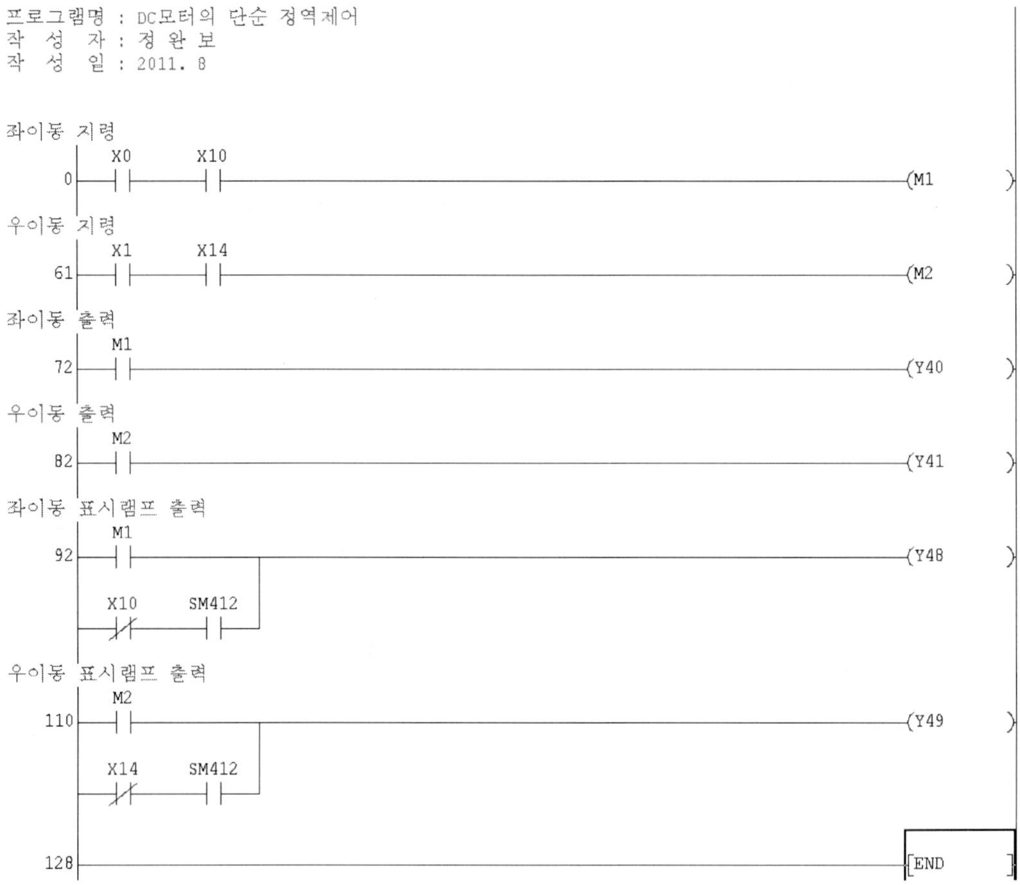

프로그램 2-1

2-2 실습과제 자기유지 회로를 이용한 DC모터 정역회전 실습

이번 실습에서는 자기유지회로를 이용해 DC모터 정역회전 실습을 하도록 한다. 먼저 자기유지회로에 대해 살펴보자. 자기유지 회로는 자동화를 구성하는 많은 전기회로 중 가장 중요한 회로이다. 자기유지 회로는 셋(set)와 리셋(reset) 기능을 가진 두 개의 푸시버튼 스위치와 한 개의 릴레이로 구성되는 전기회로로 셋 우선 자기유지 회로와 리셋 우선 자기 유지 회로로 구분된다. [그림 2-16]은 릴레이 시퀀스 회로로 구현한 자기유지 회로도이다.

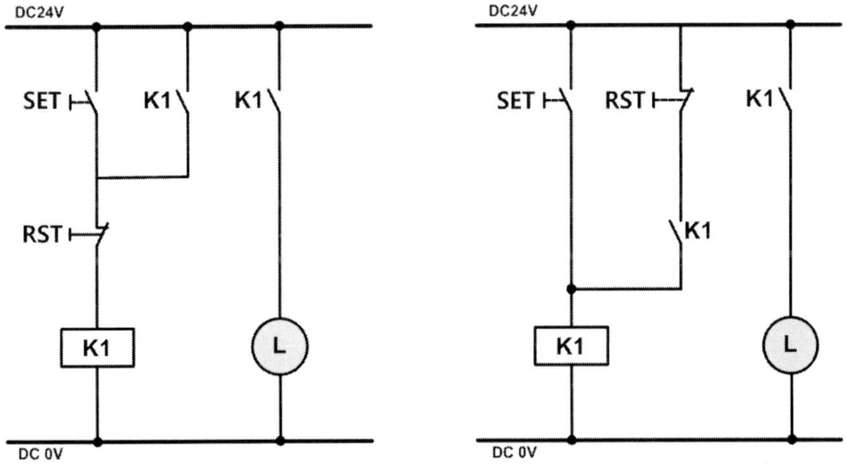

(a) RESET우선 자기유지 회로 (b) SET우선 자기유지 회로

그림 2-16 AND, OR, NOT회로의 조합으로 구성된 자기유지 회로

[그림 2-17]은 자기유지 회로의 동작 상태를 순서대로 나타낸 것이다. 그림을 살펴보면 다음과 같은 순서로 동작하고 있음을 알 수 있다.

① 초기상태 : 셋과 리셋 버튼이 동작하지 않고, 릴레이도 동작하지 않는 상태
② 셋 버튼을 누른 상태 : 셋 버튼을 누르면 리셋 버튼의 b접점을 통과하여

릴레이 코일이 전류가 흘러서 릴레이 코일이 동작상태가 되는 상태

③ 자기유지 진행 중 : 릴레이 코일이 작동하여 릴레이 접점 K1에 의해 자기유지 회로와 램프에 전류가 흐르는 상태

④ 자기유지 상태 : 셋 버튼이 OFF상태가 되어도 자기유지 회로에 의해 릴레이 코일이 계속 ON을 유지하는 상태

⑤ 리셋 동작 중 : 자기유지 상태에서 리셋 버튼을 누르면 코일에 공급되는 전류가 차단되어 자기유지 회로와 램프에 연결된 K1접점이 OFF되어 자기유지가 해제되는 상태

⑥ 리셋 완료 상태 : 자기유지 회로 동작 상태가 OFF되어 릴레이 및 램프가 OFF된 상태

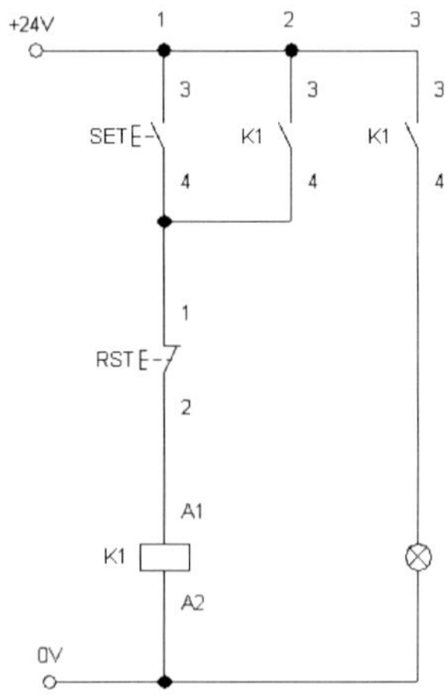

① 초기상태

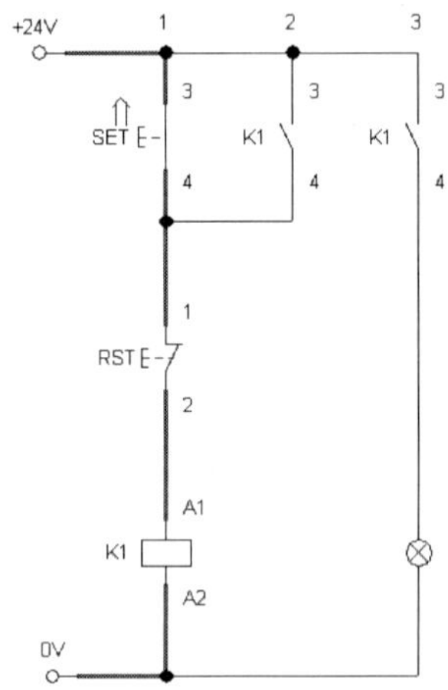

② SET버튼을 누른 상태

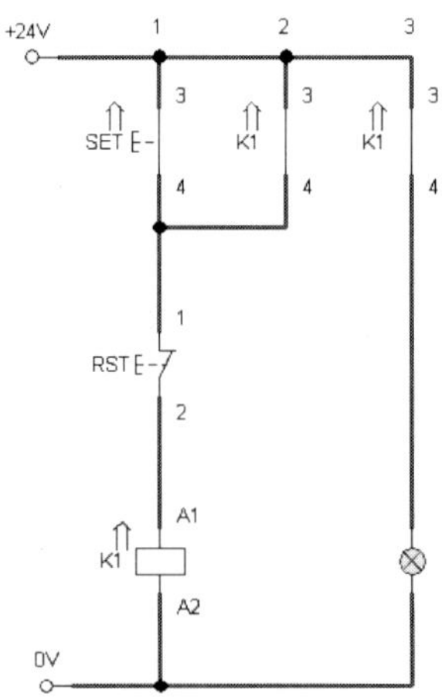

③ 자기유지 진행 중

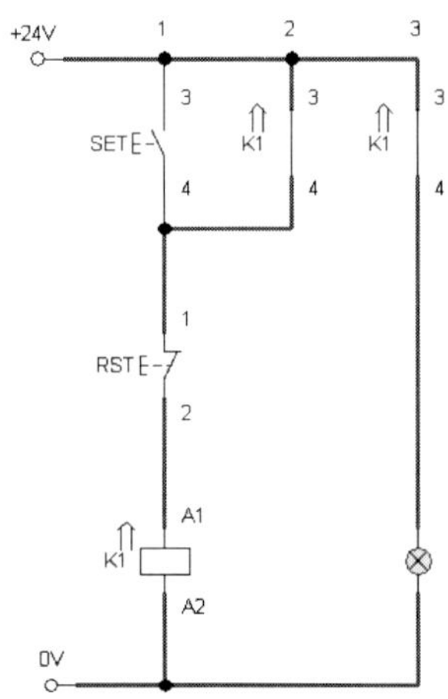

④ 자기유지 상태

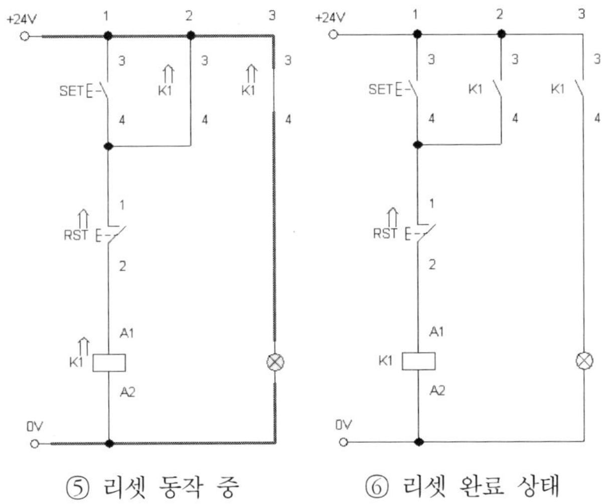

그림 2-17 자기유지 회로의 동작 상태

위에서 살펴본 것과 같이 자기유지회로는 셋과 리셋 버튼을 이용해 사용자가 필요로 하는 시간만큼 어떤 동작 상태를 계속해서 ON상태로 만드는 회로라 할 수 있다. 전기 시퀀스에서는 이러한 회로를 자기유지 회로라고 이야기하지만 이런 회로를 오늘날의 최첨단 반도체 회로로 구성한 것을 플립플롭이라 하고, 플립플롭을 여러 개 병렬로 연결한 것을 메모리라 한다. 다시 말해, 자기유지 회로는 오늘날 메모리의 원조라 할 수 있는 아주 중요한 전기 시퀀스 회로라 할 수 있다.

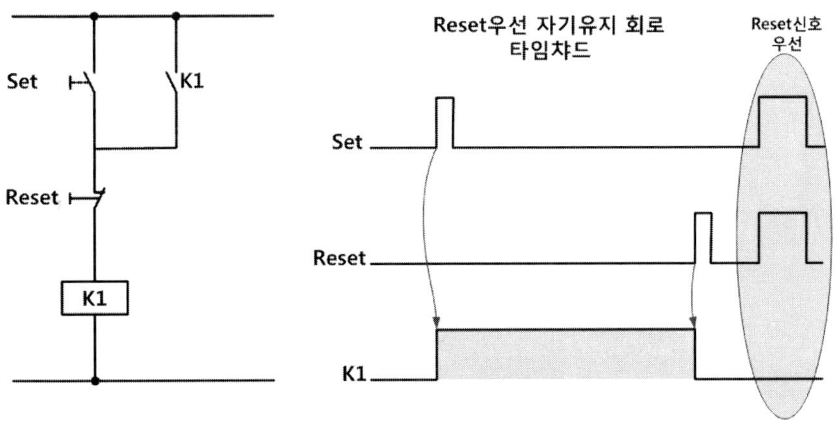

그림 2-18 자기유지 회로의 동작 타임 차트

[그림 2-18]에 나타낸 자기유지 회로의 타임 차트에서 알 수 있듯이 셋 버튼을 ON하면 릴레이 K1은 ON이 되고 이 ON상태를 계속해서 유지한다. 릴레이가 ON상태를 유지하는 상태에서 리셋 버튼을 ON하면 릴레이의 상태가 OFF가 된다. 리셋 신호와 셋 신호가 동시에 ON되면 릴레이는 OFF상태가 된다.

[그림 2-18]의 자기유지 회로를 PLC프로그램으로 나타내면 [그림 2-19], [그림 2-20] 두 종류로 나타낼 수 있다. PLC프로그램에서는 동일한 출력번지를 한번 이상 사용할 수 없기 때문에(이중출력 사용금지) [그림 2-20]과 같은 내부 비트 메모리 접점을 이용한 자기유지 회로 방법을 주로 사용한다.

그림 2-19 출력접점을 이용한 자기유지 회로 PLC프로그램

그림 2-20 내부 비트 메모리 접점을 이용한 자기유지 회로 PLC프로그램

주어진 조건을 만족하는 DC모터 정역회전 PLC프로그램을 자기유지 회로를 이용해 작성하라.

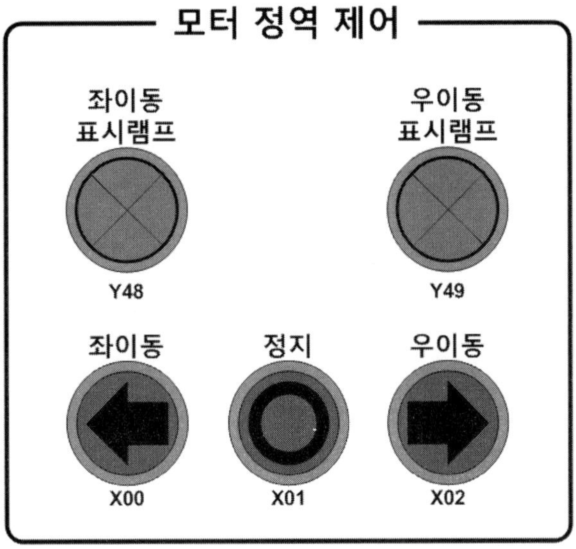

그림 2-21 조작패널

표 2-3 PLC 입출력 번지 할당표

입력번호	기 능	출력번호	기 능
X00	좌이동	Y40	DC모터 좌이동
X01	정지	Y41	DC모터 우이동
X02	우이동		
X10	하한(좌측)L/S	Y48	좌이동 표시램프
X14	상한(우측)L/S	Y49	우이동 표시램프

동작조건

① 좌이동 버튼을 눌렀다 떼면 이송 테이블이 좌측으로 이동하고 좌이동 표시램프가 점등된다. 이송 테이블이 좌측으로 이동 중에 하한 L/S가 동작하면 모터는 즉시 정지하고 좌이동 표시램프는 0.5초 간격으로 점멸동작을 한다.

② 우이동 버튼을 눌렀다 떼면 이송 테이블은 우측으로 이동하고 우이동 표시램프가 점등 동작을 한다. 이송 테이블이 우측으로 이동 중에 상한 L/S가 동작하면 모터는 즉시 정지하고 우이동 표시램프가 0.5초 간격으로 점멸동작을 한다.

③ 이송 테이블이 좌측 또는 우측으로 이동 도중에 정지버튼을 누르면 모터는 즉시 정지하고 모든 램프는 소등된다.

PLC 프로그램 작성

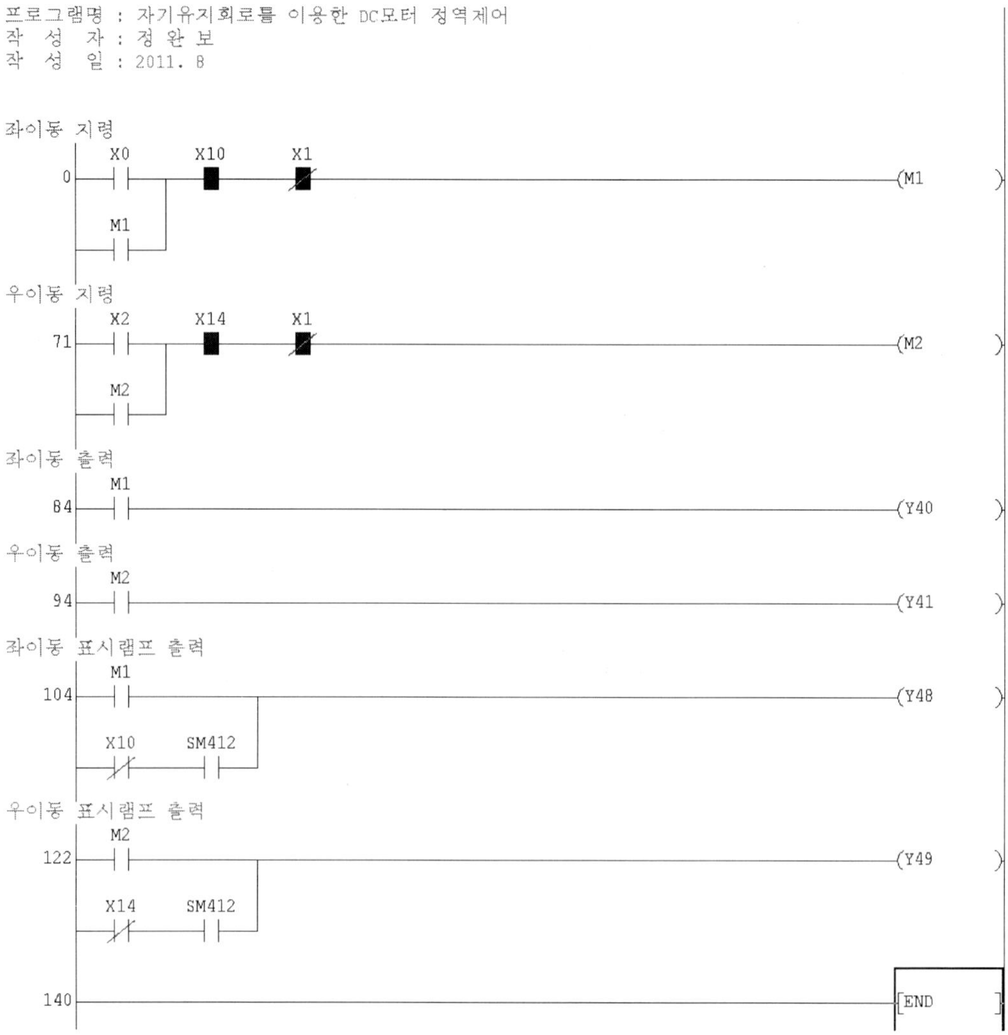

프로그램 2-2

2-3 실습과제 위치 센서를 이용한 DC모터 정역회전 제어 1

앞에서 자기유지 회로를 이용해 DC모터의 정역회전 제어를 하는 PLC프로그램을 작성하였다. 이번 실습에서는 실습 장치에 설치된 1번 L/S ~ 3번 L/S 센서를 이용해 이송 테이블의 위치제어를 하는 방법에 대해 살펴보자.

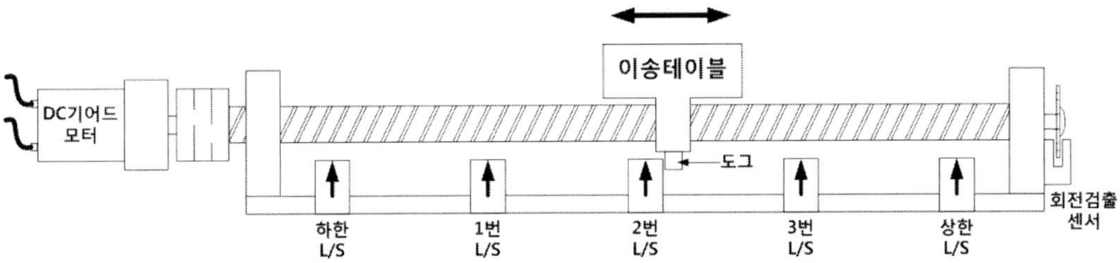

그림 2-22 DC모터 제어 실습 장치

[그림 2-22]에 나타낸 것과 같이 이송 테이블은 이동 중에 이송 테이블 하단에 부착된 도그에 의해 1번 L/S ~ 3번 L/S 센서가 동작하는 위치에 정지한다.

문제1) 주어진 조건을 만족하는 PLC프로그램을 작성하라.

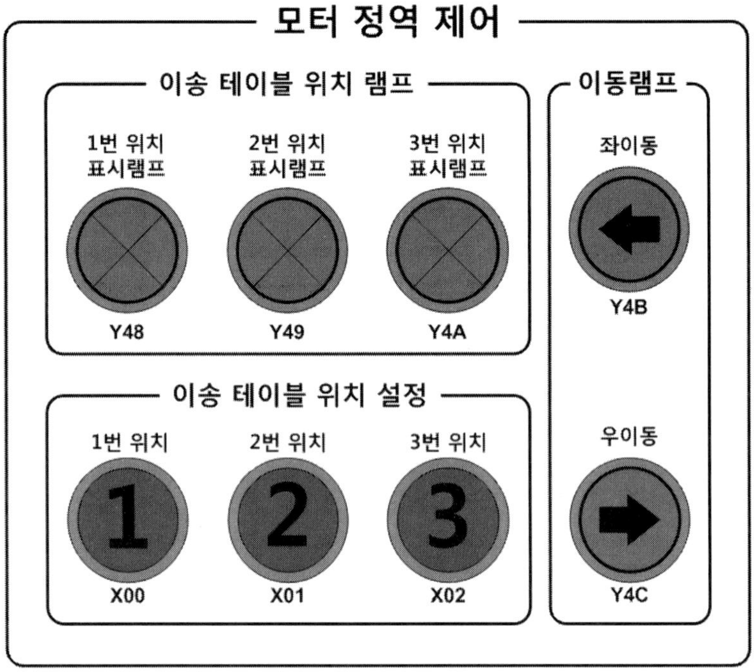

그림 2-23 조작패널

표 2-4 PLC 입출력 번지 할당표

입력번호	기능	출력번호	기능
X00	1번 위치	Y40	DC모터 좌이동
X01	2번 위치	Y41	DC모터 우이동
X02	3번 위치		
X10	하한(좌측)L/S	Y48	1번 위치 표시램프
X11	1번L/S	Y49	2번 위치 표시램프
X12	2번L/S	Y4A	3번 위치 표시램프
X13	3번L/S	Y4B	좌이동 표시램프
X14	상한(우측)L/S	Y4C	우이동 표시램프

▍동작조건

① 이송 테이블은 동작 전에 반드시 1번 ~ 3번 L/S의 동작 위치 중 한곳에 위치해 있어야 한다. 이 때 해당 위치의 표시램프가 점등된다.

② 이동하고자 하는 위치에 해당되는 버튼을 누르면 이송 테이블은 해당 위치로 이동한다. 이 때 이송 테이블의 이동 방향에 따라 좌이동 또는 우이동

램프가 0.5초 간격으로 점멸 동작을 하고 해당 위치의 위치센서가 동작했을 때, 이송 테이블은 즉시 정지하고 이동 표시램프는 소등되고 현재 위치의 표시램프가 점등된다.

③ 이송 테이블이 위치가 1번~3번 L/S의 센서 동작 위치에 벗어나 있을 때에는 위치번호 버튼을 눌러도 이송 테이블은 동작하지 않는다.

PLC 프로그램 작성

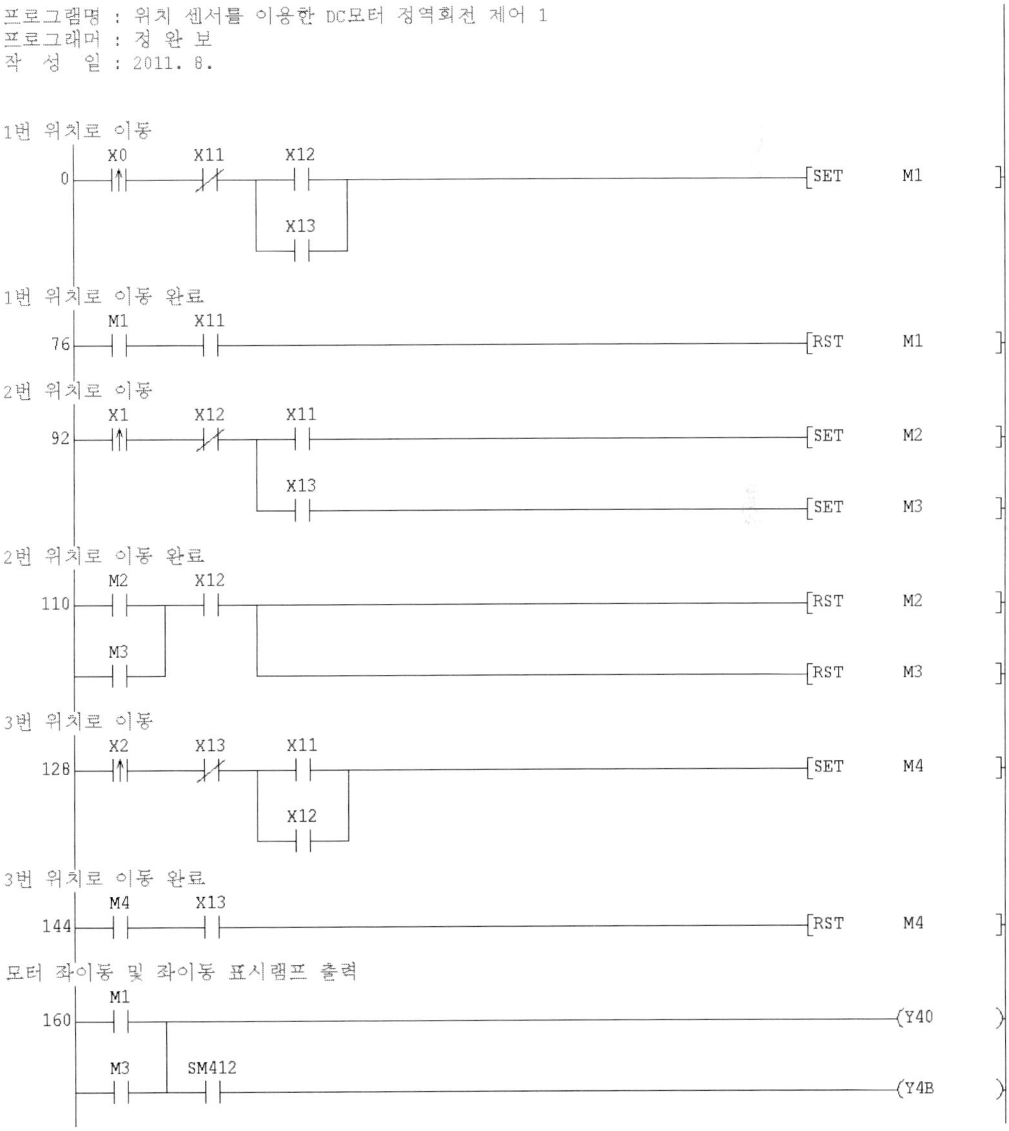

프로그램 2-3

프로그램 라인 0번을 살펴보면 1번 위치로 이동하기 위해서는 1번 위치 센서가 OFF상태이고, 2번 또는 3번 위치 센서가 ON되어 있는 상태가 되어야 한다. 이송 테이블이 2번 또는 3번 위치에 있을 때 이송테이블을 좌측으로 이동하고, 이동 중에 1번 위치 센서가 ON되면 이송테이블의 이동을 정지한다.
프로그램 라인 92번은 2번 위치로 이동하는 프로그램이다. 2번 위치로 이동하기 위해서는 2번 위치센서가 OFF되어 있고, 1번 또는 3번 위치센서가 ON되어 있는 상태가 되어야 한다. 그런데 1번 위치에서 2번 위치로 이동하기 위해서는 이송테이블이 우측으로 이동되어야 하고, 3번 위치에서 2번 위치로 이동하기 위해서는 이송테이블이 좌측으로 이동되어야 한다. 따라서 1번 또는 3번 위치 센서의 ON조건에 따라 이송테이블의 좌우 이동 조건을 판별한다. 이송테이블이 좌우 이동 중에 2번 위치 센서가 ON되면 이송테이블의 이동을 정지한다.

프로그램라인 128번을 살펴보면 3번 위치로 이동하는 프로그램이다. 3번 위치로 이동하기 위해서는 3번 위치 센서가 OFF상태이고, 1번 또는 2번 위치 센서가 ON되어 있는 상태가 되어야 한다. 이송테이블이 1번 또는 2번 위치에 있을 때 이송테이블은 우측으로 이동하고, 이동 중에 3번 위치 센서가 ON되면 이송테이블의 이동을 정지한다.

2-4 실습과제 위치 센서를 이용한 DC모터 정역회전 제어 2

앞에서 수행한 실습에서 불편한 점은 없었는가? 아마도 이송 테이블이 위치를 확인하는 센서의 동작 위치를 벗어나 있는 상태가 되면 사람이 직접 이송 테이블의 위치를 수작업으로 이송시켜야 하는 불편이 따른다. 이번 실습에서는 이러한 문제점을 해결해 보자.

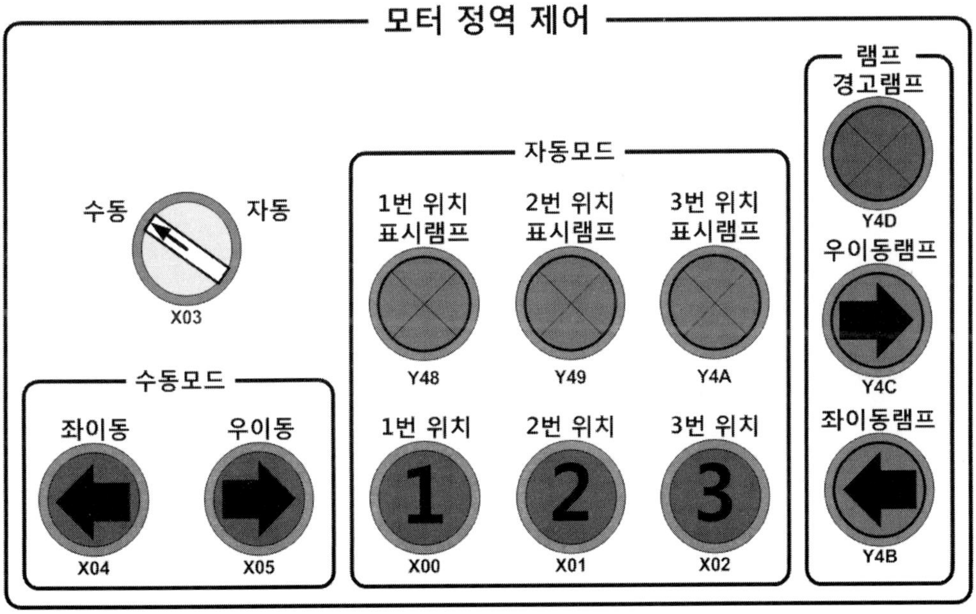

그림 2-24 조작패널

표 2-5 PLC 입출력 번지 할당표

입력번호	기능	출력번호	기능
X00	1번 위치	Y40	DC모터 좌이동
X01	2번 위치	Y41	DC모터 우이동
X02	3번 위치		
X03	수동/자동	Y48	1번 위치 표시램프
X04	좌이동	Y49	2번 위치 표시램프
X05	우이동	Y4A	3번 위치 표시램프
X10	하한(좌측)L/S	Y4B	좌이동 표시램프
X11	1번L/S	Y4C	우이동 표시램프
X12	2번L/S	Y4D	경고램프
X13	3번L/S		
X14	상한(우측)L/S		

동작조건

① 선택 버튼(X03)에 의해 동작모드가 수동모드와 자동모드로 구분된다. X03이 OFF이면 수동모드, ON이면 자동모드가 선택된다.

② 좌이동 버튼(X04)과 우이동 버튼(X05)은 수동모드에서만 동작한다.

③ 좌이동 버튼을 누르고 있는 동안 이송 테이블은 좌측으로 이동하고 이때 좌이동 램프는 0.5초 간격으로 점멸동작을 한다. 그리고 자동모드의 1번~3번 위치 표시램프는 해당 센서가 동작할 때 점등된다. 이송 테이블이 좌측으로 이동 중에 하한 L/S가 동작하면 이송 테이블은 즉시 정지하고 하한 L/S가 동작하고 있는 동안 경고램프가 0.5초 간격으로 점멸동작을 한다.

④ 우이동 버튼을 누르고 있는 동안 이송 테이블은 우측으로 이동하고 이때 우이동 램프는 0.5초 간격으로 점멸동작을 한다. 그리고 자동모드의 1번~3번 위치 표시램프는 해당 센서가 동작할 때 점등된다. 이송 테이블이 우측으로 이동 중에 상한 L/S가 동작하면 이송 테이블은 즉시 정지하고 상한 L/S가 동작하고 있는 동안 경고램프가 0.5초 간격으로 점멸동작을 한다.

⑤ 선택 버튼이 자동모드에 있을 때 1번, 2번, 3번 위치버튼이 동작한다.

⑥ 1번 위치 버튼을 누르면 이송 테이블이 1번 위치로 이동한 후 정지한다. 이송 테이블이 1번 위치로 이동하는 방향에 따라 우이동 또는 좌이동 램프가 0.5초 간격으로 점멸동작을 한다.

⑦ 2번 위치 버튼을 누르면 이송 테이블이 2번 위치로 이동한 후 정지한다. 이송 테이블이 2번 위치로 이동하는 방향에 따라 우이동 또는 좌이동 램프가 0.5초 간격으로 점멸동작을 한다.

⑧ 3번 위치 버튼을 누르면 이송 테이블이 3번 위치로 이동한 후 정지한다. 이송 테이블이 3번 위치로 이동하는 방향에 따라 우이동 또는 좌이동 램프가 0.5초 간격으로 점멸동작을 한다.

⑨ 자동모드에서 이송 테이블이 좌측 또는 우측으로 이동 중에 센서의 고장 등의 원인으로 인해 상한 및 하한LS가 동작하면 이송 테이블의 이동은 즉시 정지하고 경고램프가 0.5초 간격으로 점멸된다.

PLC 프로그램 작성

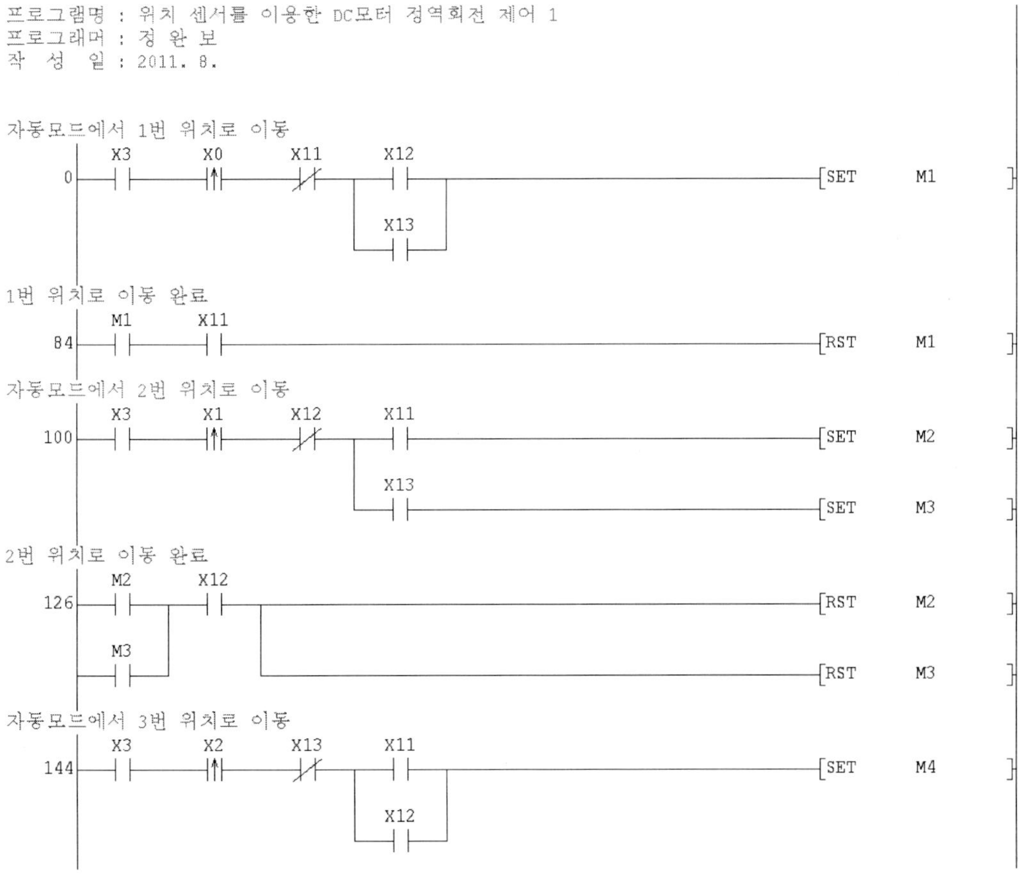

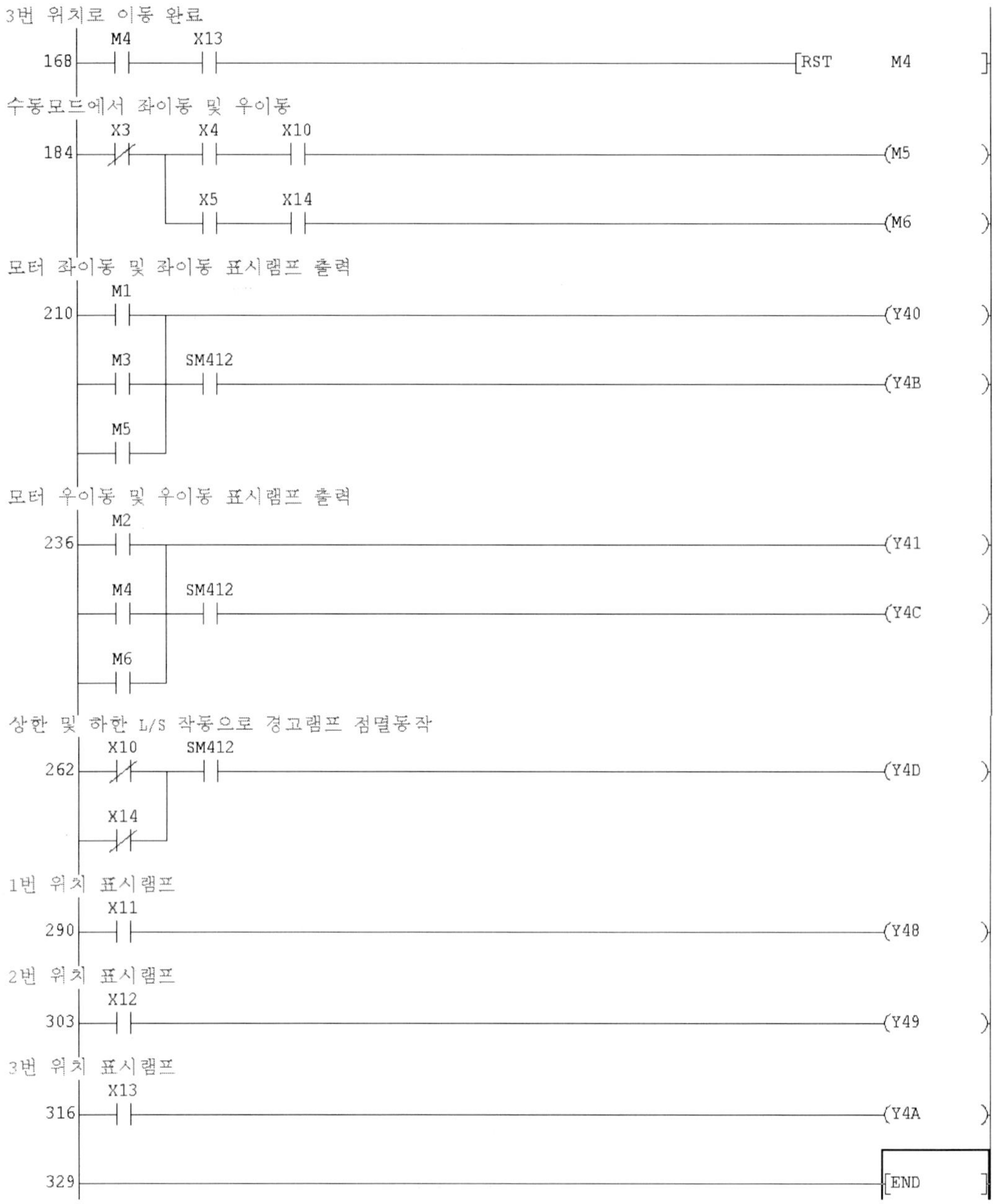

프로그램 2-4

프로그램 라인 184번을 살펴보면 수동모드에서 좌이동, 우이동 동작을 하는 부분이다. 여기서 상한과 하한L/S의 입력을 a접점으로 사용한 것을 볼 수 있다. 상한과 하한 L/S는 PLC에 b접점으로 연결되어 있기 때문에 평상시 ON되어 있는 상태이다. 따라서 PLC의 입력상태는 평상시 ON되고, 상한과 하한

L/S가 동작했을 때, OFF상태가 된다. 정상상태일 때 상한과 하한 L/S가 ON상태이기 때문에 PLC프로그램에서 a접점으로 입력을 받는다는 것을 기억하기 바란다.

프로그램 라인 262번은 상한과 하한 L/S가 동작했을 때 경고램프의 점멸동작을 하는 부분이다. 이 부분도 상한과 하한 L/S가 동작하면 PLC의 입력신호가 OFF된다. 따라서 PLC프로그램에서 b접점으로 입력받는다.

CHAPTER 2

2 DC모터를 이용한 위치 제어

이번에는 DC모터를 이용해 위치제어를 하는 PLC프로그램 작성법에 대해 살펴보자. DC모터를 이용해서 위치제어를 한다는 의미가 생소할지 모르겠지만 속도제어만 생각하지 않는다면 DC모터를 이용해서 위치제어를 충분히 할 수 있다. 시중에 사용되는 고가의 서보모터 같은 성능을 기대할 수는 없지만 서보모터를 이용한 위치제어 PLC프로그램의 내용을 이해하는데 필요한 기본 PLC프로그램 방법에 대해서는 충분히 학습할 수 있다.

2-1 실습 장치의 구성

[그림 2-25]의 실습 장치에서 위치검출용 센서를 일부 제거하고 스크류 축단에 모터의 회전을 검출하기 위한 회전검출 시스템을 추가한 것이다.

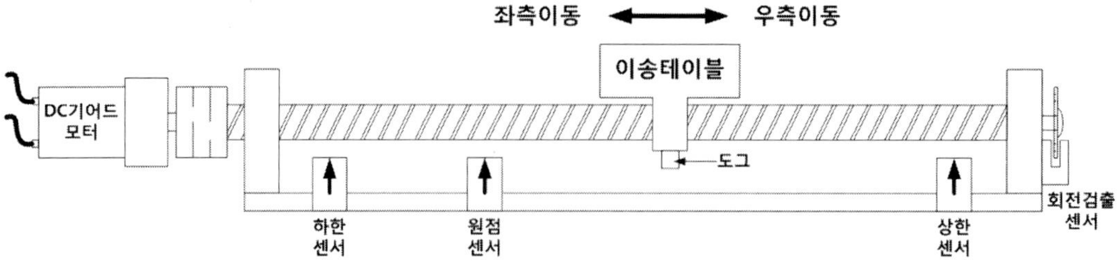

그림 2-25 DC기어드 모터를 이용한 이송테이블 위치제어 장치

[그림 2-25]는 1개의 DC모터와 볼 스크류를 이용해 이송테이블을 좌우로 이송하는 장치를 나타낸 것이다. DC모터가 정회전하면 이송테이블은 우측으로 이동하고, DC모터가 역회전하면 이송테이블은 좌측으로 이동한다.

이송테이블의 이동 위치를 검출하기 위해 4개의 포토마이크로 센서를 사용하고 있고 볼 스크류 축에 연결된 회전검출 센서에 의해 이송테이블의 이동 위치를 검출할 수 있다.

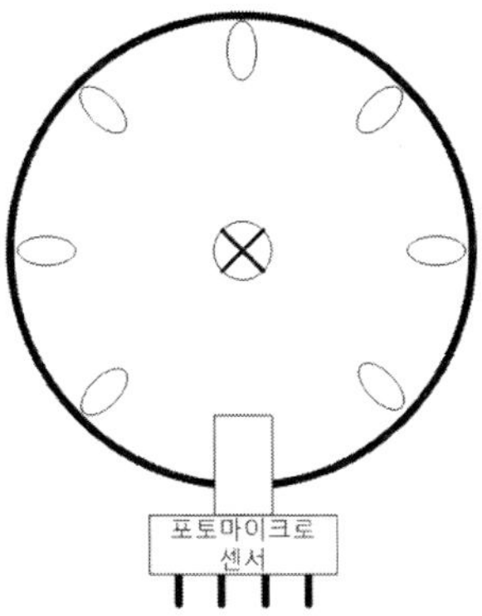

그림 2-26 회전검출 장치

볼 스크류 축에 연결된 모터 회전검출 장치는 [그림 2-26]과 같이 회전원판에 8개의 구멍이 만들어져 있으며 모터가 1회전할 때, 8개의 전기신호를 회전검출용 포토마이크로 센서에 의해 만들어진다. 이송테이블의 위치를 검출하는 센서 중에 상한위치와 하한위치를 검출하는 포토마이크로센서는 정상상태일 때, 센서의 출력이 항상 on상태가 되도록 해야 한다. 그 이유는 상한과 하한 센서는 더 이상 이송테이블이 움직일 수 없는 위치를 검출하는 센서이기 때문에 이들 센서는 어떠한 경우에도 동작해야 하는 비상정지 신호에 해당된다. 따라서 포토 마이크로 센서의 컨트롤 단자가 +24V전원에 연결되어 Light ON 상태(수광부에서 발광부의 빛을 검출했을 때 출력이 ON되는 상태)가 되어야 하고 원점 센서와 회전검출 센서는 컨트롤 단자가 개방되어 Dark ON상태(수광부에서 발광부의 빛을 검출하지 못했을 때 출력이 ON되는 상태)가 되도록 해야 한다.

2-1-1 PLC입출력 할당

[그림 2-25]의 시스템을 이용해 위치제어를 위한 PLC의 입출력 할당은 [표 2-6]과 같이 할당되어 있고 보다 자세한 할당은 실습예제에서 할당한다.

표 2-6 PLC 입출력 번지 할당표

입력번호	기능	출력번호	기능
X00 ~ X0F	제어용 입력 스위치	Y40 ~ Y5F	FND표시장치
X10	하한 센서(Light ON)	Y60 ~ Y6F	출력표시 램프
X11	원점 센서(Dark ON)	Y70	DC모터 정회전(우이동)
X12	상한 센서(Light ON)	Y71	DC모터 역회전(좌이동)
X13	회전검출 센서(Dark ON)		

2-5 실습과제 이송테이블의 좌우이송 및 원점 복귀 1

[그림 2-27]의 시스템을 이용해 이송테이블을 좌우로 이송하고 원점복귀를 하는 제어방법에 대해 살펴보자. 원점은 위치제어를 하기 위해서 필요한 기준위치를 정하는 것을 의미한다. 따라서 원점복귀는 사전에 설정되어진 원점위치로 이송테이블이 이동하여 원점위치에 정지하는 동작이다. [그림 2-25]에서 원점위치는 이송테이블이 좌측으로 이동하다가 원점센서가 ON되는 지점이다. 따라서 원점복귀 버튼을 누르면 이송테이블의 위치에 관계없이 무조건 원점위치로 이동하는 동작을 해야 한다. 이러한 원점복귀 동작을 하는 PLC프로그램을 작성해보자.

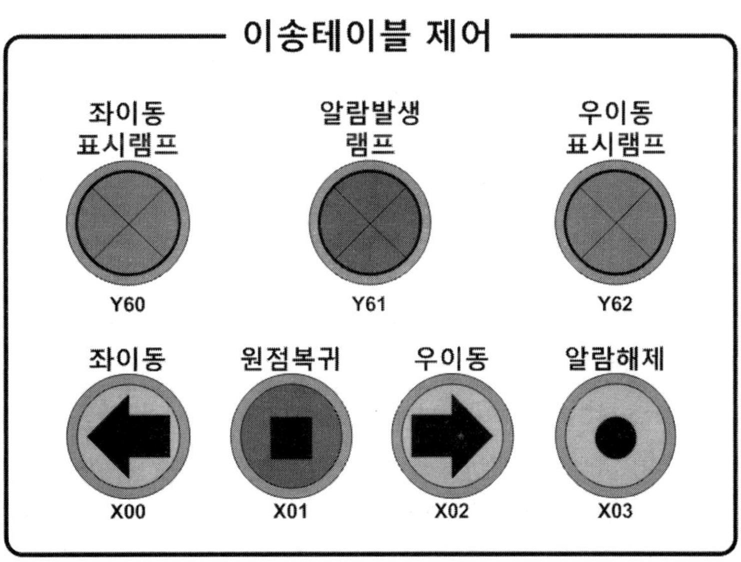

그림 2-27 위치제어를 조작패널

표 2-7 PLC 입출력 번지 할당표

입력번호	기능	출력번호	기능
X00	좌이동	Y60	좌이동 표시램프
X01	원점복귀	Y61	알람발생 램프
X02	우이동	Y62	우이동 표시램프
X03	알람해제		
X10	하한 센서(Light ON)	Y70	DC모터 정회전(우이동)
X11	원점 센서(Dark ON)	Y71	DC모터 역회전(좌이동)
X12	상한 센서(Light ON)		
X13	회전검출 센서(Dark ON)		

▌동작조건

① 좌이동 버튼(X00)을 누르고 있는 동안 이송테이블은 좌측으로 이동하고 이 때, 좌이동 표시램프(Y60)가 점등된다. 이송테이블이 좌측으로 이동 중에 하한센서(X10)가 동작하면 더 이상 좌측으로 이동하지 않고 즉시 정지하고 알람램프(Y61)가 1초 간격으로 점멸동작을 한다. 알람램프가 점멸상태에서는 어떠한 입력버튼도 동작하지 않는다. 알람해제 버튼을 누르면 알람램프가 소등하고 이 때, 우이동 버튼을 누르면 이송테이블은 우측으로 이동하지만 좌이동 버튼을 누르면 알람발생 램프가 다시 점멸동작을 한다.

② 우이동 버튼(X02)을 누르고 있는 동안 이송테이블은 우측으로 이동하고 이 때, 우이동 표시램프(Y62)가 점등된다. 이송테이블이 우측으로 이동 중에 상한센서(X12)가 동작하면 더 이상 우측으로 이동하지 않고 즉시 정지하고 알람램프(Y61)가 1초 간격으로 점멸동작을 한다. 알람램프가 점멸상태에서는 어떠한 입력버튼도 동작하지 않는다. 알람해제 버튼을 누르면 알람램프가 소등하고 이 때, 좌이동 버튼을 누르면 이송테이블은 좌측으로 이동하지만 우이동 버튼을 누르면 알람발생 램프가 다시 점멸동작을 한다.

③ 이송테이블이 원점센서와 상한센서의 사이에 위치해 있는 상태에서 원점복귀 버튼(X01)을 누르면 이송테이블은 좌측으로 이동하고, 좌측으로 이동 중에 원점센서가 ON되면 즉시 정지한다. 이송테이블 이동 동작 중에 상한 또는 하한센서가 동작하면 이송테이블의 이동 동작을 즉시 정지하고 알람램프가 1초 간격으로 점멸동작을 한다. 이 때 알람해제 버튼(X03)을 누르면 알람램프는 소등된다. 상한과 하한센서가 동작 중에 원점복귀 버튼을 누르면 알람램프가 다시 점멸동작을 한다.

PLC 프로그램 작성

프로그램명 : 이송테이블의 좌우이송 및 원점복귀1
프로그래머 : 정 완 보
작 성 일 : 2011. 9. 6.

알람발생
1. 좌이동 중 하한센서 동작. 우이동 중 상한센서 동작
2. 원점복귀 지령시 상한 및 하한 센서 동작
3. 원점복귀 동작중 상한 및 하한 센서 동작
주의사항 : 상한과 하한센서 출력 b접점 사용

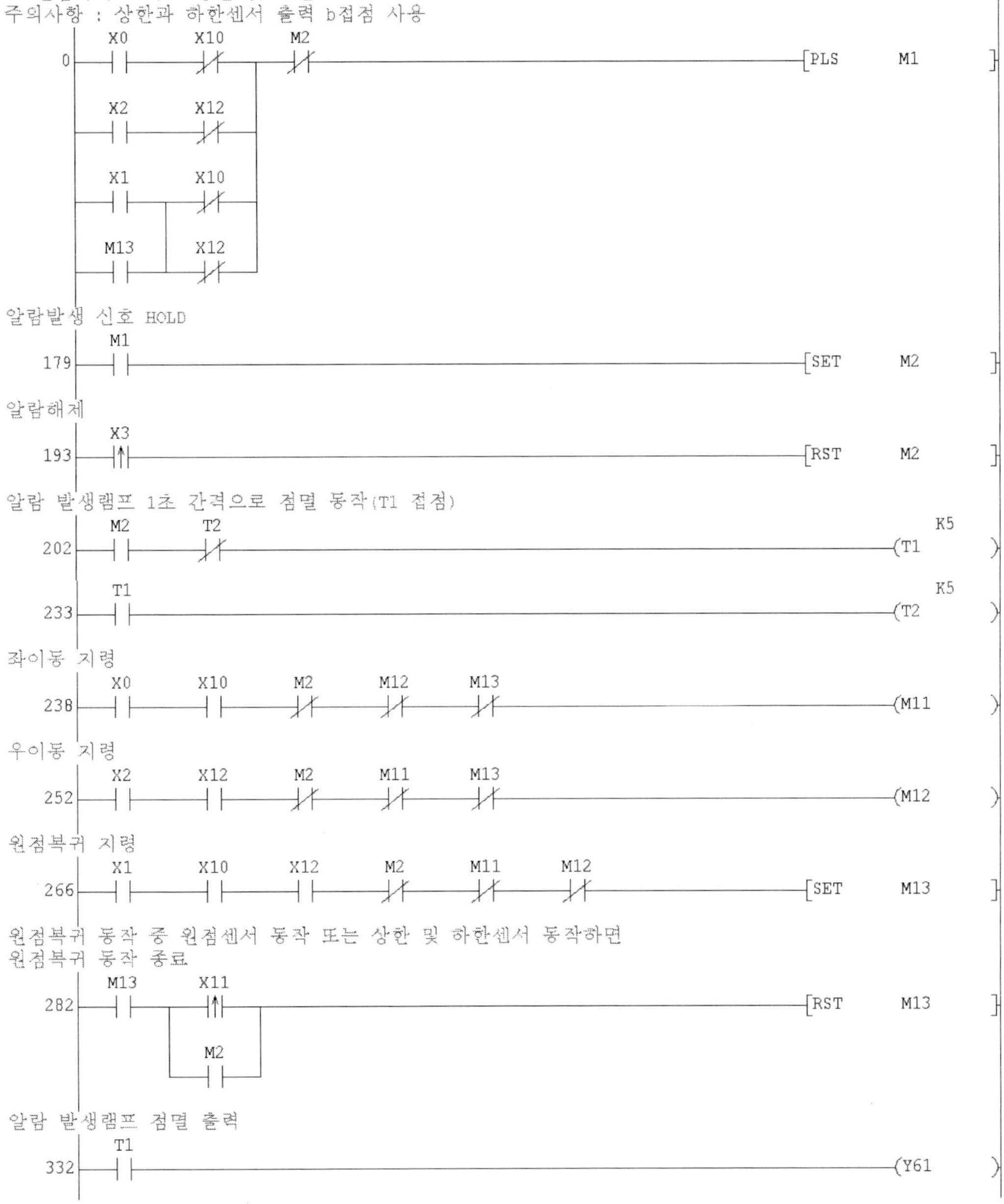

우이동 출력
M12
348
Y70
Y62
좌이동 출력(좌이동 지령 및 원점복귀 지령)
M11
359
Y71
M13
Y60
386
END

프로그램 2-5

2-6 실습과제 이송테이블의 좌우이송 및 원점 복귀 2

앞에서 학습한 [실습과제 2-5]의 내용에 기능을 추가해보자. [실습과제 2-5]에서는 비상정지 기능이 누락되었는데 이번 과제에서는 비상정지 기능의 추가와 알람이 발생했을 때 FND모듈을 이용해 알람발생 번호를 표시하여 작업자가 어떤 알람이 발생했는지를 쉽게 파악할 수 있는 기능을 추가해보자.

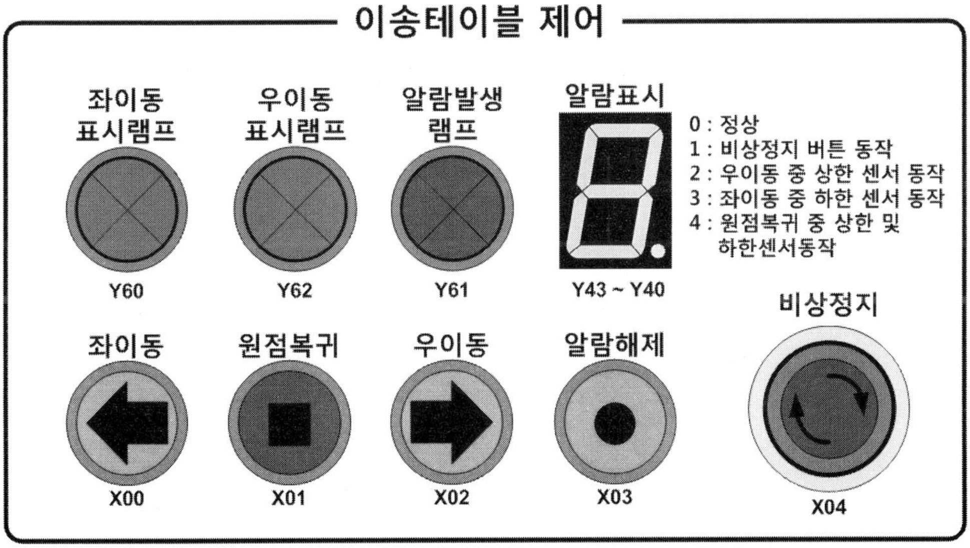

그림 2-28 위치제어를 위한 조작패널

표 2-8 PLC 입출력 번지 할당표

입력번호	기능	출력번호	기능
X00	좌이동	Y43~Y40	알람표시 FND
X01	원점복귀		
X02	우이동	Y60	좌이동 표시램프
X03	알람해제	Y61	알람발생 램프
X04	비상정지	Y62	우이동 표시램프
X10	하한 센서(Light ON)		
X11	원점 센서(Dark ON)		
X12	상한 센서(Light ON)	Y70	DC모터 정회전(우이동)
X13	회전검출 센서(Dark ON)	Y71	DC모터 역회전(좌이동)

▌동작조건

① 좌이동 버튼(X00)을 누르고 있는 동안 이송테이블은 좌측으로 이동하고 이 때, 좌이동 표시램프(Y60)가 점등된다. 이송테이블이 좌측으로 이동 중에 하한센서(X10)가 동작하면 더 이상 좌측으로 이동하지 않고 즉시 정지하고 알람램프(Y61)가 1초 간격으로 점멸동작을 하고 알람표시 FND에는 "3"이 표시된다. 알람램프가 점멸상태에서는 어떠한 입력버튼도 동작하지 않는다. 알람해제 버튼을 누르면 알람램프가 소등하고 알람표시 FND에는 "0"이 표시되고 이 때, 우이동 버튼을 누르면 이송테이블은 우측으로 이동하지만 좌이동 버튼을 누르면 알람발생 램프와 알람표시 FND가 다시 동작을 한다.

② 우이동 버튼(X02)을 누르고 있는 동안 이송테이블은 우측으로 이동하고 이 때, 우이동 표시램프(Y62)가 점등된다. 이송테이블이 우측으로 이동 중에 상한센서(X12)가 동작하면 더 이상 우측으로 이동하지 않고 즉시 정지하고 알람램프(Y61)가 1초 간격으로 점멸동작을 하고 알람표시 FND에는 "2"가 표시된다. 알람램프가 점멸상태에서는 어떠한 입력버튼도 동작하지 않는다. 알람해제 버튼을 누르면 알람램프가 소등하고 알람표시 FND에는 "0"이 표시되고 이 때, 좌이동 버튼을 누르면 이송테이블은 좌측으로 이동하지만 우이동 버튼을 누르면 알람발생 램프와 알람표시 FND가 다시 동작을 한다.

③ 이송테이블이 원점센서와 상한센서의 사이에 위치해 있는 상태에서 원점복귀 버튼(X01)을 누르면 이송테이블은 좌측으로 이동하고, 좌측으로 이동

중에 원점센서가 ON되면 즉시 정지한다. 이송테이블 이동 동작 중에 상한 또는 하한센서가 동작하면 이송테이블의 이동 동작을 즉시 정지하고 알람 램프가 1초 간격으로 점멸동작을 하고 알람표시 FND에는 "4"가 표시된다. 이 때 알람해제 버튼(X03)을 누르면 알람램프는 소등되고 알람표시 FND에는 "0"이 표시된다. 상한과 하한센서가 동작 중에 원점복귀 버튼을 누르면 알람램프와 알람표시 FND가 다시 동작을 한다.

④ 비상정지 버튼을 누르면 알람발생 램프가 1초 간격으로 점멸동작을 하고 알람표시 FND에는 "1"이 표시되고 이송테이블의 동작은 즉시 정지한다. 비상정지 버튼이 눌러진 상태에서는 어떤 입력 스위치도 동작하지 않는다. 비상정지 버튼의 동작을 해제한 후, 알람해제 버튼을 누르면 알람발생 램프는 소등하고 알람표시 FND에는 "0"이 표시되고 입력 스위치는 동작할 수 있다.

PLC 프로그램 작성

프로그램명 : 이송테이블의 좌우이송 및 원점복귀2
프로그래머 : 정 완 보
작 성 일 : 20011. 9. 6.

알람발생
1. 좌이동 중 하한센서 동작. 우이동 중 상한센서 동작
2. 원점복귀 지령시 상한 및 하한 센서 동작
3. 원점복귀 동작중 상한 및 하한 센서 동작
4. 비상정지 입력
주의사항 : 상한 및 하한센서 b접점 사용

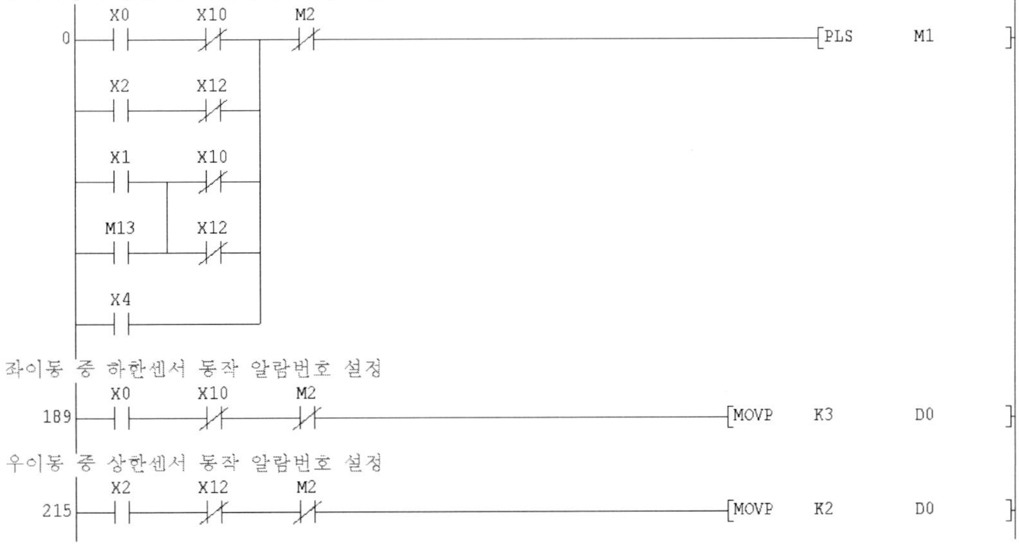

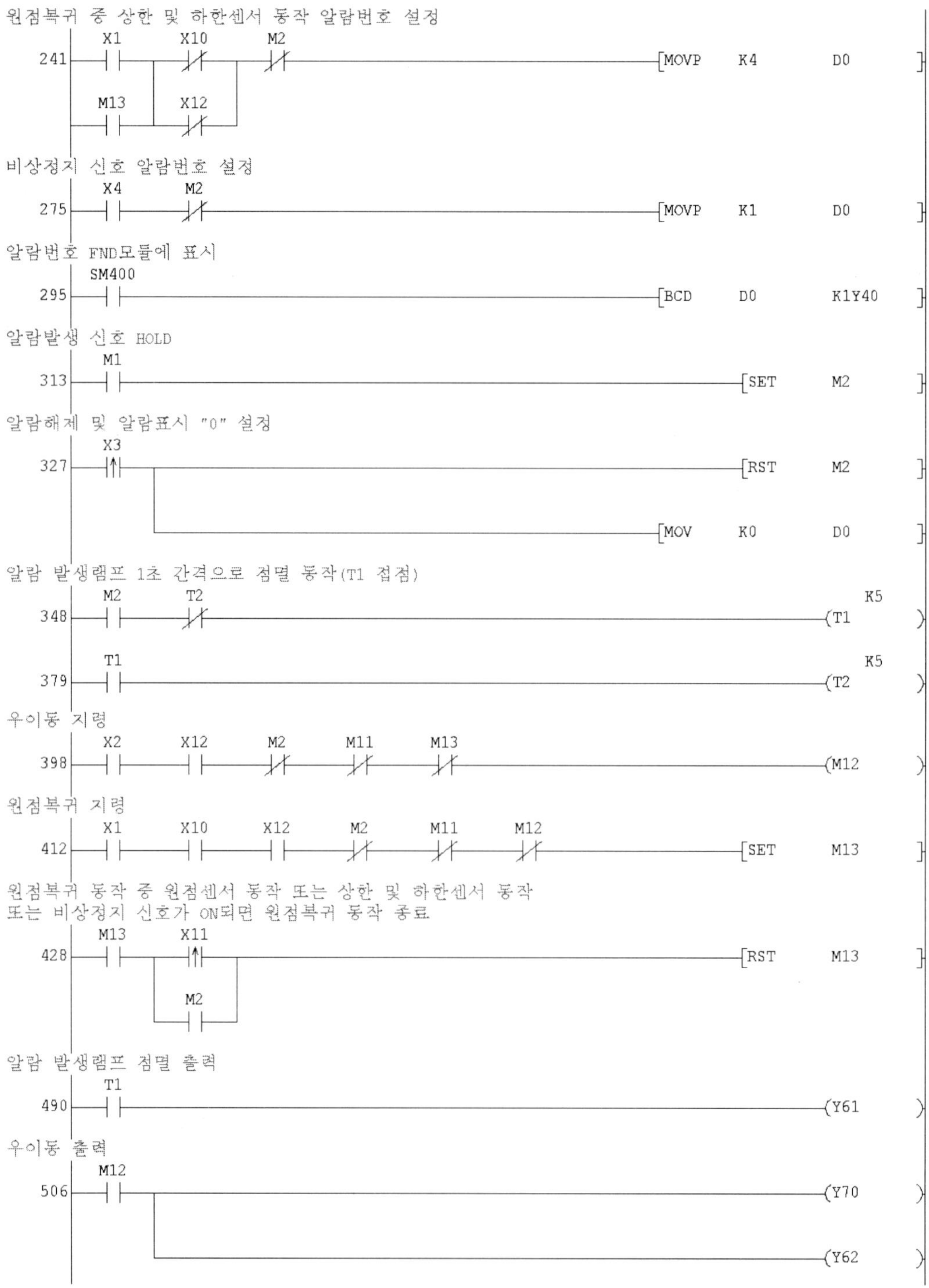

원점복귀 중 상한 및 하한센서 동작 알람번호 설정
241 X1 X10 M2 M13 X12 [MOVP K4 D0]
비상정지 신호 알람번호 설정
275 X4 M2 [MOVP K1 D0]
알람번호 FND모듈에 표시
295 SM400 [BCD D0 K1Y40]
알람발생 신호 HOLD
313 M1 [SET M2]
알람해제 및 알람표시 "0" 설정
327 X3 [RST M2] [MOV K0 D0]
알람 발생램프 1초 간격으로 점멸 동작(T1 접점)
348 M2 T2 (T1 K5)
379 T1 (T2 K5)
우이동 지령
398 X2 X12 M2 M11 M13 (M12)
원점복귀 지령
412 X1 X10 X12 M2 M11 M12 [SET M13]
원점복귀 동작 중 원점센서 동작 또는 상한 및 하한센서 동작
또는 비상정지 신호가 ON되면 원점복귀 동작 종료
428 M13 X11 M2 [RST M13]
알람 발생램프 점멸 출력
490 T1 (Y61)
우이동 출력
506 M12 (Y70) (Y62)

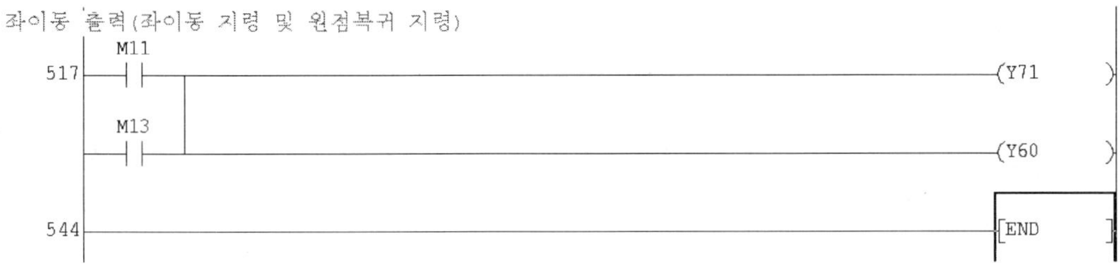

프로그램 2-6

2-7 실습과제 이송테이블의 좌우이송 및 원점 복귀 3

이번 과제에서는 원점복귀 방법을 선택할 수 있는 기능을 추가해보자. 일반적으로 서보모터 등을 이용한 위치제어 장치에는 다양한 원점복귀 방법이 있다. 지금부터 다양한 원점복귀 방법을 선택할 수 있는 PLC프로그램을 작성해보자. 원점복귀 방법은 2가지 방법을 사용자가 선택하여 사용할 수 있도록 한다. 첫 번째는 [실습과제 2-5, 2-6]에서 실습했던 원점복귀방법이고, 두 번째 원점복귀 방법은 원점복귀 리트라이(retry) 방법이다. 원점복귀 리트라이 방법은 원점복귀 도중에 하한센서가 동작했을 때 기계원점을 확립하기 위해 이송테이블을 반대방향으로 회전하여 기계원점을 확립하는 방법이다.

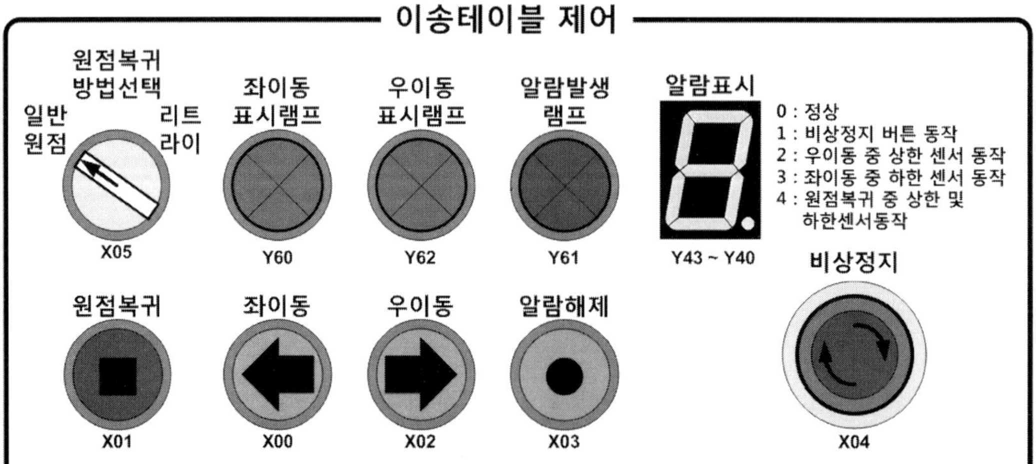

그림 2-29 위치제어를 위한 조작패널

표 2-9 PLC 입출력 번지 할당표

입력번호	기능	출력번호	기능
X00	좌이동	Y43~Y40	알람표시 FND
X01	원점복귀		
X02	우이동	Y60	좌이동 표시램프
X03	알람해제	Y61	알람발생 램프
X04	비상정지	Y62	우이동 표시램프
X05	원점복귀 방법 선택		
X10	하한 센서(Light ON)		
X11	원점 센서(Dark ON)		
X12	상한 센서(Light ON)	Y70	DC모터 정회전(우이동)
X13	회전검출 센서(Dark ON)	Y71	DC모터 역회전(좌이동)

동작조건

① 좌이동 버튼(X00)을 누르고 있는 동안 이송테이블은 좌측으로 이동하고 이 때, 좌이동 표시램프(Y60)가 점등된다. 이송테이블이 좌측으로 이동 중에 하한센서(X10)가 동작하면 더 이상 좌측으로 이동하지 않고 즉시 정지하고 알람램프(Y61)가 1초 간격으로 점멸동작을 하고 알람표시 FND에는 "3"이 표시된다. 알람램프가 점멸상태에서는 어떠한 입력버튼도 동작하지 않는다. 알람해제 버튼을 누르면 알람램프가 소등하고 알람표시 FND에는 "0"이 표시되고 이 때, 우이동 버튼을 누르면 이송테이블은 우측으로 이동하지만 좌이동 버튼을 누르면 알람발생 램프와 알람표시 FND가 다시 동작을 한다.

② 우이동 버튼(X02)을 누르고 있는 동안 이송테이블은 우측으로 이동하고 이 때, 우이동 표시램프(Y62)가 점등된다. 이송테이블이 우측으로 이동 중에 상한센서(X12)가 동작하면 더 이상 우측으로 이동하지 않고 즉시 정지하고 알람램프(Y61)가 1초 간격으로 점멸동작을 하고 알람표시 FND에는 "2"가 표시된다. 알람램프가 점멸상태에서는 어떠한 입력버튼도 동작하지 않는다. 알람해제 버튼을 누르면 알람램프가 소등하고 알람표시 FND에는 "0"이 표시되고 이 때, 좌이동 버튼을 누르면 이송테이블은 좌측으로 이동하지만 우이동 버튼을 누르면 알람발생 램프와 알람표시 FND가 다시 동작을 한다.

③ 원점복귀방법 선택 버튼(X05)이 OFF된 상태이면 일반 원점복귀, ON상태이면 원점복귀 리트라이 방식으로 동작한다.

■ 일반 원점복귀 방법

이송테이블이 원점센서와 상한센서의 사이에 위치해 있는 상태에서 원점복귀 버튼(X01)을 누르면 이송테이블은 좌측으로 이동하고, 좌측으로 이동 중에 원점센서가 ON되면 즉시 정지한다. 이송테이블 이동 동작 중에 상한 또는 하한센서가 동작하면 이송테이블의 이동 동작을 즉시 정지하고 알람램프가 1초 간격으로 점멸동작을 하고 알람표시 FND에는 "4"가 표시된다. 이 때 알람해제 버튼(X03)을 누르면 알람램프는 소등되고 알람표시 FND에는 "0"이 표시된다. 상한과 하한센서가 동작 중에 원점복귀 버튼을 누르면 알람램프와 알람표시 FND가 다시 동작을 한다.

■ 원점복귀 리트라이 방법

이송테이블이 원점센서와 상한센서의 사이에 위치해 있는 상태에서 원점복귀 버튼(X01)을 누르면 이송테이블은 좌측으로 이동하고, 좌측으로 이동 중에 원점센서가 ON되면 즉시 정지한다. 이송테이블 이동 동작 중에 상한센서가 동작하면 이송테이블의 이동 동작을 즉시 정지하고 알람램프가 1초 간격으로 점멸동작을 하고 알람표시 FND에는 "4"가 표시된다. 이 때 알람해제 버튼(X03)을 누르면 알람램프는 소등되고 알람표시 FND에는 "0"이 표시된다. 이송테이블이 원점센서와 하한센서 사이에 위치에 있는 상태에서 원점복귀 버튼을 누르면 다음과 같이 순서로 원점복귀 한다.

㉠ 이송테이블은 좌측으로 이동한다.
㉡ 이송테이블이 좌측으로 이동 중에 하한센서가 동작하면 즉시 정지한다. 이 때 하한센서 동작에 의한 알람은 발생하지 않는다.
㉢ 1초 정지 후에 이송테이블은 우측으로 이동한다.
㉣ 이송테이블이 우측으로 이동 중에 원점센서가 OFF되는 지점부터 회전센서의 신호를 30개 카운터 한 위치에 정지한다.
㉤ 1초 대기한다.
㉥ 이송테이블이 다시 좌측으로 이동하여 원점센서가 ON되는 지점에 정지.

④ 비상정지 버튼을 누르면 알람발생 램프가 1초 간격으로 점멸동작을 하고 알람표시 FND에는 "1"이 표시되고 이송테이블의 동작은 즉시 정지한다. 비상정지 버튼이 눌러진 상태에서는 어떤 입력 스위치도 동작하지 않는다. 비상정지 버튼의 동작을 해제한 후, 알람해제 버튼을 누르면 알람발생 램프는 소등하고 알람표시 FND에는 "0"이 표시되고 입력 스위치는 동작할 수 있다.

PLC 프로그램 작성

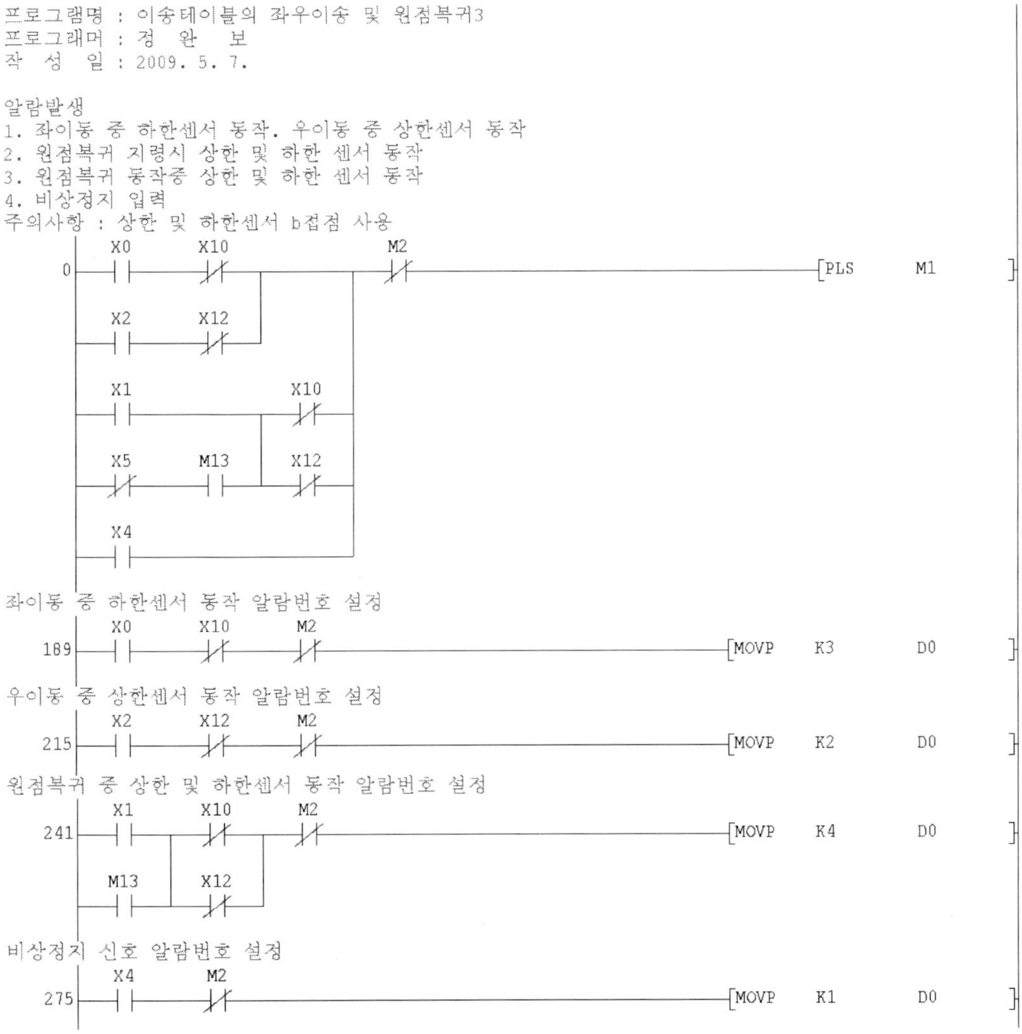

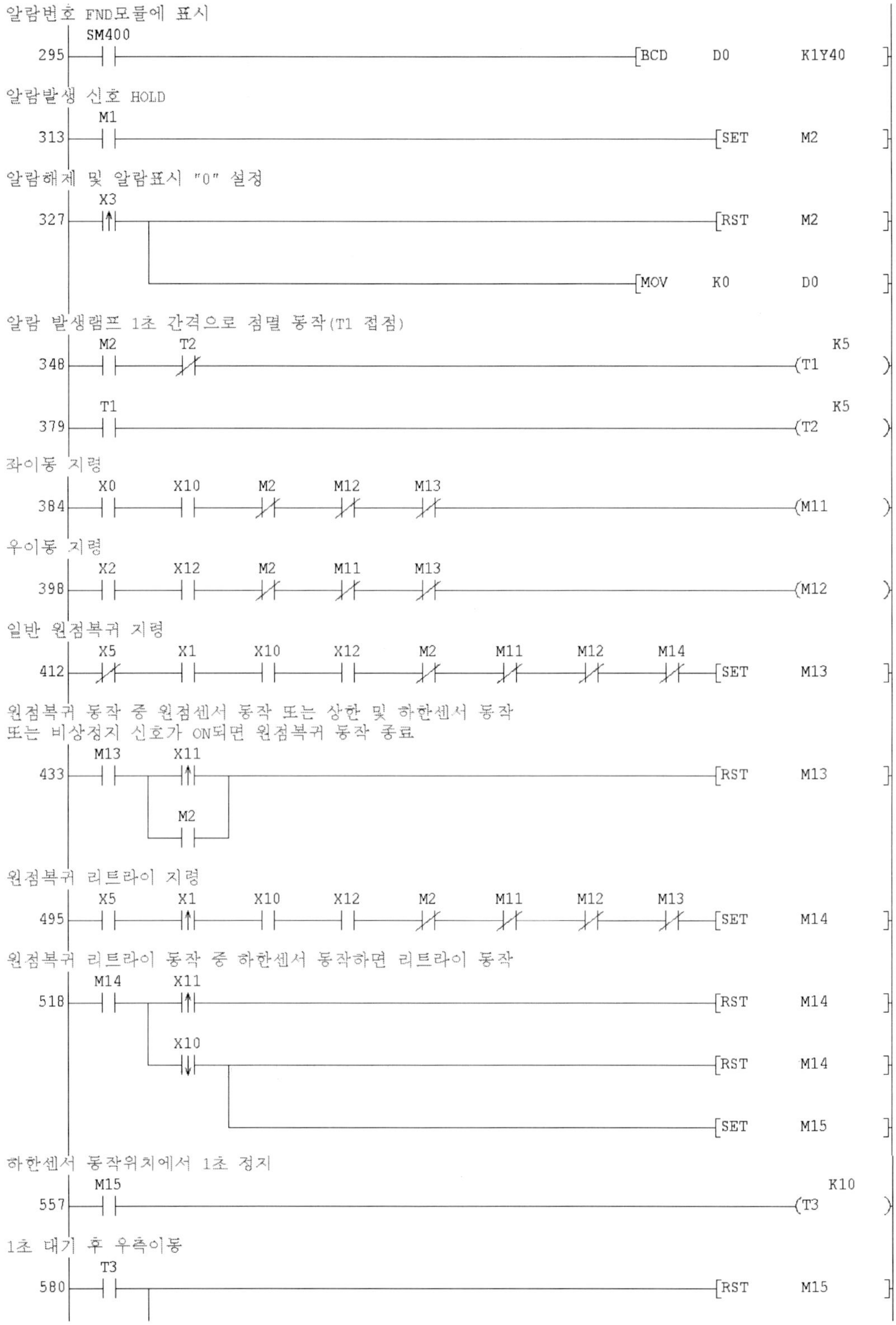
알람번호 FND모듈에 표시
SM400
295
[BCD D0 K1Y40]
알람발생 신호 HOLD
M1
313
[SET M2]
알람해제 및 알람표시 "0" 설정
X3
327
[RST M2]
[MOV K0 D0]
알람 발생램프 1초 간격으로 점멸 동작(T1 접점)
M2
T2
348
K5
(T1)
T1
379
K5
(T2)
좌이동 지령
X0 X10 M2 M12 M13
384
(M11)
우이동 지령
X2 X12 M2 M11 M13
398
(M12)
일반 원점복귀 지령
X5 X1 X10 X12 M2 M11 M12 M14
412
[SET M13]
원점복귀 동작 중 원점센서 동작 또는 상한 및 하한센서 동작
또는 비상정지 신호가 ON되면 원점복귀 동작 종료
M13 X11
433
M2
[RST M13]
원점복귀 리트라이 지령
X5 X1 X10 X12 M2 M11 M12 M13
495
[SET M14]
원점복귀 리트라이 동작 중 하한센서 동작하면 리트라이 동작
M14 X11
518
[RST M14]
X10
[RST M14]
[SET M15]
하한센서 동작위치에서 1초 정지
M15
557
K10
(T3)
1초 대기 후 우측이동
T3
580
[RST M15]

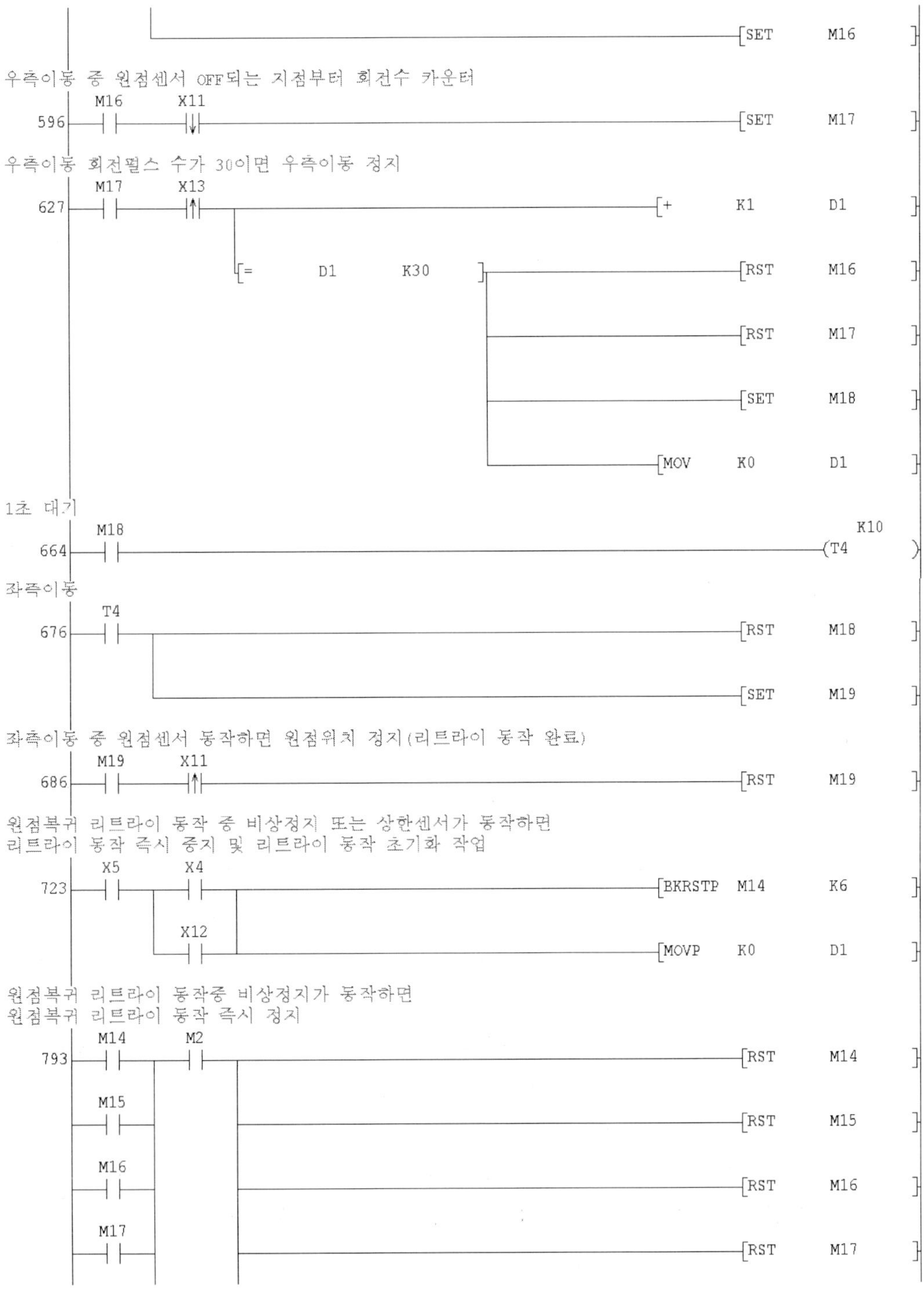

SET M16
우측이동 중 원점센서 OFF되는 지점부터 회전수 카운터
M16 X11
596
SET M17
우측이동 회전펄스 수가 30이면 우측이동 정지
M17 X13
627
+ K1 D1
= D1 K30
RST M16
RST M17
SET M18
MOV K0 D1
1초 대기
M18
664
K10
T4
좌측이동
T4
676
RST M18
SET M19
좌측이동 중 원점센서 동작하면 원점위치 경지(리트라이 동작 완료)
M19 X11
686
RST M19
원점복귀 리트라이 동작 중 비상정지 또는 상한센서가 동작하면
리트라이 동작 즉시 중지 및 리트라이 동작 초기화 작업
X5 X4
723
BKRSTP M14 K6
X12
MOVP K0 D1
원점복귀 리트라이 동작중 비상정지가 동작하면
원점복귀 리트라이 동작 즉시 정지
M14 M2
793
RST M14
M15
RST M15
M16
RST M16
M17
RST M17

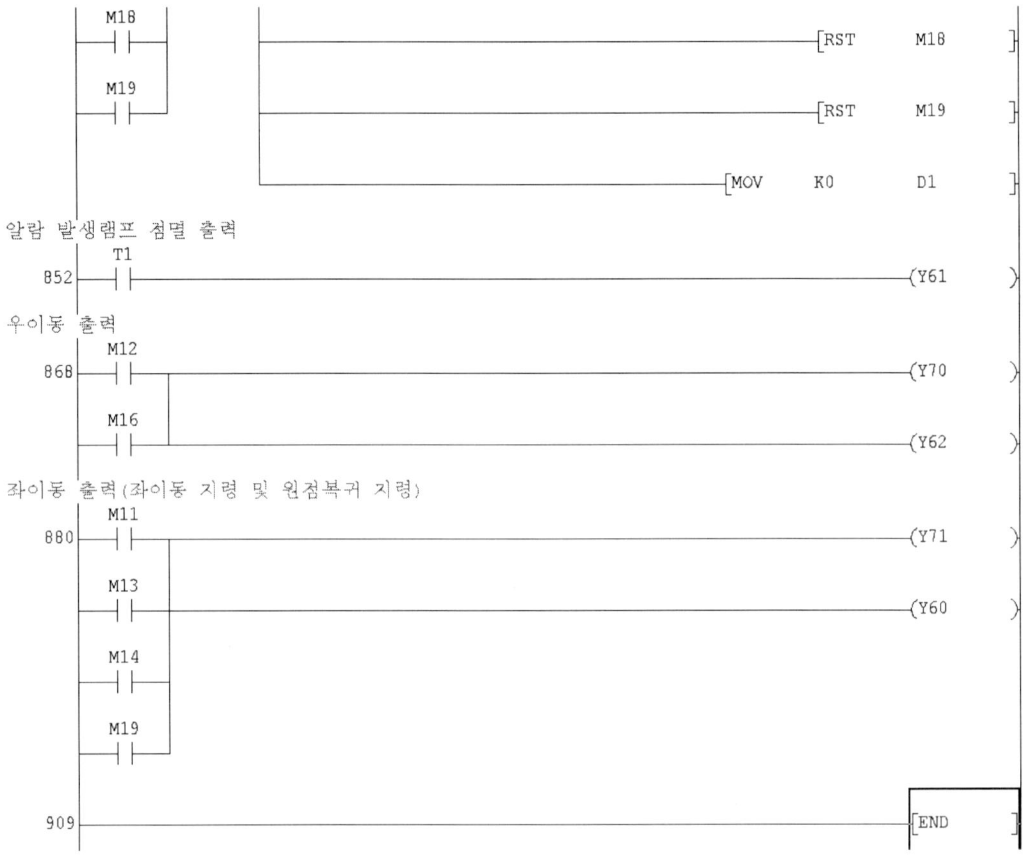

프로그램 2-7

[실습과제 2-7]에서 원점복귀 리트라이 동작을 수행할 때 SET과 RST명령을 사용하고 있다. 따라서 원점복귀 리트라이 동작을 수행할 때 비상정지 버튼 또는 상한센서가 동작했을 때, 원점복귀 리트라이 동작은 즉시 중지되어야 하고, 알람 해제 후, 다시 원점복귀 리트라이 동작을 실행하기 위해서는 원점복귀 리트라이에 관련된 모든 내부 비트 메모리를 강제로 "0"으로 설정해야 하고, 우측이동 카운터 횟수를 기억하고 있는 16비트 디바이스 "D1"의 설정 값을 "0"으로 설정해야 한다.

따라서 내부 비트 메모리 M14 ~ M19까지 6개의 비트 메모리를 "0"으로 클리어하기 위해서는 다음과 같은 명령어를 사용하면 편리하다.

■ 비트 디바이스 일괄 리셋 명령어(BKRST(P))

그림 2-30 비트 디바이스 일괄 리셋 명령어

● 기능

Ⓢ로 지정된 비트 디바이스부터 N점의 비트 디바이스를 리셋한다.

● 사용예제

원점복귀 리트라이 동작 중에 비상정지 또는 상한센서가 동작하면 원점복귀 리트라이에 관련된 모든 비트를 리세하고 우측이동의 카운터 값을 저장하는 D1의 값을 0으로 설정한다.

BKRST명령어를 [실습과제 2-7]에서 작성한 프로그램에서 적용할 수 있는 부분은 어떤 부분인지 알 수 있는가? 프로그램 라인 793번을 보면 비상정지가 되면 M14 ~ M19까지의 비트를 “0”으로 설정해야 한다. 따라서 여러 개의 RST명령어를 사용하는 것보다 BKRST명령어를 사용하면 PLC프로그램이 좀 더 간결해진다.

2-8 실습과제 이송테이블의 위치제어 1

이번 과제에서는 위치제어를 실행하는 PLC프로그램에 대해 살펴보자. 산업 현장에서 기계장치의 위치제어를 하는 방식은 절대좌표(앱솔루트) 방식과 상대좌표(인크리멘트) 방식을 사용하고 있다.

1. 절대좌표 방식의 위치제어

원점을 기준으로 한 위치를 지정해서 위치제어를 하는 방법으로 사전에 원점을 기준으로 위치 값이 미리 정해져 있다.

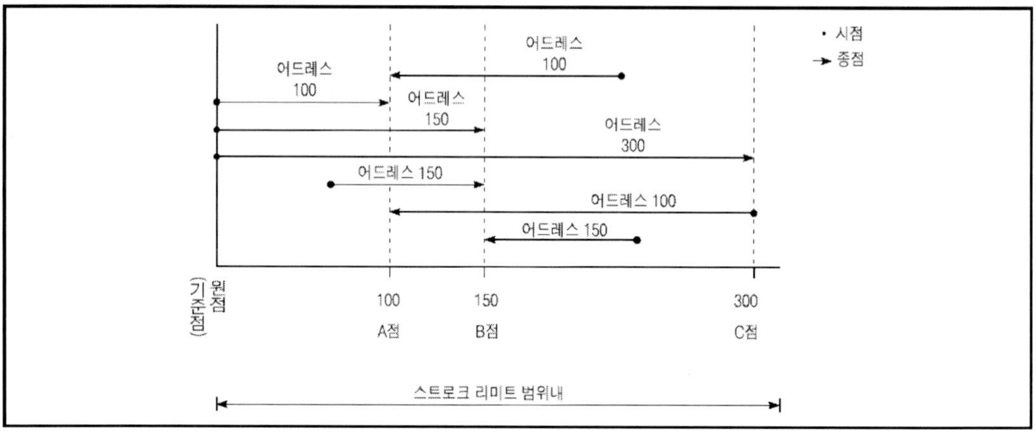

그림 2-31 절대좌표 방식의 위치제어

2. 상대좌표 방식의 위치제어

현재 정지하고 있는 위치를 시점으로 해서 이동방향과 이동량을 지정해서 위치제어를 하는 방법이다.

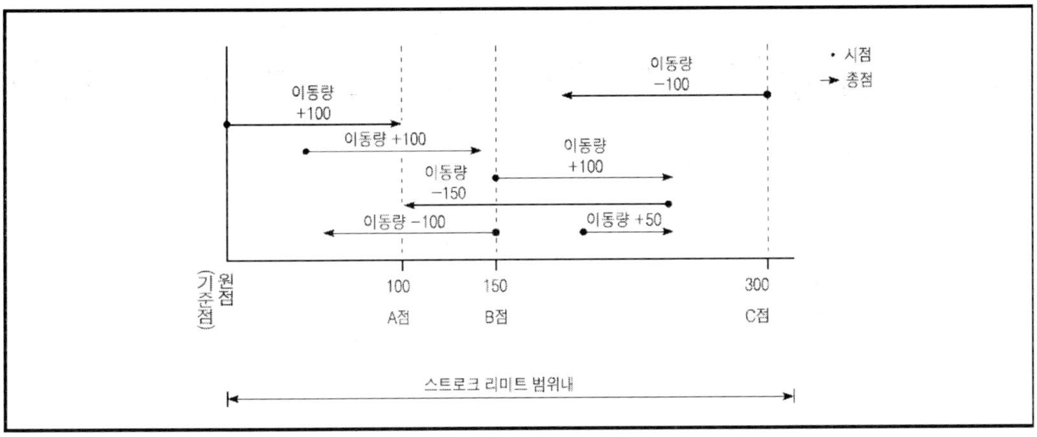

그림 2-32 상대좌표 방식의 위치제어

이번 과제에서는 상대좌표 방식을 이용한 위치제어를 하도록 한다. 위치제어를 위한 패널의 구성은 [그림 2-33]과 같다.

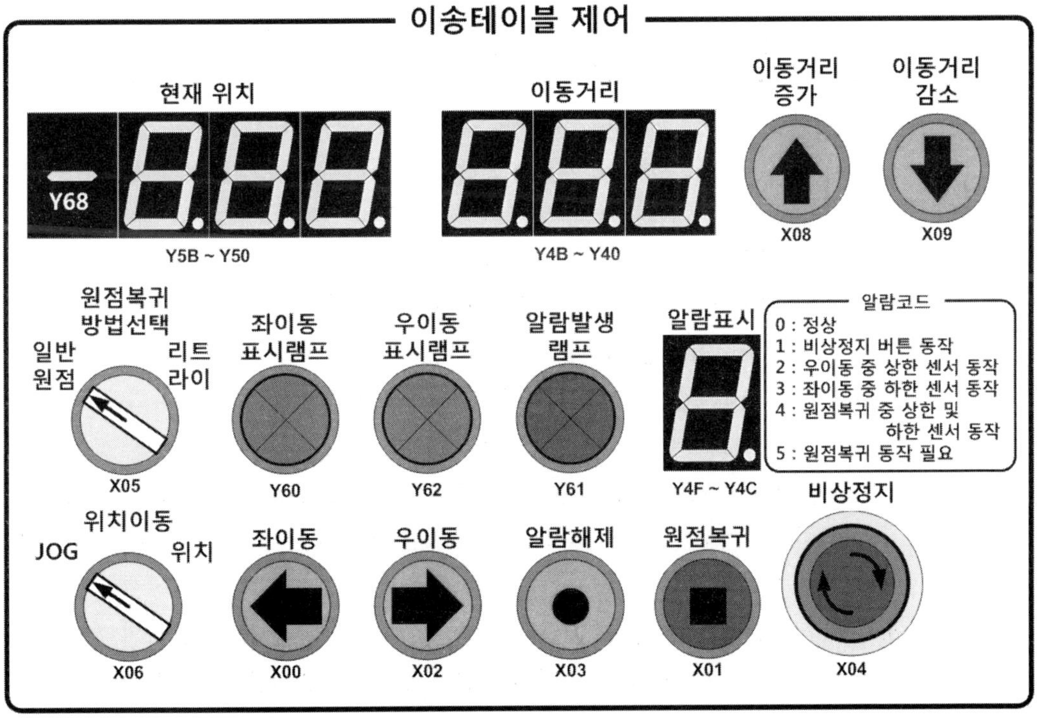

그림 2-33 위치제어를 위한 패널 구성

표 2-10 PLC 입출력 번지 할당표

<table>
<tr><th>입력번호</th><th colspan="2">기능</th><th>출력번호</th><th>기능</th></tr>
<tr><td>X00</td><td colspan="2">좌이동</td><td>Y4B~Y40</td><td>이동거리 표시 FND</td></tr>
<tr><td>X01</td><td colspan="2">원점복귀</td><td>Y4F~Y4C</td><td>알람 표시 FND</td></tr>
<tr><td>X02</td><td colspan="2">우이동</td><td>Y5B~Y50</td><td>현재위치 표시 FND</td></tr>
<tr><td>X03</td><td colspan="2">알람해제</td><td></td><td></td></tr>
<tr><td>X04</td><td colspan="2">비상정지</td><td></td><td></td></tr>
<tr><td rowspan="2">X05</td><td rowspan="2">원점복귀</td><td>OFF:일반</td><td rowspan="2">Y60</td><td rowspan="2">좌이동 표시램프</td></tr>
<tr><td>ON:리트라이</td></tr>
<tr><td rowspan="2">X06</td><td rowspan="2">위치이동</td><td>OFF:JOG</td><td rowspan="2">Y61</td><td rowspan="2">알람발생 램프</td></tr>
<tr><td>ON:위치</td></tr>
<tr><td></td><td colspan="2"></td><td>Y62</td><td>우이동 표시램프</td></tr>
<tr><td>X08</td><td colspan="2">이동거리 증가</td><td></td><td></td></tr>
<tr><td>X09</td><td colspan="2">이동거리 감소</td><td>Y68</td><td>현재위치 부호표시</td></tr>
<tr><td>X10</td><td colspan="2">하한 센서(Light ON)</td><td></td><td></td></tr>
<tr><td>X11</td><td colspan="2">원점 센서(Dark ON)</td><td></td><td></td></tr>
<tr><td>X12</td><td colspan="2">상한 센서(Light ON)</td><td>Y70</td><td>DC모터 정회전(우이동)</td></tr>
<tr><td>X13</td><td colspan="2">회전검출 센서(Dark ON)</td><td>Y71</td><td>DC모터 역회전(좌이동)</td></tr>
</table>

① 시스템의 전원이 OFF → ON, 또는 PLC CPU가 리셋 되었을 때에는 알람 발생 램프가 1초 간격으로 점멸동작을 하고 알람표시 FND에는 "5"가 표시되어 작업자에게 원점복귀가 필요하다는 것을 알려야 한다.

② 원점복귀가 완료되지 않은 상태에서는 위치제어 동작을 할 수 없다. 단 JOG모드에서 좌이동 및 우이동은 가능하다.

③ 원점복귀 동작 필요 알람이 발생한 상태에서 원점복귀 버튼을 누르면 원점복귀 방법선택 선택 스위치에 의해 선택된 방법으로 원점복귀를 실시한다.

④ 원점복귀 동작을 완료하면 알람발생 램프는 소등되고 알람표시 FND에는 "0"이 표시되고, 현재위치와 설정위치를 표시하는 FND도 "000"이 표시된다.

⑤ 이송테이블이 움직이면 이송테이블의 스크류 축 끝단에 설치된 회전검출 센서를 이용해 이동거리를 현재 위치 FND에 표시한다. 원점을 기준으로 좌측으로 이동하면 현재값은 -값이 되고 우측으로 이동하면 +값이 된다.

⑥ 위치이동 선택 스위치가 JOG위치에 있을 때(X06 OFF 상태), 좌이동 버튼(X00)을 누르고 있는 동안 이송테이블은 좌측으로 이동하고 이때, 좌이동

표시램프(Y60)가 점등된다. 이송테이블이 좌측으로 이동 중에 현재위치의 표시값은 감소하고, 좌이동 중에 하한센서가 동작하면 이송테이블의 이동을 즉시 정지하고 알람램프(Y61)는 1초 간격으로 점멸동작을 하고 알람표시 FND에는 "3"이 표시된다. 알람램프가 점멸상태에서는 어떠한 입력버튼도 동작하지 않는다. 알람해제 버튼을 누르면 알람램프가 소등하고 알람표시 FND에는 "0"이 표시되고 이 때, 우이동 버튼을 누르면 이송테이블은 우측으로 이동하지만 좌이동 버튼을 누르면 알람발생 램프와 알람표시 FND가 다시 동작을 한다.

⑦ 위치이동 선택 스위치가 JOG위치에 있을 때(X06 OFF 상태) 우이동 버튼(X02)을 누르고 있는 동안 이송테이블은 우측으로 이동하고 이때, 우이동 표시램프(Y62)가 점등된다. 이송테이블이 우측으로 이동하면 현재값은 증가하고, 우측으로 이동 중에 상한센서(X12)가 동작하면 더 이상 우측으로 이동하지 않고 즉시 정지하고 알람램프(Y61)가 1초 간격으로 점멸동작을 하고 알람표시 FND에는 "2"가 표시된다. 알람램프가 점멸상태에서는 어떠한 입력버튼도 동작하지 않는다. 알람해제 버튼을 누르면 알람램프가 소등하고 알람표시 FND에는 "0"이 표시되고 이 때, 좌이동 버튼을 누르면 이송테이블은 좌측으로 이동하지만 우이동 버튼을 누르면 알람발생 램프와 알람표시 FND가 다시 동작을 한다.

⑧ 원점복귀방법 선택 버튼(X05)이 OFF된 상태이면 일반 원점복귀, ON상태이면 원점복귀 리트라이 방식으로 동작한다.

⑨ 비상정지 버튼을 누르면 알람발생 램프가 1초 간격으로 점멸동작을 하고 알람표시 FND에는 "1"이 표시되고 이송테이블의 동작은 즉시 정지한다. 비상정지 버튼이 눌러진 상태에서는 어떤 입력 스위치도 동작하지 않는다. 비상정지 버튼의 동작을 해제한 후, 알람해제 버튼을 누르면 알람발생 램프는 소등하고 알람표시 FND에는 "0"이 표시되고 입력 스위치는 동작할 수 있다.

⑩ 위치이동 선택 스위치가 위치에 있을 때(X06 ON 상태)에는 설정위치값에 의한 위치제어 동작을 한다. 설정위치 값은 000 ~ 999까지 설정할 수 있고 설정위치 증가 버튼(X08), 감소 버튼(X09)에 의해 설정위치 값을 증가하거나 감소시킬 수 있다. 설정위치 값을 설정한 후 좌이동 또는 우이동 버튼을 누르면 이송테이블은 현재위치에서 설정위치 값만큼 좌측 또는 우측으로 이동한 후 정지한다. 만약 이송테이블 이동 중에 상한 및 하한센서가 동작하면 즉시 정지하고 해당 알람을 발생한다.

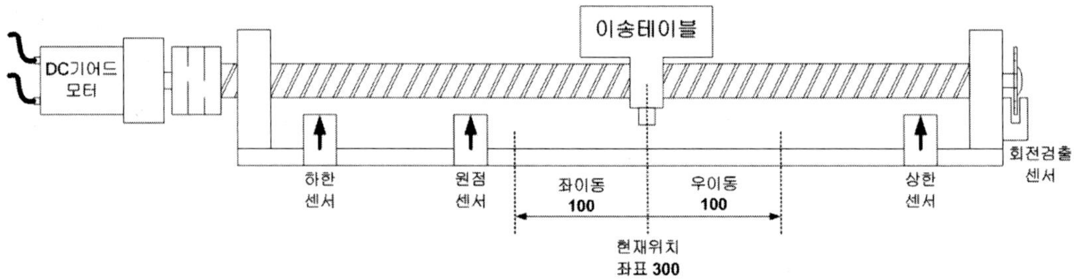

그림 2-34

[그림 2-34]에서 상대좌표 방식의 위치 이동에 대해 좀 더 상세히 살펴보자. 이송테이블이 현재 위치한 좌표가 300이라고 가정하자. 이동거리의 설정값을 100을 설정한 후 좌이동 버튼을 누르면 이송테이블이 현재위치에서 좌측으로 100만큼 이동해서 절대위치 좌표 200(현재위치 300−좌이동 100=200)에 위치하게 된다. 우이동 버튼을 누르면 이송테이블이 현재위치에서 우측으로 100만큼 이동해 절대위치 좌표 400(현재위치 300+우이동 100=400)에 위치하게 된다.

PLC 프로그램 작성

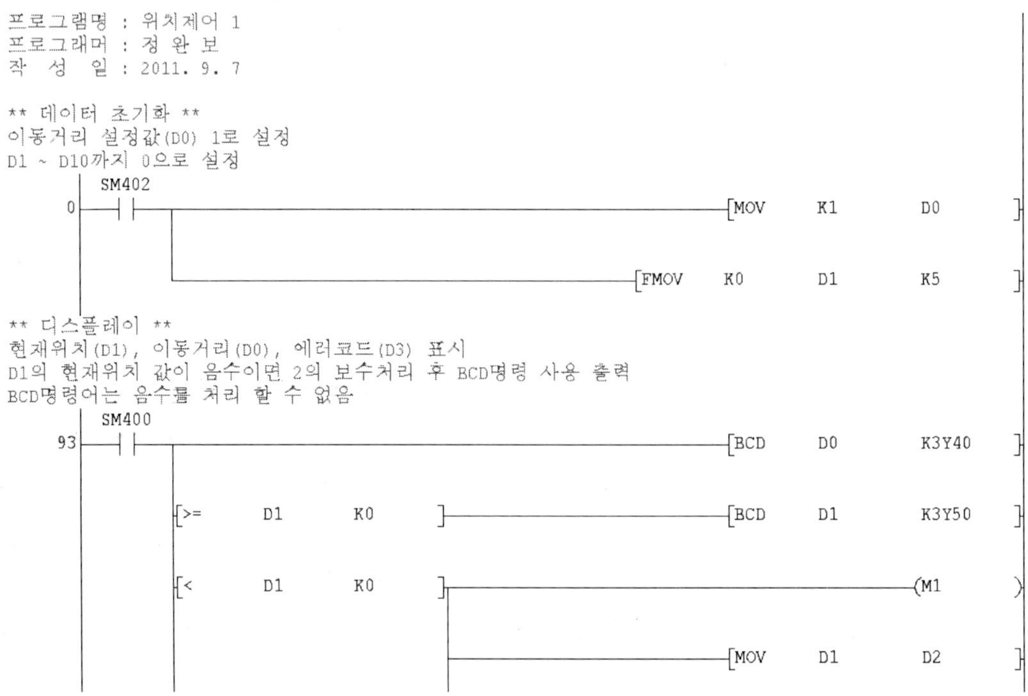

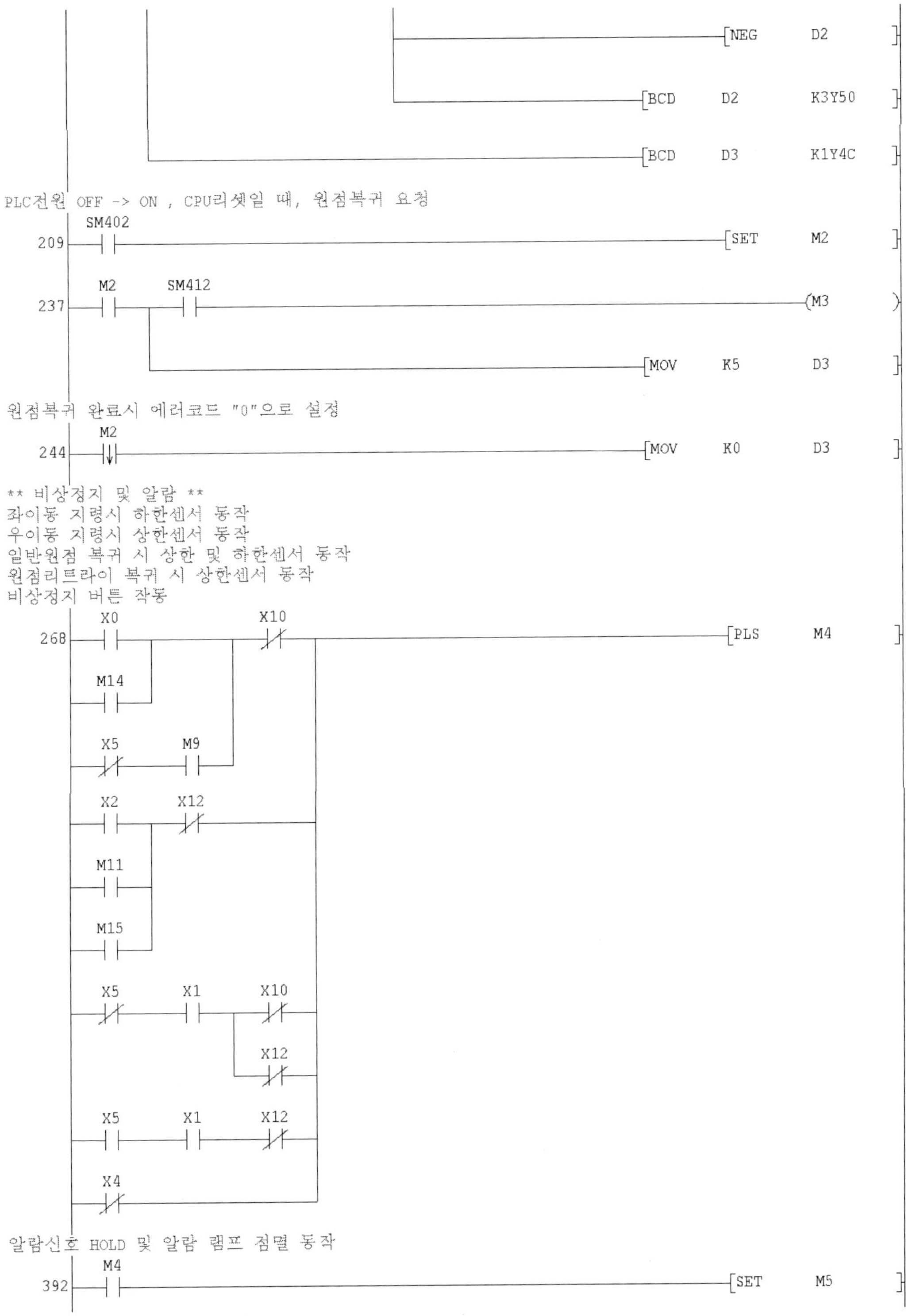
NEG D2
BCD D2 K3Y50
BCD D3 K1Y4C
PLC전원 OFF -> ON , CPU리셋일 때, 원점복귀 요청
SM402
209
SET M2
M2
SM412
237
M3
MOV K5 D3
원점복귀 완료시 에러코드 "0"으로 설정
M2
244
MOV K0 D3
** 비상정지 및 알람 **
좌이동 지령시 하한센서 동작
우이동 지령시 상한센서 동작
일반원점 복귀 시 상한 및 하한센서 동작
원점리트라이 복귀 시 상한센서 동작
비상정지 버튼 작동
X0
X10
268
PLS M4
M14
X5
M9
X2
X12
M11
M15
X5
X1
X10
X12
X5
X1
X12
X4
알람신호 HOLD 및 알람 램프 점멸 동작
M4
392
SET M5

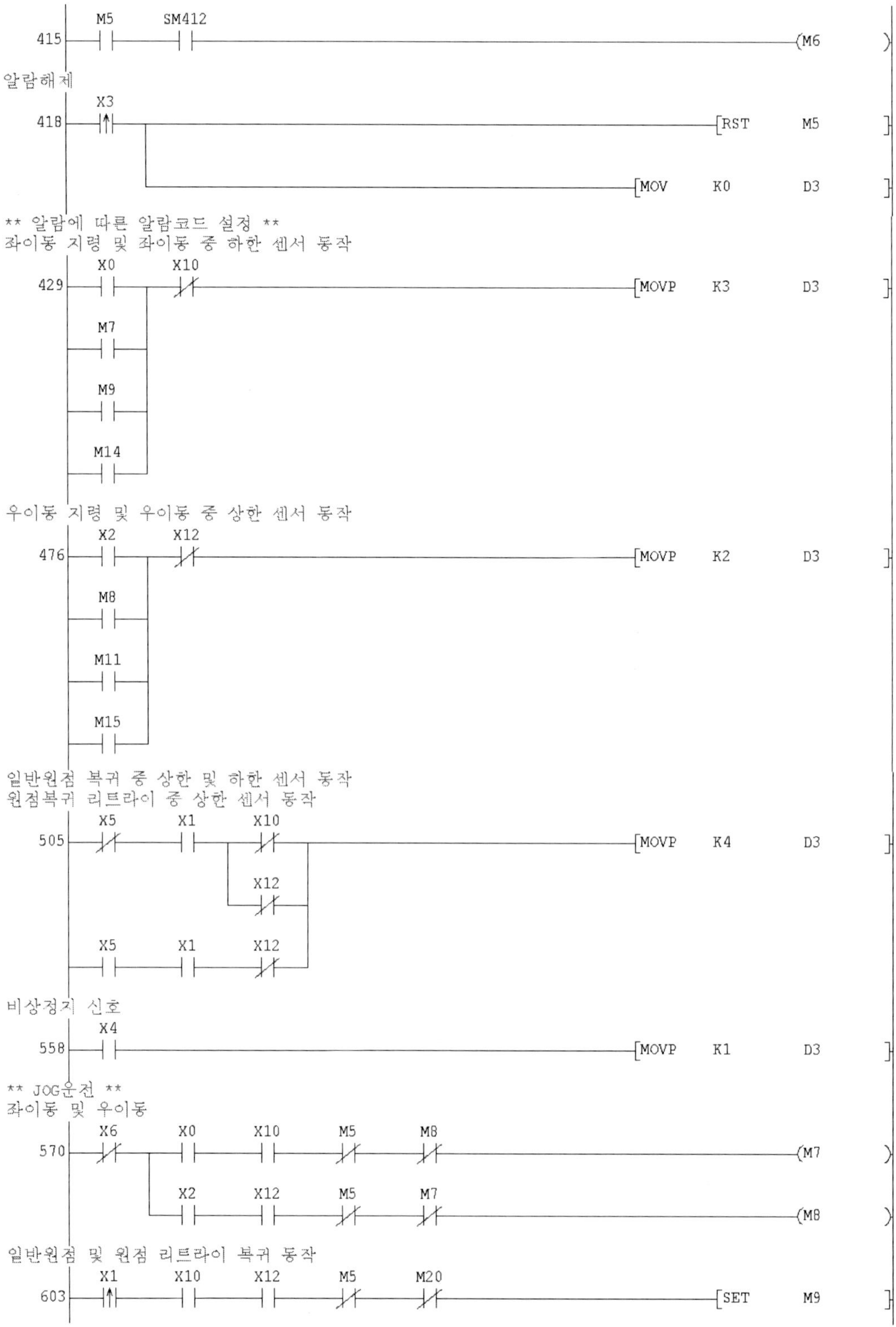
415 M5 SM412 (M6)
알람해제
418 X3 [RST M5]
[MOV K0 D3]
** 알람에 따른 알람코드 설정 **
좌이동 지령 및 좌이동 중 하한 센서 동작
429 X0 X10 [MOVP K3 D3]
M7
M9
M14
우이동 지령 및 우이동 중 상한 센서 동작
476 X2 X12 [MOVP K2 D3]
M8
M11
M15
일반원점 복귀 중 상한 및 하한 센서 동작
원점복귀 리트라이 중 상한 센서 동작
505 X5 X1 X10 [MOVP K4 D3]
X12
X5 X1 X12
비상정지 신호
558 X4 [MOVP K1 D3]
** JOG운전 **
좌이동 및 우이동
570 X6 X0 X10 M5 M8 (M7)
X2 X12 M5 M7 (M8)
일반원점 및 원점 리트라이 복귀 동작
603 X1 X10 X12 M5 M20 [SET M9]

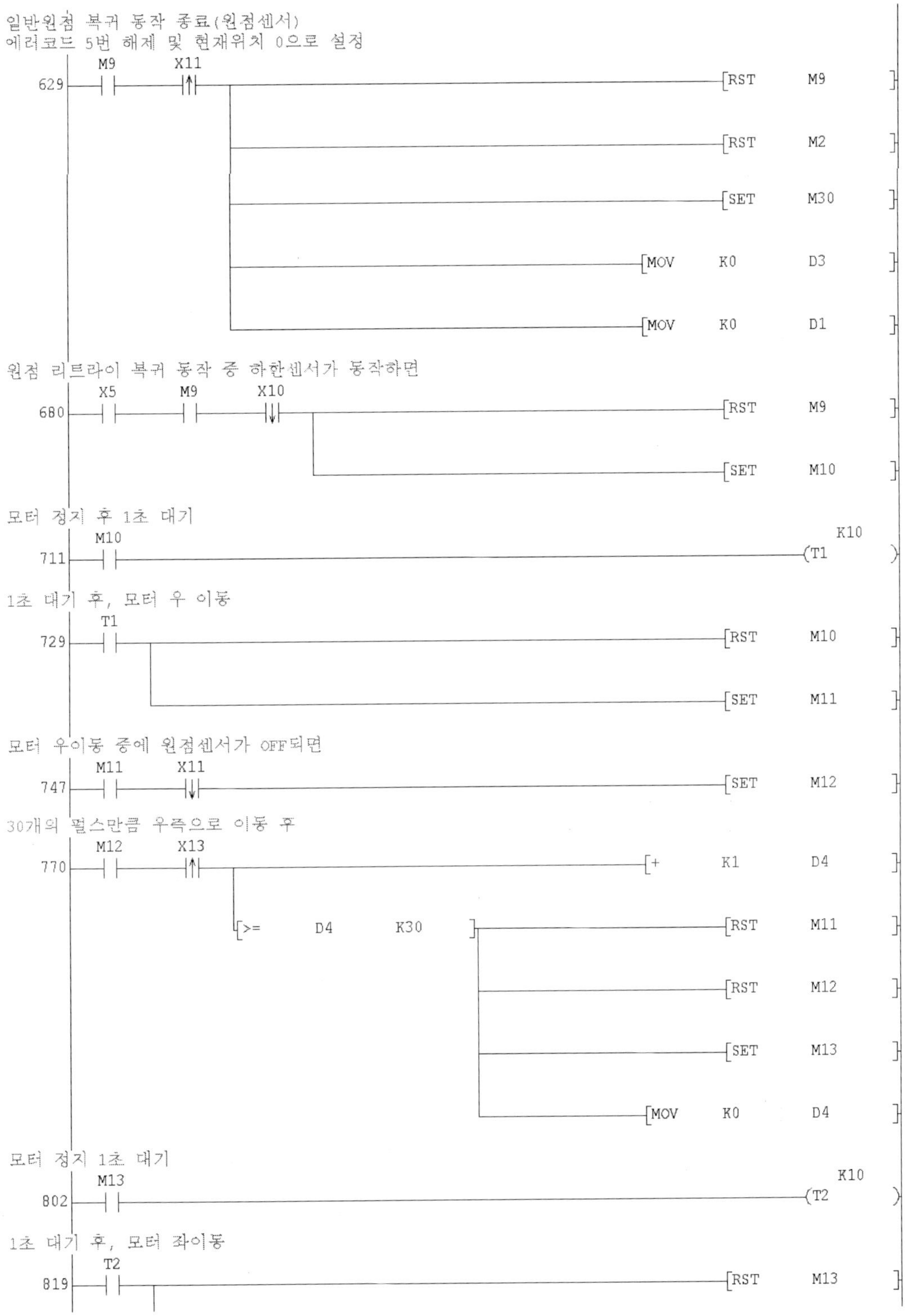
일반원점 복귀 동작 종료(원점센서)
에러코드 5번 해제 및 현재위치 0으로 설정
629 M9 X11
RST M9
RST M2
SET M30
MOV K0 D3
MOV K0 D1
원점 리트라이 복귀 동작 중 하한센서가 동작하면
680 X5 M9 X10
RST M9
SET M10
모터 정지 후 1초 대기
711 M10
T1 K10
1초 대기 후, 모터 우 이동
729 T1
RST M10
SET M11
모터 우이동 중에 원점센서가 OFF되면
747 M11 X11
SET M12
30개의 펄스만큼 우측으로 이동 후
770 M12 X13
+ K1 D4
>= D4 K30
RST M11
RST M12
SET M13
MOV K0 D4
모터 정지 1초 대기
802 M13
T2 K10
1초 대기 후, 모터 좌이동
819 T2
RST M13

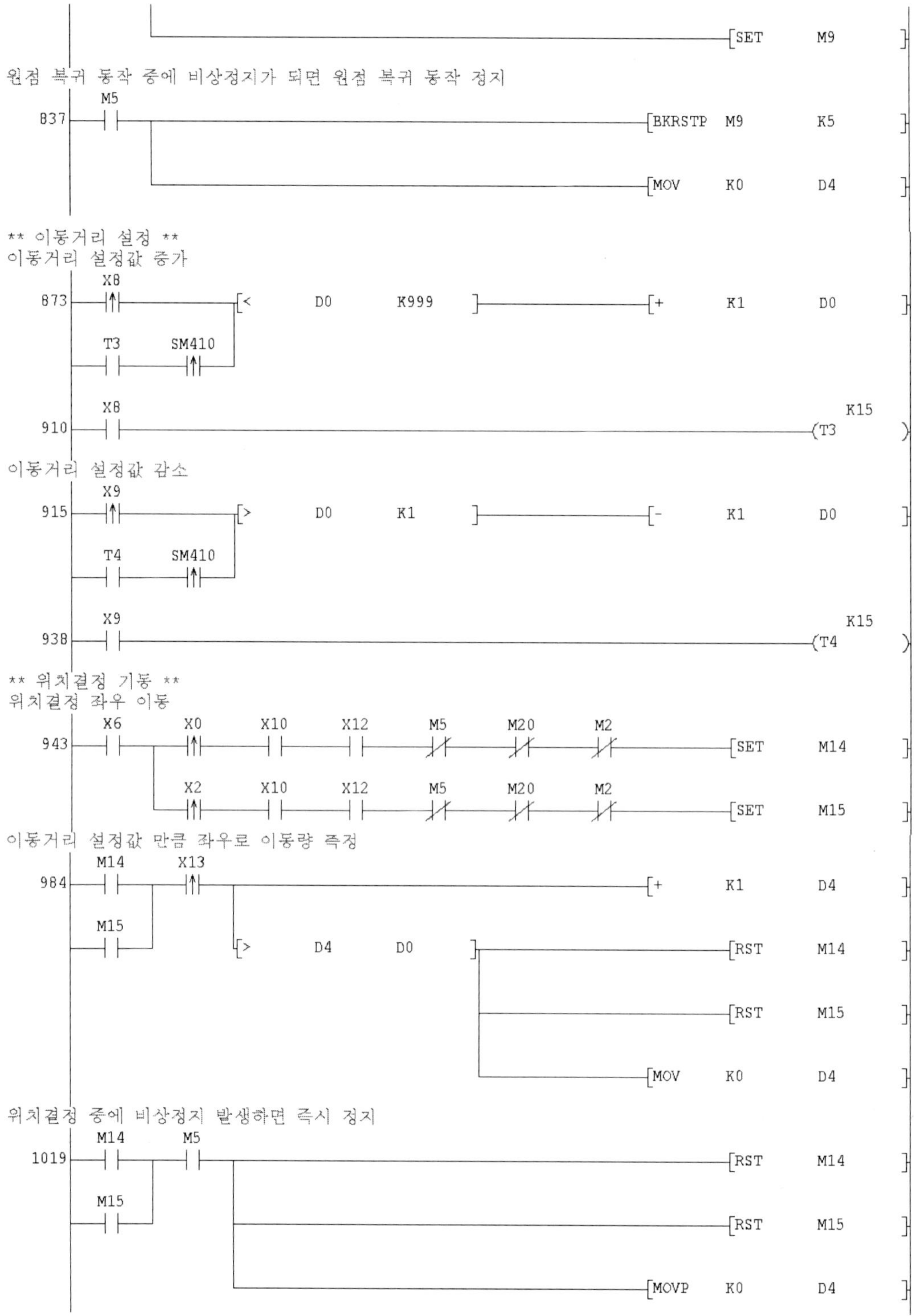
[SET M9]
원점 복귀 동작 중에 비상정지가 되면 원점 복귀 동작 정지
837 M5 [BKRSTP M9 K5]
[MOV K0 D4]
** 이동거리 설정 **
이동거리 설정값 증가
873 X8 T3 SM410 [< D0 K999] [+ K1 D0]
910 X8 K15 (T3)
이동거리 설정값 감소
915 X9 T4 SM410 [> D0 K1] [- K1 D0]
938 X9 K15 (T4)
** 위치결정 기동 **
위치결정 좌우 이동
943 X6 X0 X10 X12 M5 M20 M2 [SET M14]
X2 X10 X12 M5 M20 M2 [SET M15]
이동거리 설정값 만큼 좌우로 이동량 측정
984 M14 X13 M15 [+ K1 D4]
[> D4 D0] [RST M14]
[RST M15]
[MOV K0 D4]
위치결정 중에 비상정지 발생하면 즉시 정지
1019 M14 M5 M15 [RST M14]
[RST M15]
[MOVP K0 D4]

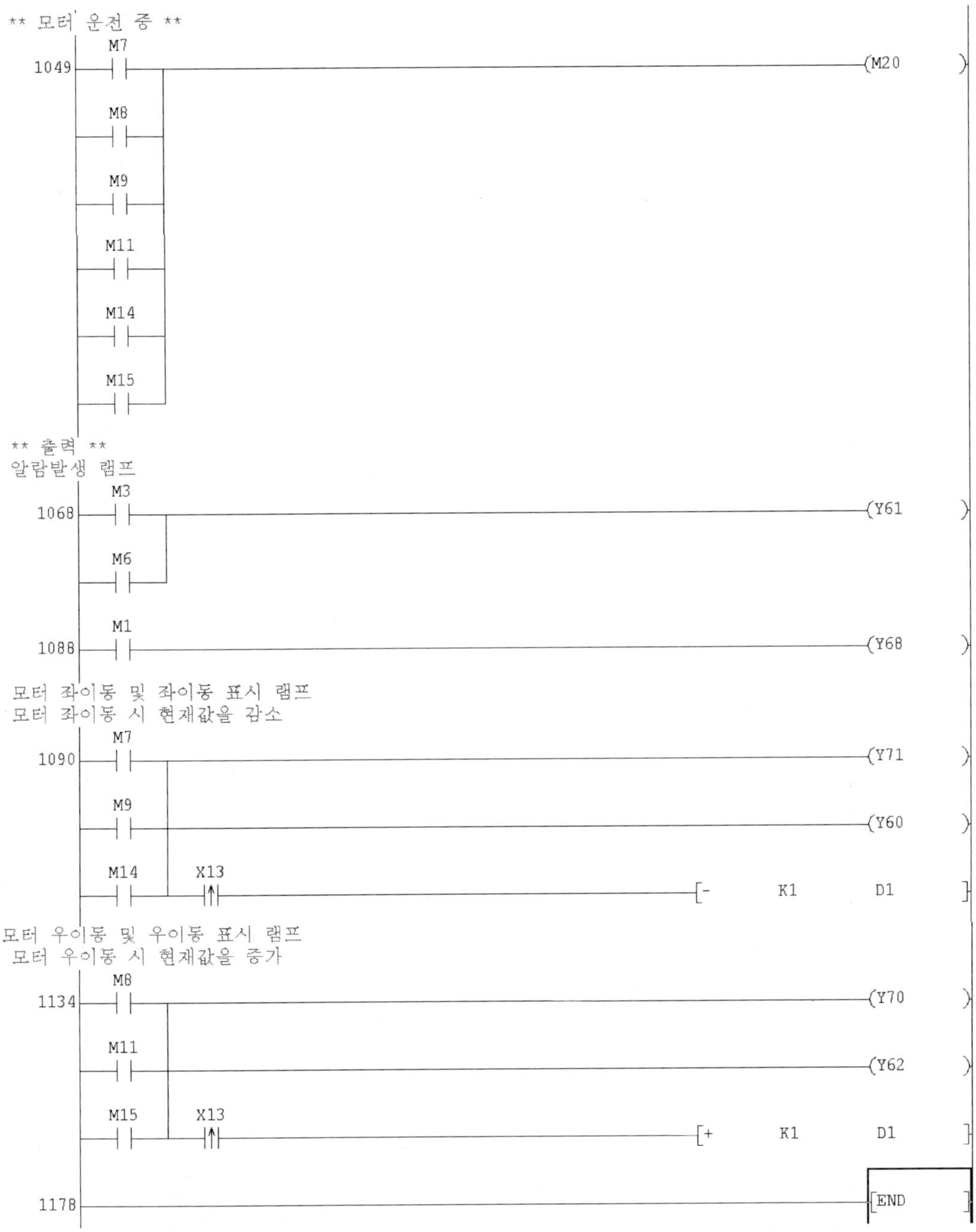

프로그램 2-8 위치결정_1

프로그램을 좀 더 상세히 살펴보자. 여러 가지 기능을 첨부하였기 때문에 프로그램이 복잡해 보이지만 사실 하나씩 분리해서 고민해보면 크게 어렵지 않은 내용이다.

프로그램의 설명을 좀 더 쉽게 하기 위해 PLC프로그램에서 사용한 데이터 레지스터와 내부 비트 메모리에 대해 [표 2-11]에 정리해 놓았다.

표 2-11 PLC프로그램에 사용한 메모리 내역

데이터 레지스터		내부 비트 메모리	
번호	기능	번호	기능
D0	이동거리 설정값	M1	현재위치 값이 음수
D1	현재위치	M2	PLC전원 OFF→ON, 리셋
D2	D1이 음수일 경우 2의보수	M3	원점복귀 경고램프
D3	에러코드 저장	M4	알람발생 펄스신호
D4	모터 회전량 카운터	M5	알람발생
		M6	0.5초 간격 알람발생 알림
		M7	JOG운전모드 좌이동
		M8	JOG운전모드 우이동
		M9	원점복귀(모터 좌이동)
		M10	타이머 작동
		M11	모터 우이동
		M12	펄스 카운터
		M13	타이머 작동
		M14	모터 좌이동
		M15	모터 우이동
		M20	모터 운전 중
		M30	원점복귀 완료 확인

프로그램 라인 0번은 PLC프로그램에서 사용하는 데이터 레지스터를 초기화하는 부분이다. 이동거리 설정값을 저장하는 데이터 레지스터 D0을 1로 설정하고 나머지는 0으로 설정한다.

프로그램 93번은 [그림 2-33]의 위치제어를 위한 패널에 표시된 표시장치(FND)의 값을 표시 하는 부분이다. 현재위치, 이동거리, 알람표시를 각각 표시한다. 현재위치는 원점을 기준으로 음수와 양수의 위치값이 표시될 수 있다. FND모듈에 현재위치를 표시하기 위해서는 BCD명령을 사용하게 되는데 BCD명령어는 음수를 표시할 수 없다. 따라서 현재 위치를 저장하고 있는 D1을 검사하여 음수값이면 NEG명령어를 사용하여 양수로 변환한 후 BCD명령어를 사용하고 있다. 이 부분이 이해가지 않는다면 1장을 다시 학습하기 바란다.

프로그램 라인 209번은 PLC전원이 OFF → ON되거나, CPU가 리셋되었을 때, 기계의 상태를 모니터링 할 수 있는 각종 데이터 레지스터 및 내부 비트 메모리가 초기화되기 때문에 기계를 정상적으로 작동시키기 위해서는 반드시 원점복귀를 해야 정확한 위치제어를 할 수 있다. 따라서 SM402 특수릴레이는 PLC전원이 OFF → ON되거나, CPU가 리셋될 때 첫 번째 스캔 시간에 ON되기 때문에 SM402를 사용하여 원점복귀가 필요하다는 것을 표시하는 부분이다.

프로그램 라인 268번은 비상정지 조건을 나열한 부분이다. 비상정지가 되어야 하는 조건은 상한과 하한센서가 작동할 때이다. 하지만 상한과 하한 센서가 작동되었다고 무조건 비상정지가 되는 것은 아니기 때문에 조건에 맞추어서 상한과 하한 센서가 작동했을 때, 비상정지가 작동하도록 하였다. 그리고 연속해서 비상정지가 작동할 수 있도록 하기 위해서 PLS명령어를 사용하였다. 프로그램 라인 392번은 PLS신호에 의해 1스캔 시간동안 작동하는 신호를 알람해제 버튼이 눌러질 때까지 유지하기 위해 SET명령어를 사용하였다.

프로그램 라인 429번은 좌이동 지령 및 이송테이블의 좌이동 중에 하한 센서가 동작했을 때 해당 알람코드를 표시하기 위한 부분이다.

프로그램 라인 476번은 좌이동 지령 및 이송테이블의 좌이동 중에 하한 센서가 동작 했을 때 해당 알람코드를 표시하기 위한 부분이다.

프로그램 라인 505번은 일반원점 복귀 동작할 때와 원점복귀 시 리트라이 기능을 사용할 때에 따라 상한과 하한 센서의 작동에 따FMS 알람코드를 표시하기 위한 부분이다.

이처럼 비상정지 조건은 PLC프로그램에서 가장 중요한 부분이다. 만약 기계 작동 중에 비상정지 조건이 동작하지 않는다면 엄청난 재앙을 초래할 수 있기 때문에 동작 조건에 따른 비상정지 조건을 상세히 나열해야 한다.

프로그램 라인 570번은 JOG운전모드일 때 이송테이블을 좌우로 이동하는 부분이다.

프로그램 라인 603번은 원점복귀 동작을 하는 부분이다. 원점복귀 동작은 2가지로 방법 중에 하나를 선택하도록 되어 있다. 일반 원점복귀 동작과 원점복귀 리트라이 동작으로 구분된다. 상한과 하한센서 사이에 이송테이블이 위치하고 있는 상태에서 원점복귀 동작은 일반 원점복귀 방법이나 원점복귀 리트라이 방법이나 동일하다. 단 원점복귀 동작 중에 원점복귀 방향에 있는 하한센서가 작동했을 때, 알람을 발생할 것인지 아니면 원점복귀 동작을 계속할 것인지 선택하는 부분이 다르다. 따라서 프로그램 라인 680번을 살펴보면 원점복귀 리트라이 방법이 선택되어 있는 상태에서 하한센서가 작동하면 앞에서 제시한 방법으로 원점복귀 동작을 진행한다.

프로그램 라인 837번은 원점복귀 동작 중에 비상정지 버튼이 작동하면 원점복귀 동작을 중지하는 부분으로 여러 개의 비트 메모리를 사용하기 때문에 비상정지 상태가 되면 원점복귀 동작에 사용되는 모든 비트를 클리어한다.

프로그램 라인 943번은 위치결정 동작을 하는 부분이다. 위치이동 선택 스위치(X06)가 위치모드에 있을 때 좌이동 및 우이동 버튼을 누르면 설정된 이동거리 만큼 이송테이블이 좌우방향으로 이동한다. 인클리멘트 방식으로 작동하기 때문에 현재 이송테이블의 위치에서 설정된 거리만큼 좌측 및 우측으로 이동된다.

프로그램 라인 1049번은 모터 운전 중에 다른 작동을 하지 못하도록 인터록으로 사용하기 위한 M20비트를 ON하는 부분이다.

프로그램 라인 1090 및 1134번에서 모터가 회전하게 되면 이송테이블의 현재 위치를 나타내기 위해서 이송테이블이 좌측으로 이동할 때 이동을 검출하는 센서가 작동될 때마다 현재위치의 값을 감소하고 이송테이블이 우측으로 이동할 때 이동을 검출하는 센서가 작동될 때마다 현재 위치의 값을 증가하게 하는 부분이다.

실습에 사용하는 실습 장치의 DC모터의 회전속도가 빨라서 이송테이블의 이동을 검출하는 센서의 입력 신호를 검출하지 못하는 경우가 발생할 수도 있다. 가장 좋은 방법은 DC모터에 연결된 기어박스의 감속비를 낮추어 실습에 적합한 센서신호를 검출할 수 있는 속도로 맞추는 것이지만 실습장비의 형편에 따라 맞추지 못하는 경우도 있을 것 같다. 모터의 회전속도가 빨라서 센서신호를 검출하지 못할 때에는 아래에 제시한 방법을 사용하면 근본적인 대책은 안 되겠지만 임시방편의 대책은 가능할 것 같다. 미쓰비시 멜섹Q PLC의 입력모듈은 입력신호의 채터링(입력신호의 떨림 현상으로 인해 수십 번 ON/OFF되는 현상)을 방지하기 위해 입력신호에 지연시간 필터를 사용하고 있다. 따라서 입력신호의 지연시간 필터의 시간을 줄여주면 입력신호를 좀 더 빨리 입력받을 수 있다. 하지만 입력신호 지연필터의 시간을 줄여주면 채터링에 의한 입력신호가 오작동 할 수 있으니 설정에 주의하기 바란다.

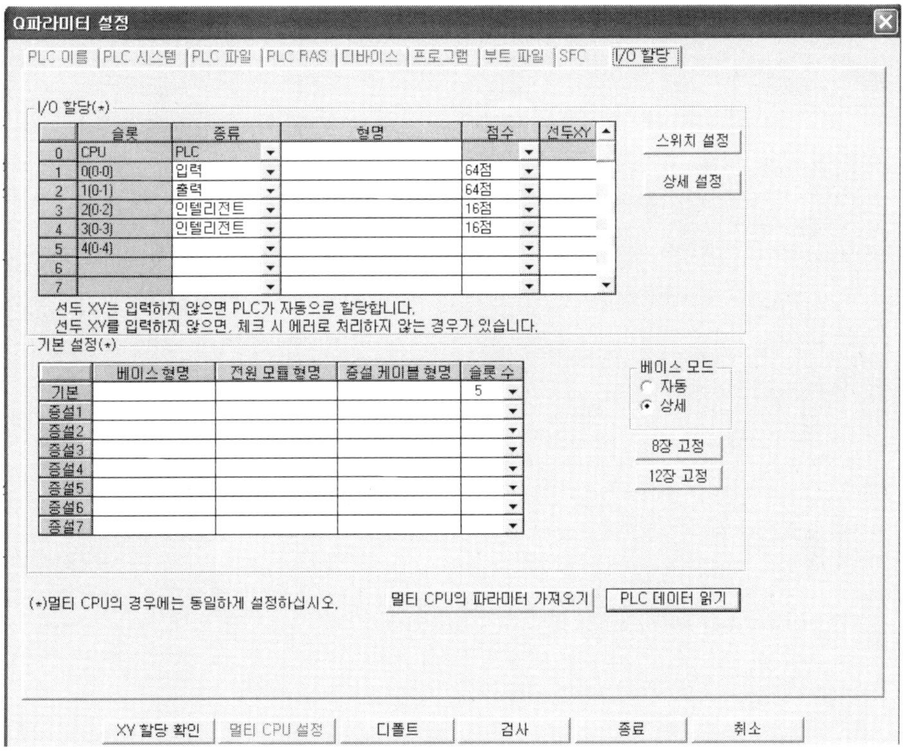

그림 2-35 입력신호 채터링 방지를 위한 I/O할당 설정 창

PLC파라미터에서 "I/O할당" 탭을 클릭한 후 "PLC데이터 읽기" 버튼을 클릭해서 I/O할당된 것을 확인한다. 필자가 사용하는 PLC I/O할당을 살펴보면 64점 입출력 모듈 각각 1장과 A/D, D/A모듈이 장착되어 종류에 인텔리전트라고 표시되어 있다. I/O할당을 확인한 후 상세설정 버튼을 클릭한다.

[그림 2-36]에 나타낸 것처럼 I/O모듈, 인텔리전트 기능 모듈 상세 설정창이 나타나면 입력모듈의 "I/O응답시간" 부분의 화살표 부분을 클릭하면 시간선택 창이 나타난다. 시간선택에서 가장 짧은 시간인 1ms를 선택한 후 종료하고, PLC파라미터를 PLC CPU에 전송하면 1kHz 미만으로 동작하는 입력신호는 처리할 수 있게 된다. 입력신호의 채터링 제거를 위한 입력필터의 시간이 짧아진 만큼 입력신호의 채터링이 발생할 수 있기 때문에 사용에 주의하기 바란다.

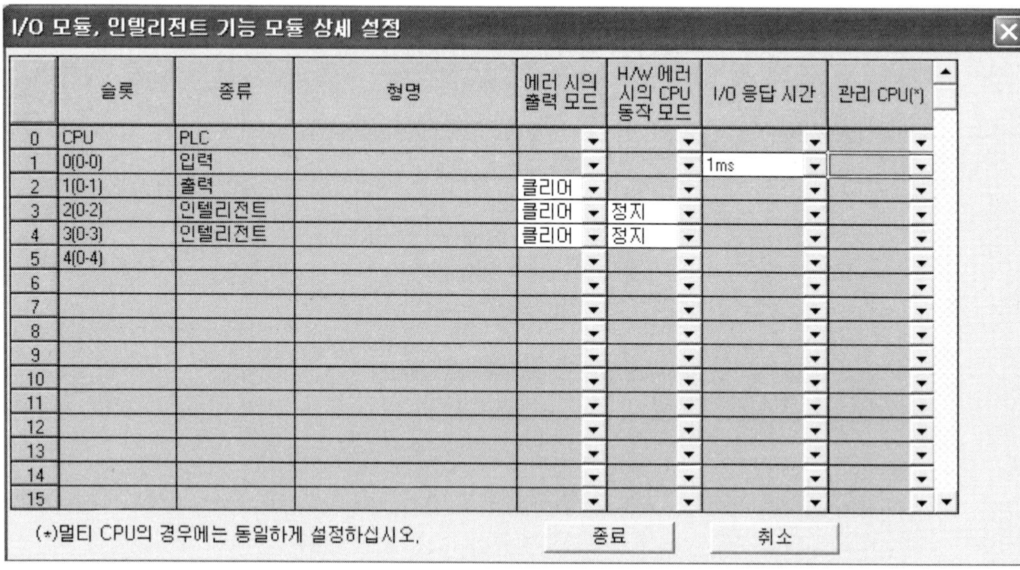

그림 2-36 입력모듈의 입력신호 채터링 방지를 위한 입력신호 응답시간 설정

2-9 실습과제 이송테이블의 위치제어 2

[실습과제 2-8]에서는 상대좌표 방식을 이용해 위치제어를 하는 방법에 대해 살펴보았다. [실습과제 2-9]에서는 절대좌표 방식을 이용한 위치제어에 대해 살펴보자.

위치제어를 위한 조작 패널의 구성은 [그림 2-37]과 같다.

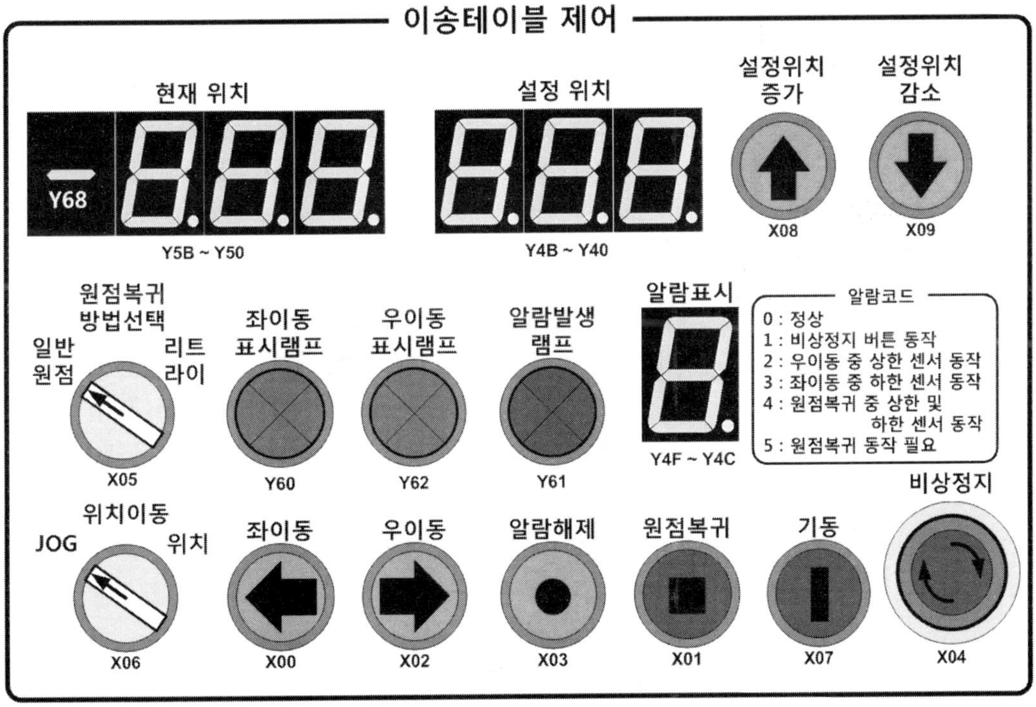

그림 2-37 위치제어를 위한 조작패널

표 2-12 PLC 입출력 번지 할당표

<table>
<tr><th>입력번호</th><th colspan="2">기능</th><th>출력번호</th><th>기능</th></tr>
<tr><td>X00</td><td colspan="2">좌이동</td><td>Y4B~Y40</td><td>이동거리 표시 FND</td></tr>
<tr><td>X01</td><td colspan="2">원점복귀</td><td>Y4F~Y4C</td><td>알람 표시 FND</td></tr>
<tr><td>X02</td><td colspan="2">우이동</td><td>Y5B~Y50</td><td>현재위치 표시 FND</td></tr>
<tr><td>X03</td><td colspan="2">알람해제</td><td></td><td></td></tr>
<tr><td>X04</td><td colspan="2">비상정지</td><td></td><td></td></tr>
<tr><td rowspan="2">X05</td><td rowspan="2">원점복귀</td><td>OFF:일반</td><td rowspan="2">Y60</td><td rowspan="2">좌이동 표시램프</td></tr>
<tr><td>ON:리트라이</td></tr>
<tr><td rowspan="2">X06</td><td rowspan="2">위치이동</td><td>OFF:JOG</td><td rowspan="2">Y61</td><td rowspan="2">알람발생 램프</td></tr>
<tr><td>ON:위치</td></tr>
<tr><td>X07</td><td colspan="2">기동</td><td>Y62</td><td>우이동 표시램프</td></tr>
<tr><td>X08</td><td colspan="2">이동거리 증가</td><td></td><td></td></tr>
<tr><td>X09</td><td colspan="2">이동거리 감소</td><td>Y68</td><td>현재위치 부호표시</td></tr>
<tr><td>X10</td><td colspan="2">하한 센서(Light ON)</td><td></td><td></td></tr>
<tr><td>X11</td><td colspan="2">원점 센서(Dark ON)</td><td></td><td></td></tr>
<tr><td>X12</td><td colspan="2">상한 센서(Light ON)</td><td>Y70</td><td>DC모터 정회전(우이동)</td></tr>
<tr><td>X13</td><td colspan="2">회전검출 센서(Dark ON)</td><td>Y71</td><td>DC모터 역회전(좌이동)</td></tr>
</table>

동작조건

① 시스템의 전원이 OFF → ON 또는 PLC CPU가 리셋 되었을 때에는 알람 발생 램프가 1초 간격으로 점멸동작을 하고 알람표시 FND에는 "5"가 표시되어 작업자에게 원점복귀가 필요하다는 것을 알려야 한다.

② 원점복귀가 완료되지 않은 상태에서는 위치제어 동작을 할 수 없다.

③ 원점복귀 동작 필요 알람이 발생한 상태에서 원점복귀 버튼을 누르면 원점복귀 방법선택 선택 스위치에 의해 선택된 방법으로 원점복귀를 실시한다.

④ 원점복귀 동작을 완료하면 알람발생 램프는 소등되고 알람표시 FND에는 "0"이 표시되고, 현재위치와 설정위치를 표시하는 FND도 "000"이 표시된다.

⑤ 이송테이블이 움직이면 이송테이블의 스크류 축 끝단에 설치된 회전검출 센서를 이용해 이동거리를 현재 위치 FND에 표시한다. 원점을 기준으로 좌측으로 이동하면 현재값은 -값이 되고 우측으로 이동하면 +값이 된다.

⑥ 위치이동 선택 스위치가 JOG위치에 있을 때(X06 OFF 상태), 좌이동 버튼(X00)을 누르고 있는 동안 이송테이블은 좌측으로 이동하고 이때, 좌이동

표시램프(Y60)가 점등된다. 이송테이블이 좌측으로 이동하면 현재위치의 표시값은 감소하고, 좌이동 중에 하한센서가 동작하면 이송테이블의 이동을 즉시 정지하고 알람램프(Y61)는 1초 간격으로 점멸동작을 하고 알람표시 FND에는 "3"이 표시된다. 알람램프가 점멸상태에서는 어떠한 입력버튼도 동작하지 않는다. 알람해제 버튼을 누르면 알람램프가 소등하고 알람표시 FND에는 "0"이 표시되고 이 때, 우이동 버튼을 누르면 이송테이블은 우측으로 이동하지만 좌이동 버튼을 누르면 알람발생 램프와 알람표시 FND가 다시 동작을 한다.

⑦ 위치이동 선택 스위치가 JOG위치에 있을 때(X06 OFF 상태) 우이동 버튼(X02)을 누르고 있는 동안 이송테이블은 우측으로 이동하고 이때, 우이동 표시램프(Y62)가 점등된다. 이송테이블이 우측으로 이동하면 현재위치의 표시값은 증가하고, 우측으로 이동 중에 상한센서(X12)가 동작하면 더 이상 우측으로 이동하지 않고 즉시 정지하고 알람램프(Y61)가 1초 간격으로 점멸동작을 하고 알람표시 FND에는 "2"가 표시된다. 알람램프가 점멸상태에서는 어떠한 입력버튼도 동작하지 않는다. 알람해제 버튼을 누르면 알람램프가 소등하고 알람표시 FND에는 "0"이 표시되고 이 때, 좌이동 버튼을 누르면 이송테이블은 좌측으로 이동하지만 우이동 버튼을 누르면 알람발생 램프와 알람표시 FND가 다시 동작을 한다.

⑧ 원점복귀방법 선택 버튼(X05)이 OFF된 상태이면 일반 원점복귀, ON상태이면 원점복귀 리트라이 방식으로 동작한다.

⑨ 비상정지 버튼을 누르면 알람발생 램프가 1초 간격으로 점멸동작을 하고 알람표시 FND에는 "1"이 표시되고 이송테이블의 동작은 즉시 정지한다. 비상정지 버튼이 눌러진 상태에서는 어떤 입력 스위치도 동작하지 않는다. 비상정지 버튼의 동작을 해제한 후, 알람해제 버튼을 누르면 알람발생 램프는 소등하고 알람표시 FND에는 "0"이 표시되고 입력 스위치는 동작할 수 있다.

⑩ 위치이동 선택 스위치가 위치에 있을 때(X06 ON 상태)에는 설정 위치값에 의한 위치제어 동작을 한다. 설정위치 값은 000~999까지 설정할 수 있고 설정위치 증가 버튼(X08), 감소 버튼(X09)에 의해 설정위치 값을 증가하거나 감소시킬 수 있다. 설정 위치값을 설정한 후, 기동버튼을 누르면 설정위치로 이송테이블이 이동한다. 이송테이블 이동 중에 상한 및 하한 센서, 비상정지가 동작하면 이송테이블은 즉시 정지하고 해당 알람을 발생한다.

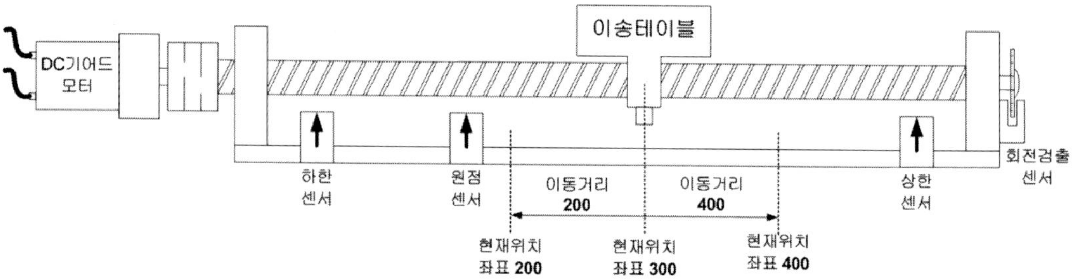

그림 2-38 절대좌표 방식의 위치제어

절대좌표 방식의 위치제어는 [그림 2-38]에 나타낸 것처럼 이송테이블의 현재 위치가 300에 있을 때 이동거리 설정값을 200을 설정한 후 기동버튼을 누르면 절대 좌표 200의 위치로 이동하고 이동거리 400을 설정한 후 기동버튼을 누르면 절대 좌표 400의 위치로 이동하는 방법을 의미한다.

▌PLC 프로그램 작성

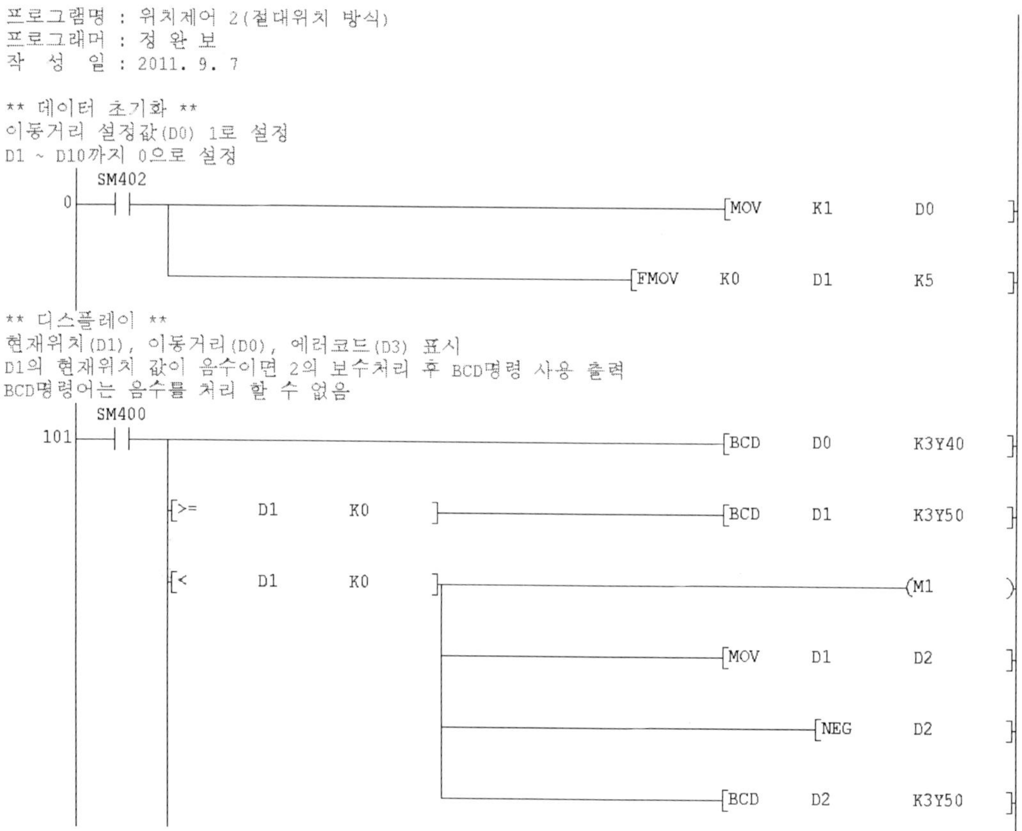

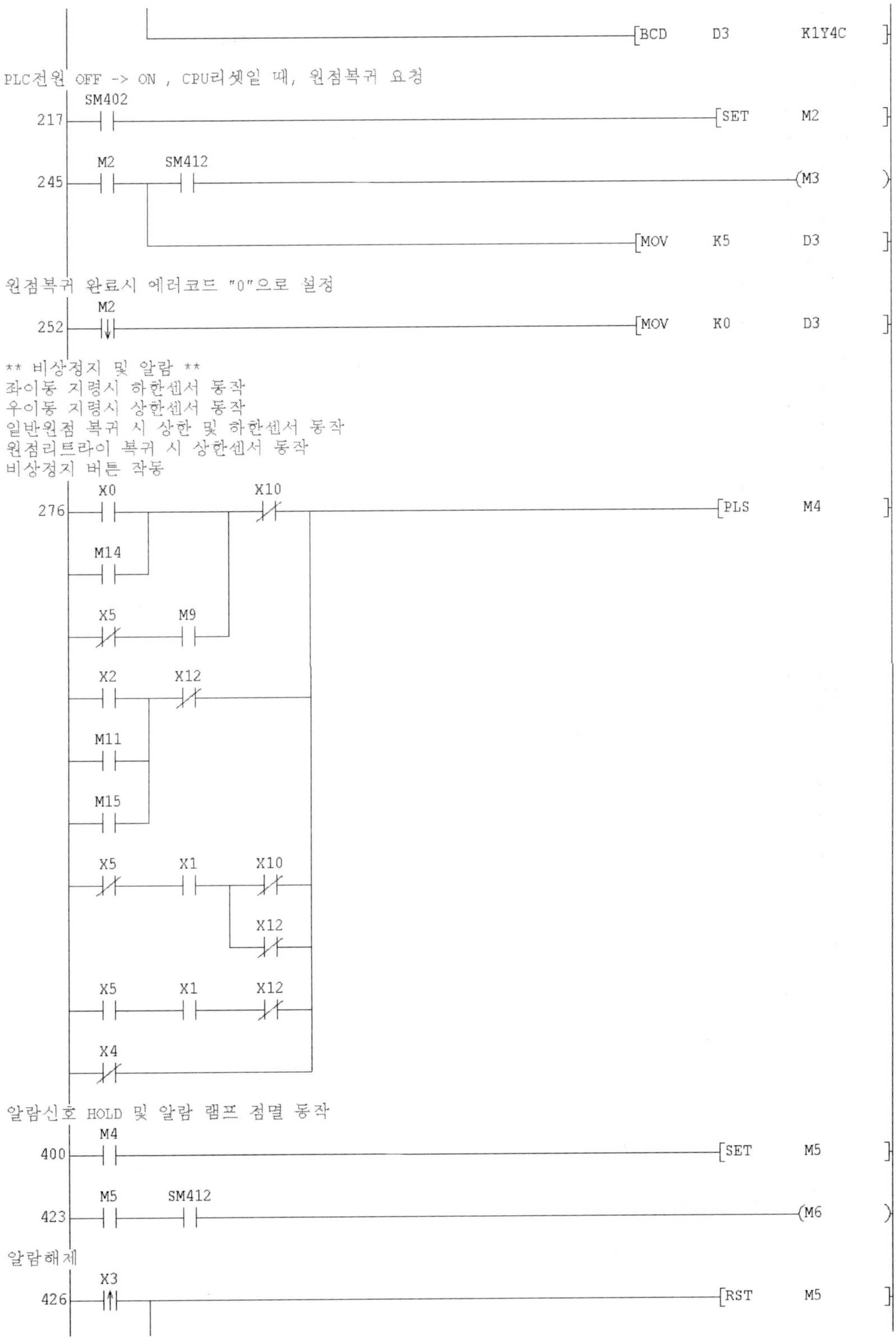
[BCD D3 K1Y4C]
PLC전원 OFF -> ON , CPU리셋일 때, 원점복귀 요청
217 SM402 [SET M2]
245 M2 SM412 (M3)
[MOV K5 D3]
원점복귀 완료시 에러코드 "0"으로 설정
252 M2 [MOV K0 D3]
** 비상정지 및 알람 **
좌이동 지령시 하한센서 동작
우이동 지령시 상한센서 동작
일반원점 복귀 시 상한 및 하한센서 동작
원점리트라이 복귀 시 상한센서 동작
비상정지 버튼 작동
276 X0 X10 [PLS M4]
M14
X5 M9
X2 X12
M11
M15
X5 X1 X10
X12
X5 X1 X12
X4
알람신호 HOLD 및 알람 램프 점멸 동작
400 M4 [SET M5]
423 M5 SM412 (M6)
알람해제
426 X3 [RST M5]

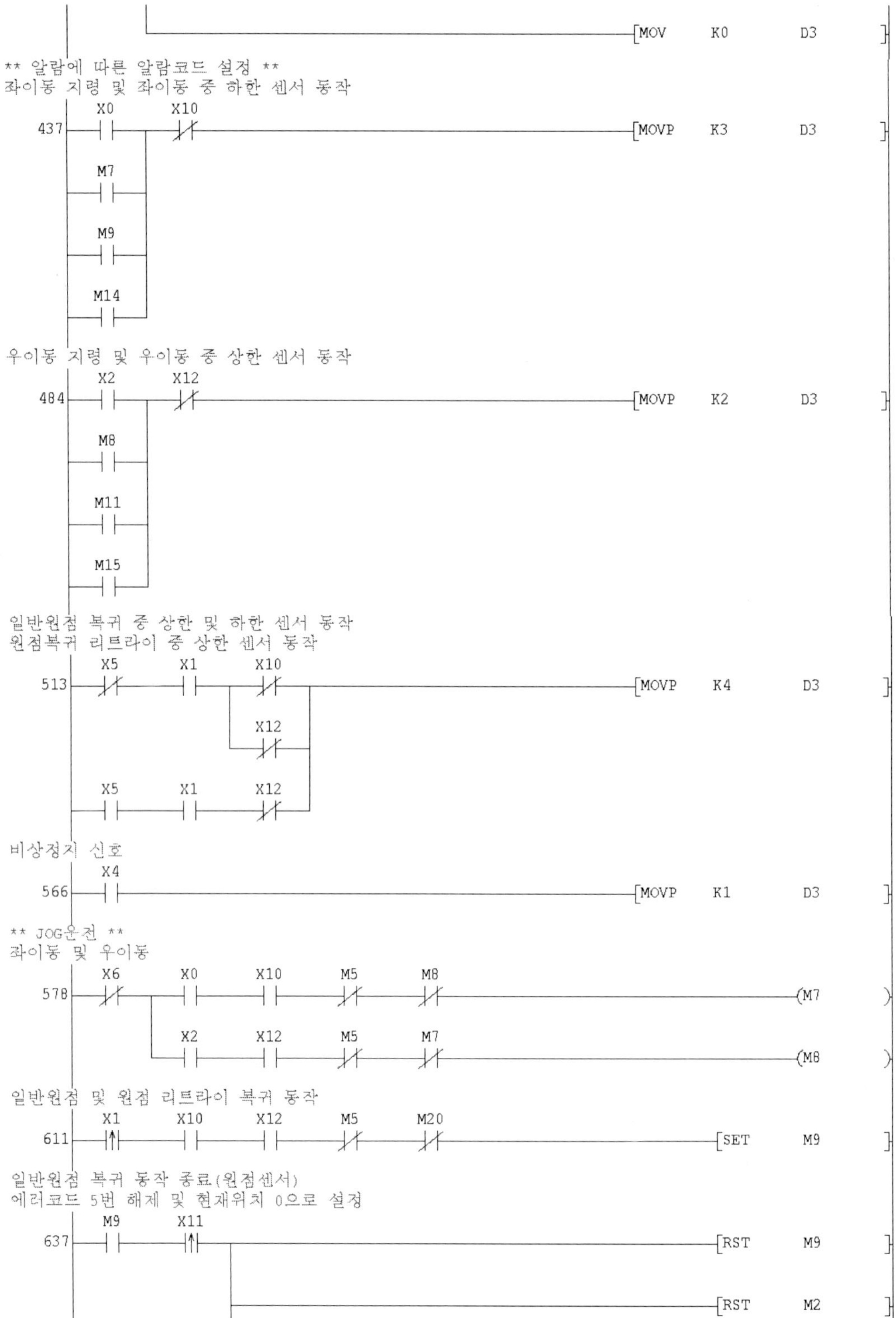
[MOV K0 D3]
** 알람에 따른 알람코드 설정 **
좌이동 지령 및 좌이동 중 하한 센서 동작
437 X0 X10 M7 M9 M14 [MOVP K3 D3]
우이동 지령 및 우이동 중 상한 센서 동작
484 X2 X12 M8 M11 M15 [MOVP K2 D3]
일반원점 복귀 중 상한 및 하한 센서 동작
원점복귀 리트라이 중 상한 센서 동작
513 X5 X1 X10 X12 X5 X1 X12 [MOVP K4 D3]
비상정지 신호
566 X4 [MOVP K1 D3]
** JOG운전 **
좌이동 및 우이동
578 X6 X0 X10 M5 M8 (M7)
X2 X12 M5 M7 (M8)
일반원점 및 원점 리트라이 복귀 동작
611 X1 X10 X12 M5 M20 [SET M9]
일반원점 복귀 동작 종료(원점센서)
에러코드 5번 해제 및 현재위치 0으로 설정
637 M9 X11 [RST M9]
[RST M2]

```
                                                            ─[SET     M30        ]
                                                       ─[MOV     K0       D3     ]
                                                       ─[MOV     K0       D1     ]

원점 리트라이 복귀 동작 중 하한센서가 동작하면
        X5       M9       X10
 688 ──┤ ├──────┤ ├──────┤↓├──┬──────────────────────[RST     M9         ]
                               └──────────────────────[SET     M10        ]

모터 정지 후 1초 대기
        M10                                                          K10
 719 ──┤ ├────────────────────────────────────────────────────(T1         )

1초 대기 후, 모터 우 이동
        T1
 737 ──┤ ├──┬─────────────────────────────────────────[RST     M10        ]
            └─────────────────────────────────────────[SET     M11        ]

모터 우이동 중에 원점센서가 OFF되면
        M11      X11
 755 ──┤ ├──────┤↓├───────────────────────────────────[SET     M12        ]

30개의 펄스만큼 우측으로 이동 후
        M12      X13
 778 ──┤ ├──────┤↑├──┬────────────────────────────[+       K1       D4     ]
                     └[>=    D4     K30   ]──┬────────[RST     M11        ]
                                             ├────────[RST     M12        ]
                                             ├────────[SET     M13        ]
                                             └────[MOV     K0       D4     ]

모터 정지 1초 대기
        M13                                                          K10
 810 ──┤ ├────────────────────────────────────────────────────(T2         )

1초 대기 후, 모터 좌이동
        T2
 827 ──┤ ├──┬─────────────────────────────────────────[RST     M13        ]
            └─────────────────────────────────────────[SET     M9         ]

원점 복귀 동작 중에 비상정지가 되면 원점 복귀 동작 정지
        M5
 845 ──┤ ├──┬─────────────────────────────────────[BKRSTP  M9       K5     ]
            └─────────────────────────────────────[MOV     K0       D4     ]
```

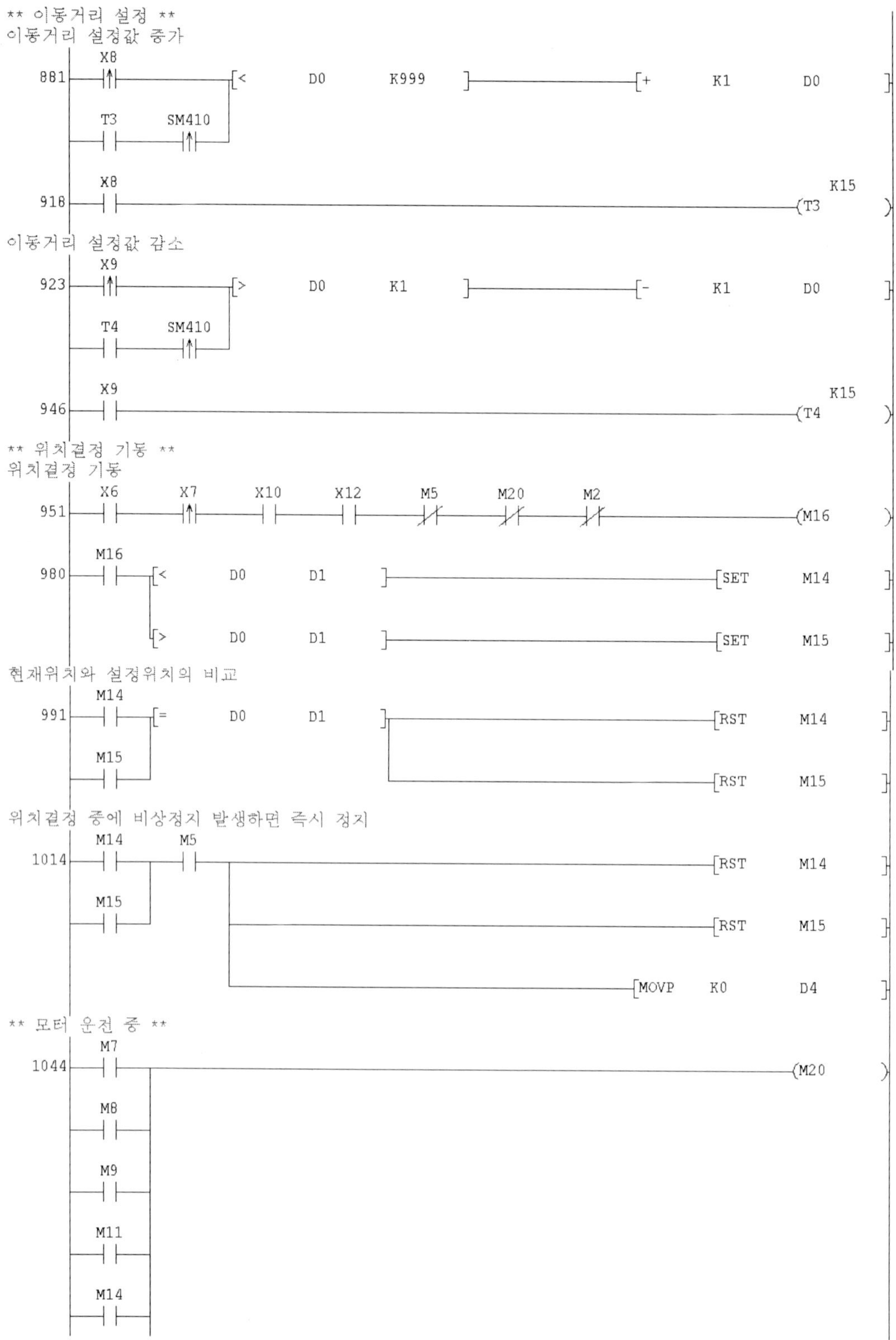
** 이동거리 설정 **
이동거리 설정값 증가
881 X8 T3 SM410 [< D0 K999] [+ K1 D0]
918 X8 (T3 K15)
이동거리 설정값 감소
923 X9 T4 SM410 [> D0 K1] [- K1 D0]
946 X9 (T4 K15)
** 위치결정 기동 **
위치결정 기동
951 X6 X7 X10 X12 M5 M20 M2 (M16)
980 M16 [< D0 D1] [SET M14]
[> D0 D1] [SET M15]
현재위치와 설정위치의 비교
991 M14 M15 [= D0 D1] [RST M14] [RST M15]
위치결정 중에 비상정지 발생하면 즉시 정지
1014 M14 M15 M5 [RST M14] [RST M15] [MOVP K0 D4]
** 모터 운전 중 **
1044 M7 M8 M9 M11 M14 (M20)

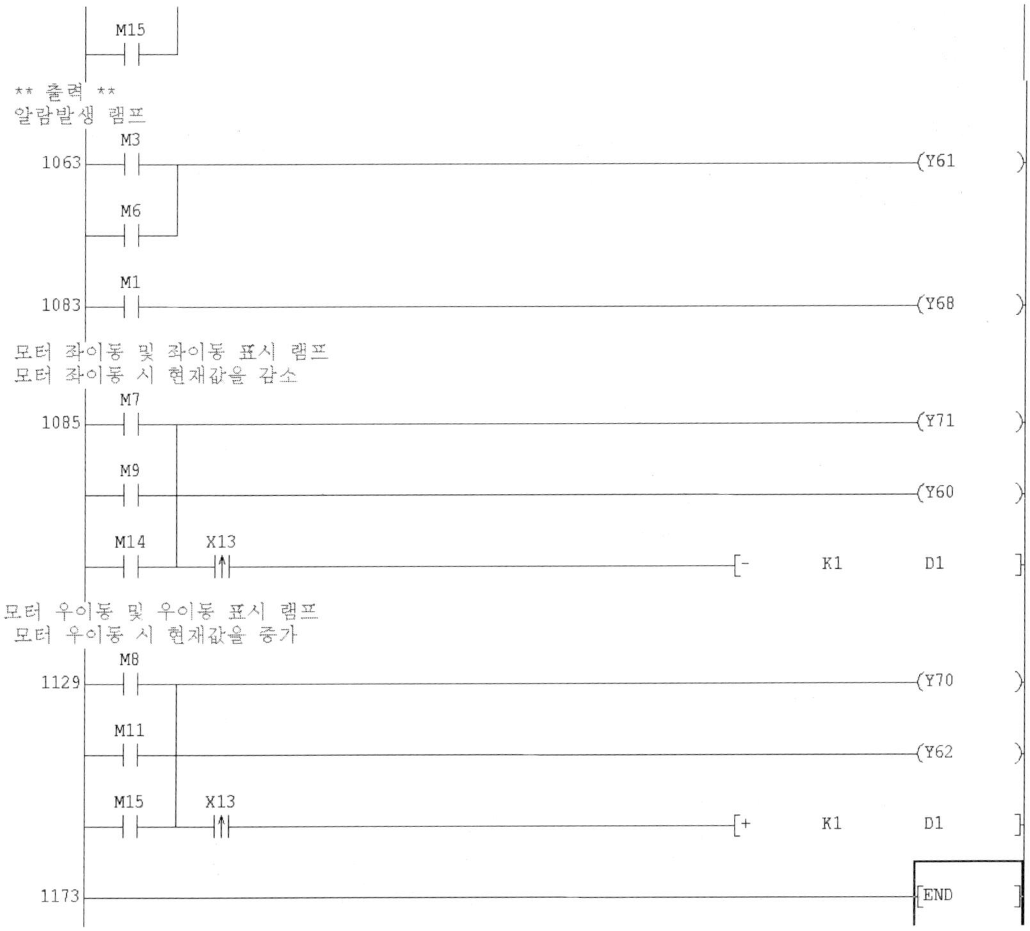

프로그램 2-9

[실습과제 2-8]과 [실습과제 2-9]의 PLC프로그램은 같은 동작을 하는 동일한 프로그램이다. 단지 위치제어를 할 때, 절대위치 좌표를 사용했는지 아니면 상대좌표를 사용했는지의 차이점이 있을 뿐이다. [프로그램 2-9]을 살펴보자.

프로그램 라인 961번을 살펴보자. 기동버튼이 눌러지면 이동거리 설정값과 현재위치 값을 비교해서 이송테이블이 좌측 또는 우측으로 이동할 것인지를 판별한다. 이송테이블이 좌측으로 이동되면 현재값이 감소되고, 우측으로 이동되면 현재값이 증가해서, 이동거리 설정값과 비교해서 두 개의 값이 같으면 이송테이블의 이동을 중지하면 된다.

2-10 실습과제 인덱스를 이용한 디바이스 리드/라이트(read/write)

이번 과제에서는 1장에서 배운 인덱스 레지스터를 이용해 사전에 이동해야 할 위치값을 미리 설정한 후, 해당 위치로 이동하는 방법에 대해 살펴보자. 멜섹Q CPU는 인덱스 수식을 위한 16개의 인덱스 레지스터(Z0 ~ Z15)를 가지고 있으며 각각의 인덱스 레지스터에는 −32768 ~ 32767의 값을 설정할 수 있다.

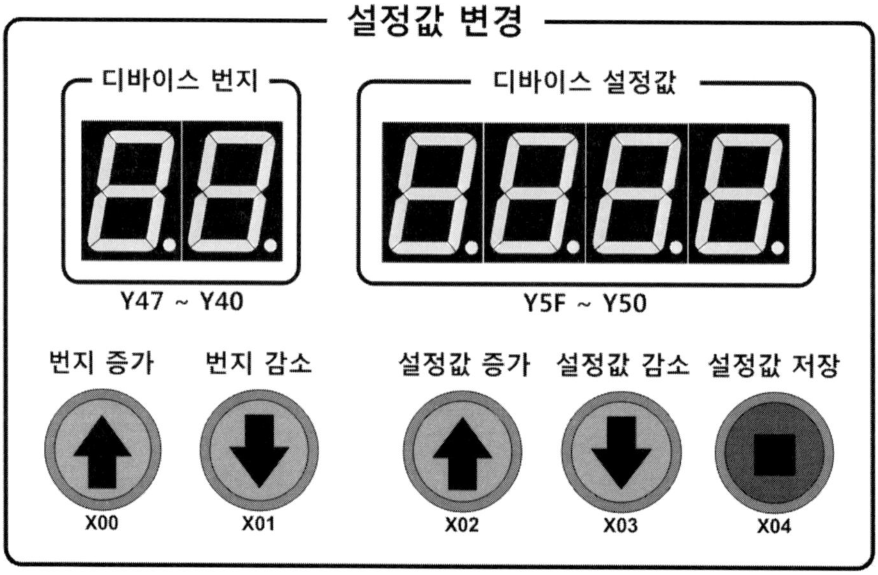

그림 2-39 인덱스 레지스터를 이용한 위치제어 패널

표 2-13 PLC 입출력 번지 할당표

입력번호	기능	출력번호	기능
X00	번지 증가	Y47~Y40	디바이스 번지 FND
X01	번지 감소	Y5F~Y50	디바이스 설정값 FND
X02	설정값 증가		
X03	설정값 감소		
X04	설정값 저장		

동작조건

① SM402특수릴레이를 이용해 PLC의 전원이 ON될 때, 데이터 레지스터 D0 =0, D1=100, D2=200, D3=300, …, D9=900을 설정한다.

② PLC의 전원이 ON되면 디바이스 번지는 "00", 디바이스 설정값은 D0에 설정된 값이 표시된다. PLC전원이 ON되는 순간 D0=0이기 때문에 "0000"이 표시된다.

③ 번지 증가 및 감소 버튼을 누르면 데이터 레지스터 디바이스 번지 값이 00 ~ 09(D0 ~ D99를 의미함)까지 증가하거나 감소한다. 이 때, 디바이스 번지에 해당되는 데이터 레지스터의 설정값이 디바이스 설정값 FND에 표시되어야 한다. 디바이스 번지의 표시값이 08이면 D8의 설정값 "0800"이 표시된다.

④ 설정값 증가 및 감소버튼을 누르면 디바이스 설정값 FND에 표시된 숫자값이 증가하거나 감소한다. "0000 ~ 9999"까지 설정할 수 있다. 설정값을 변경한 후 설정값 저장 버튼을 누르지 않으면 변경된 설정값은 저장되지 않고 무시된다. 단 설정값 저장 버튼을 누르면 변경된 디바이스 설정값이 해당 디바이스 번지에 저장된다.

▌PLC 프로그램 작성

```
프로그램명 : 인덱스 수식을 이용한 디바이스 설정값 변경
프로그래머 : 정 완 보
작 성 일 : 2009. 5. 19

디바이스 설정값 초기화
      SM402
  0 ──┤ ├──┬──────────────────[MOV   K0     D0   ]
           ├──────────────────[MOV   K100   D1   ]
           ├──────────────────[MOV   K200   D2   ]
           ├──────────────────[MOV   K300   D3   ]
           ├──────────────────[MOV   K400   D4   ]
           ├──────────────────[MOV   K500   D5   ]
           ├──────────────────[MOV   K600   D6   ]
           ├──────────────────[MOV   K700   D7   ]
           ├──────────────────[MOV   K800   D8   ]
           ├──────────────────[MOV   K900   D9   ]
           └──────────────────[MOV   K0     Z0   ]
인덱스레지스터 설정값 증가(0 ~ 9)
      X0
100 ──┤↑├──[<  Z0    K9    ]──[+     K1     Z0   ]
인덱스레지스터 설정값 감소(0 ~ 9)
      X1
126 ──┤↑├──[>  Z0    K0    ]──[-     K1     Z0   ]
디바이스 설정값 증가(0 ~ 9999)
      X2
152 ──┤↑├──[<  D100  K9999 ]──[+     K1     D100 ]
디바이스 설정값 감소(0 ~ 9999)
      X3
177 ──┤↑├──[>  D100  K0    ]──[-     K1     D100 ]
디바이스 설정값 저장
      X4
202 ──┤↑├─────────────────────[MOV   D100   D0Z0 ]
```

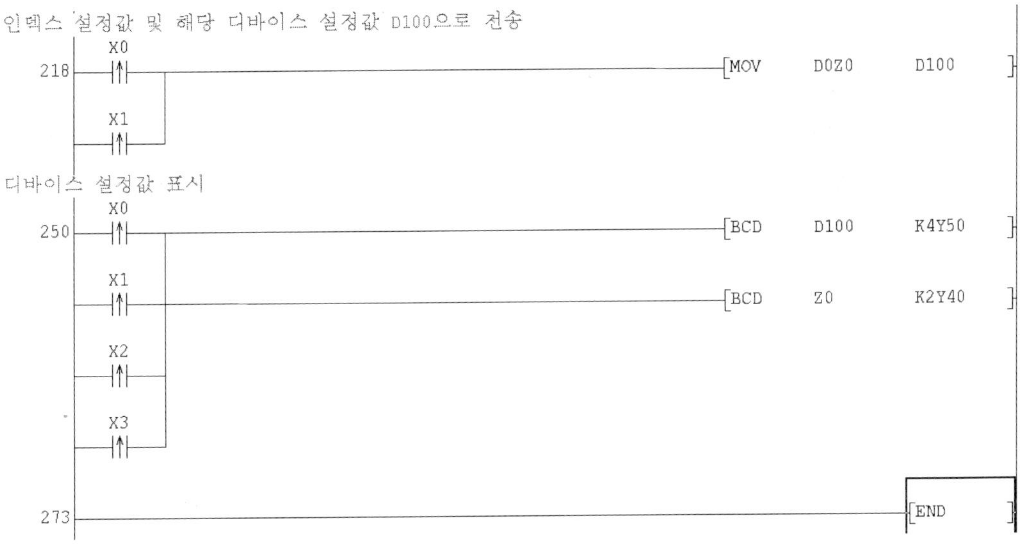

프로그램 2-10

프로그램 라인 0번은 PLC전원이 ON될 때 데이터 레지스터 D0~D9에 미리 설정된 값을 저장하는 부분이다.

프로그램 라인 100번, 126번은 증가와 감소 버튼이 눌러졌을 때, 인덱스 레지스터 Z0의 값을 1씩 증가 또는 감소시키는 부분이다.

프로그램 라인 218번은 프로그램 라인 100번, 126번에 의해 인덱스 레지스터의 값이 변경되면 그 즉시 인덱스 레지스터의 기능을 이용해 D0~D9에 설정된 값을 D100에 복사하여 FND에 표시하는 기능이다. 이렇게 프로그램을 작성하는 이유는 설정값 저장 버튼이 존재하기 때문이다. FND에 표시된 설정값을 증가 및 감소버튼을 눌러서 설정값을 변경할 수 있지만 설정값 저장 버튼을 누르지 않으면 변경된 설정값은 무시되고 이전에 설정된 값이 유효하게 되는 기능 때문이다. 따라서 D0~D9의 설정값을 직접 변경하는 것이 아니라 D0~D9의 설정값을 D100에 복사하여 설정값을 변경한 후 설정값 저장 버튼이 눌러지면 D100의 값을 D0~D9의 해당 데이터 레지스터 저장하게 하는 것이다.

프로그램 라인 202번이 설정값 저장 버튼이 눌러지면 D100에 설정된 값이 인덱스 레지스터에 의해 지정된 데이터 레지스터 저장하는 부분이다.

2-11 실습과제 인덱스 레지스터를 이용한 위치제어

이번 과제에서는 이송테이블이 이동해야 할 설정 위치를 사전에 PLC의 디바이스 메모리에 순차적으로 저장한 후, 설정 위치를 저장하고 있는 해당 메모리 번지를 선택하여 위치제어를 하는 방법에 대해 살펴보자.

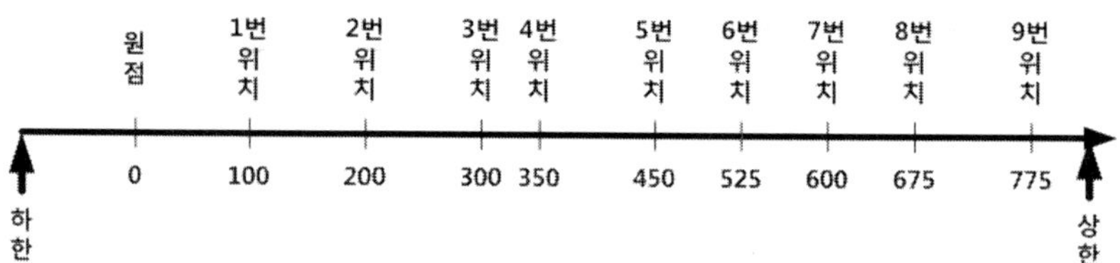

16비트 디바이스 번지	설정값
D11	100
D12	200
D13	300
D14	350
D15	450
D16	525
D17	600
D18	675
D19	775

그림 2-40 위치제어를 위한 좌표 설정

[실습과제 2-9]에서는 이송테이블의 이동 위치값을 설정한 다음 기동버튼을 눌러서 설정된 위치로 이송테이블이 이동하는 방식이었다. 이러한 방식은 이송테이블 이동을 위해서는 매번 설정 위치값을 설정해야 한다는 문제점을 가지고 있다. 대부분 산업현장에서 사용하는 위치제어용 기계장치는 이송테이블이 이동해서 작업해야 할 위치가 미리 고정된 경우가 대부분이다. 이송테이블

이 이동해야할 위치가 고정되어 있다면 사전에 작업위치에 해당되는 위치번호에 대한 위치값을 PLC의 내부 디바이스 메모리에 저장한 다음 이동하고자 하는 해당 위치번호를 지정한 후 기동버튼을 누르면 해당위치로 이송테이블이 이동한다면 [실습과제 2-9]에서 구성한 시스템보다 효율적인 시스템이 구성이 가능하다.

[그림 2-40]은 이송테이블이 이동해야 할 위치번호에 해당되는 위치 데이터가 16비트 디바이스 메모리 번지 D11 ~ D19까지 순차적으로 저장되어 있는 모습을 나타낸 것이다. [그림 2-40]에 나타낸 것과 같이 이송테이블이 이동해야 할 위치 설정값을 사전에 PLC의 디바이스 메모리 저장한 후, 사용자는 [그림 2-41]에 나타낸 조작 패널에서 설정위치 번호 1 ~ 9 사이의 임의의 번호를 지정한 후 기동버튼을 누르면 사전에 설정한 위치로 이송테이블이 이동하는 PLC프로그램을 작성해보자.

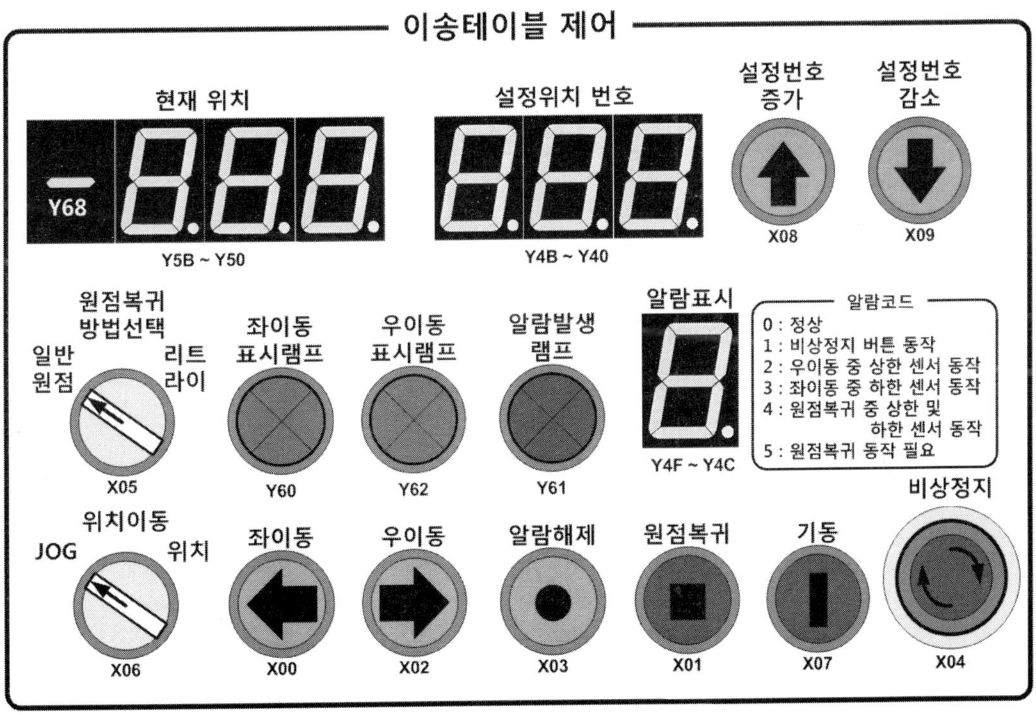

그림 2-41 위치제어를 위한 조작패널

표 2-14 PLC 입출력 번지 할당표

입력번호	기능		출력번호	기능
X00	좌이동		Y4B~Y40	이동거리 표시 FND
X01	원점복귀		Y4F~Y4C	알람 표시 FND
X02	우이동		Y5B~Y50	현재위치 표시 FND
X03	알람해제			
X04	비상정지			
X05	원점복귀	OFF:일반	Y60	좌이동 표시램프
		ON:리트라이		
X06	위치이동	OFF:JOG	Y61	알람발생 램프
		ON:위치		
X07	기동		Y62	우이동 표시램프
X08	설정번호 증가			
X09	설정번호 감소		Y68	현재위치 부호표시
X10	하한 센서(Light ON)			
X11	원점 센서(Dark ON)			
X12	상한 센서(Light ON)		Y70	DC모터 정회전(우이동)
X13	회전검출 센서(Dark ON)		Y71	DC모터 역회전(좌이동)

▌동작조건

① 시스템의 전원이 OFF → ON 또는 PLC CPU가 리셋되었을 때에는 알람발생 램프가 1초 간격으로 점멸동작을 하고 알람표시 FND에는 "5"가 표시되어 작업자에게 원점복귀가 필요하다는 것을 알려야 한다.

② 원점복귀가 완료되지 않은 상태에서는 위치제어 동작을 할 수 없다.

③ 원점복귀 동작 필요 알람이 발생한 상태에서 원점복귀 버튼을 누르면 원점복귀 방법선택 선택 스위치에 의해 선택된 방법으로 원점복귀를 실시한다.

④ 원점복귀 동작을 완료하면 알람발생 램프는 소등되고 알람표시 FND에는 "0"이 표시되고, 현재위치와 설정위치를 표시하는 FND도 "000"이 표시된다.

⑤ 이송테이블이 움직이면 이송테이블의 스크류 축 끝단에 설치된 회전검출센서를 이용해 이동거리를 현재 위치 FND에 표시한다. 원점을 기준으로 좌측으로 이동하면 현재값은 －값이 되고 우측으로 이동하면 ＋값이 된다.

⑥ 위치이동 선택 스위치가 JOG위치에 있을 때(X06 OFF 상태), 좌이동 버튼(X00)을 누르고 있는 동안 이송테이블은 좌측으로 이동하고 이때, 좌이동

표시램프(Y60)가 점등된다. 이송테이블이 좌측으로 이동하면 현재 위치의 표시값은 감소하고, 좌이동 중에 하한센서가 동작하면 이송테이블의 이동을 즉시 정지하고 알람램프(Y61)는 1초 간격으로 점멸동작을 하고 알람표시 FND에는 "3"이 표시된다. 알람램프가 점멸상태에서는 어떠한 입력버튼도 동작하지 않는다. 알람해제 버튼을 누르면 알람램프가 소등하고 알람표시 FND에는 "0"이 표시되고 이 때, 우이동 버튼을 누르면 이송테이블은 우측으로 이동하지만 좌이동 버튼을 누르면 알람발생 램프와 알람표시 FND가 다시 동작을 한다.

⑦ 위치이동 선택 스위치가 JOG위치에 있을 때(X06 OFF 상태) 우이동 버튼(X02)을 누르고 있는 동안 이송테이블은 우측으로 이동하고 이때, 우이동 표시램프(Y62)가 점등된다. 이송테이블이 우측으로 이동하면 현재 위치의 표시값은 증가하고, 우측으로 이동 중에 상한센서(X12)가 동작하면 더 이상 우측으로 이동하지 않고 즉시 정지하고 알람램프(Y61)가 1초 간격으로 점멸동작을 하고 알람표시 FND에는 "2"가 표시된다. 알람램프가 점멸상태에서는 어떠한 입력버튼도 동작하지 않는다. 알람해제 버튼을 누르면 알람램프가 소등하고 알람표시 FND에는 "0"이 표시되고 이 때, 좌이동 버튼을 누르면 이송테이블은 좌측으로 이동하지만 우이동 버튼을 누르면 알람발생 램프와 알람표시 FND가 다시 동작을 한다.

⑧ 원점복귀방법 선택 버튼(X05)이 OFF된 상태이면 일반 원점복귀, ON상태이면 원점복귀 리트라이 방식으로 동작한다.

⑨ 비상정지 버튼을 누르면 알람발생 램프가 1초 간격으로 점멸동작을 하고 알람표시 FND에는 "1"이 표시되고 이송테이블의 동작은 즉시 정지한다. 비상정지 버튼이 눌러진 상태에서는 어떤 입력 스위치도 동작하지 않는다. 비상정지 버튼의 동작을 해제한 후, 알람해제 버튼을 누르면 알람발생 램프는 소등하고 알람표시 FND에는 "0"이 표시되고 입력 스위치는 동작할 수 있다.

⑩ 위치이동 선택 스위치가 위치에 있을 때(X06 ON 상태)에는 설정 위치 번호에 의한 위치제어 동작을 한다. 설정위치 값은 001 ~ 009까지 설정할 수 있고 설정위치 증가 버튼(X08), 감소 버튼(X09)에 의해 설정위치 번호를 증가하거나 감소시킬 수 있다. 설정 위치 번호를 설정한 후, 기동버튼을 누르면 설정 위치 번호에 해당되는 위치로 이송테이블이 이동한다. 이송테이블 이동 중에 상한 및 하한 센서, 비상정지가 동작하면 이송테이블은 즉시 정지하고 해당 알람을 발생한다.

PLC 프로그램 작성

```
프로그램명 : 위치제어 3(인덱스레지스터 사용)
프로그래머 : 정 완 보
작 성  일 : 2011. 9. 7

** 데이터 초기화 **
이동거리 설정값(D0) 1로 설정
D1 ~ D10까지 0으로 설정
      SM402
  0 ──┤ ├──┬──────────────────────────[MOV   K1    D0  ]
           └─────────────────[FMOV  K0    D1    K5  ]

** 위치 데이터 설정 **
D11 ~ D19까지 이송테이블 이동 위치데이터 설정
      SM402
104 ──┤ ├──┬──────────────────────────[MOV   K100  D11 ]
           ├──────────────────────────[MOV   K200  D12 ]
           ├──────────────────────────[MOV   K300  D13 ]
           ├──────────────────────────[MOV   K350  D14 ]
           ├──────────────────────────[MOV   K450  D15 ]
           ├──────────────────────────[MOV   K525  D16 ]
           ├──────────────────────────[MOV   K600  D17 ]
           ├──────────────────────────[MOV   K675  D18 ]
           ├──────────────────────────[MOV   K775  D19 ]
           └──────────────────────────[MOV   K1    Z0  ]

** 디스플레이 **
현재위치(D1), 이동거리(D0), 에러코드(D3) 표시
D1의 현재위치 값이 음수이면 2의 보수처리 후 BCD명령 사용 출력
BCD명령어는 음수를 처리 할 수 없음
      SM400
165 ──┤ ├──┬──────────────────────────[BCD   Z0    K3Y40 ]
           ├─[>=  D1  K0 ]────────────[BCD   D1    K3Y50 ]
           ├─[<   D1  K0 ]──┬─────────────────────(M1    )
           │                └─────────[MOV   D1    D2    ]
```

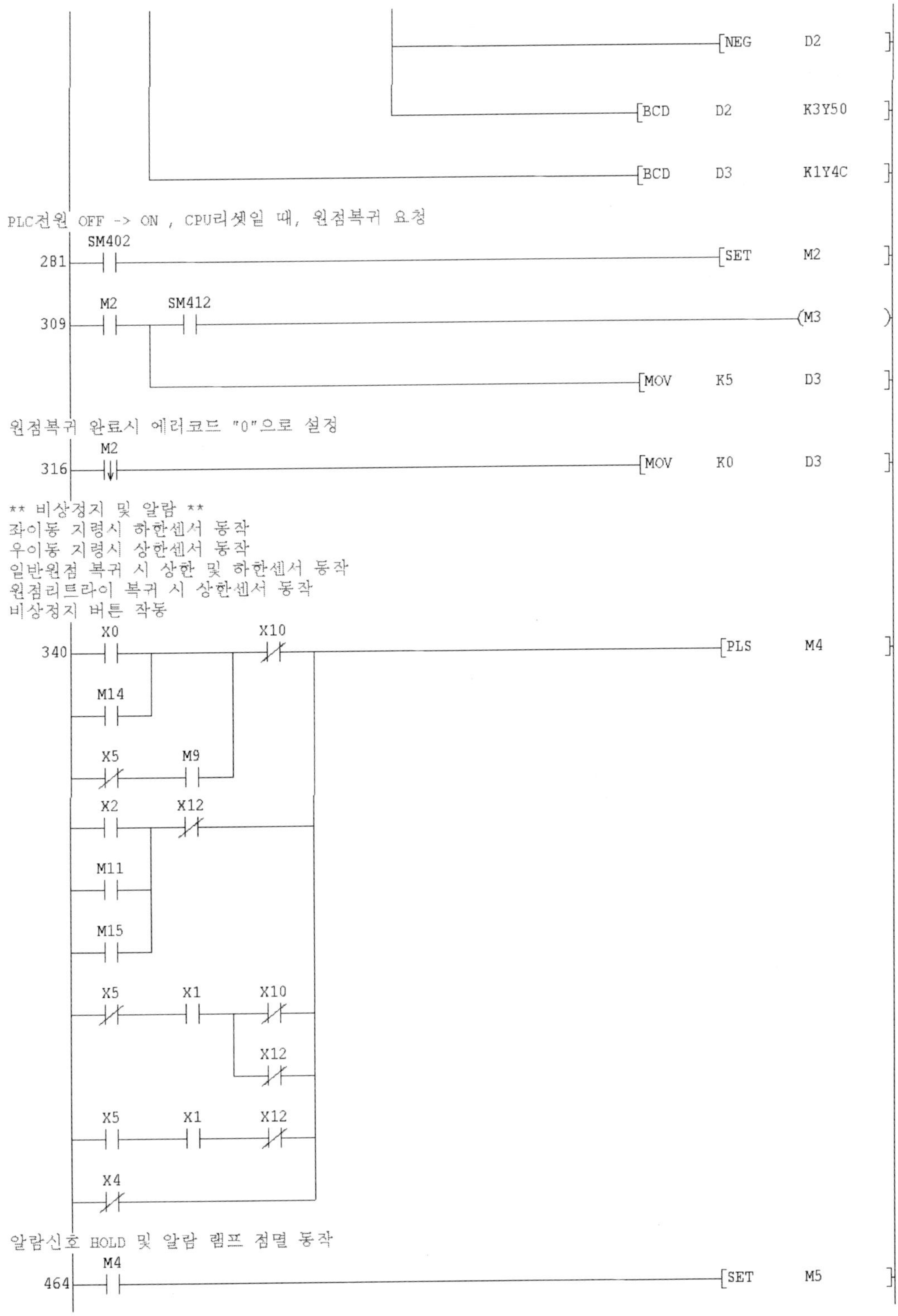
NEG D2
BCD D2 K3Y50
BCD D3 K1Y4C
PLC전원 OFF -> ON , CPU리셋일 때, 원점복귀 요청
SM402
281
SET M2
M2 SM412
309
M3
MOV K5 D3
원점복귀 완료시 에러코드 "0"으로 설정
M2
316
MOV K0 D3
** 비상정지 및 알람 **
좌이동 지령시 하한센서 동작
우이동 지령시 상한센서 동작
일반원점 복귀 시 상한 및 하한센서 동작
원점리트라이 복귀 시 상한센서 동작
비상정지 버튼 작동
X0 X10
340
PLS M4
M14
X5 M9
X2 X12
M11
M15
X5 X1 X10
X12
X5 X1 X12
X4
알람신호 HOLD 및 알람 램프 점멸 동작
M4
464
SET M5

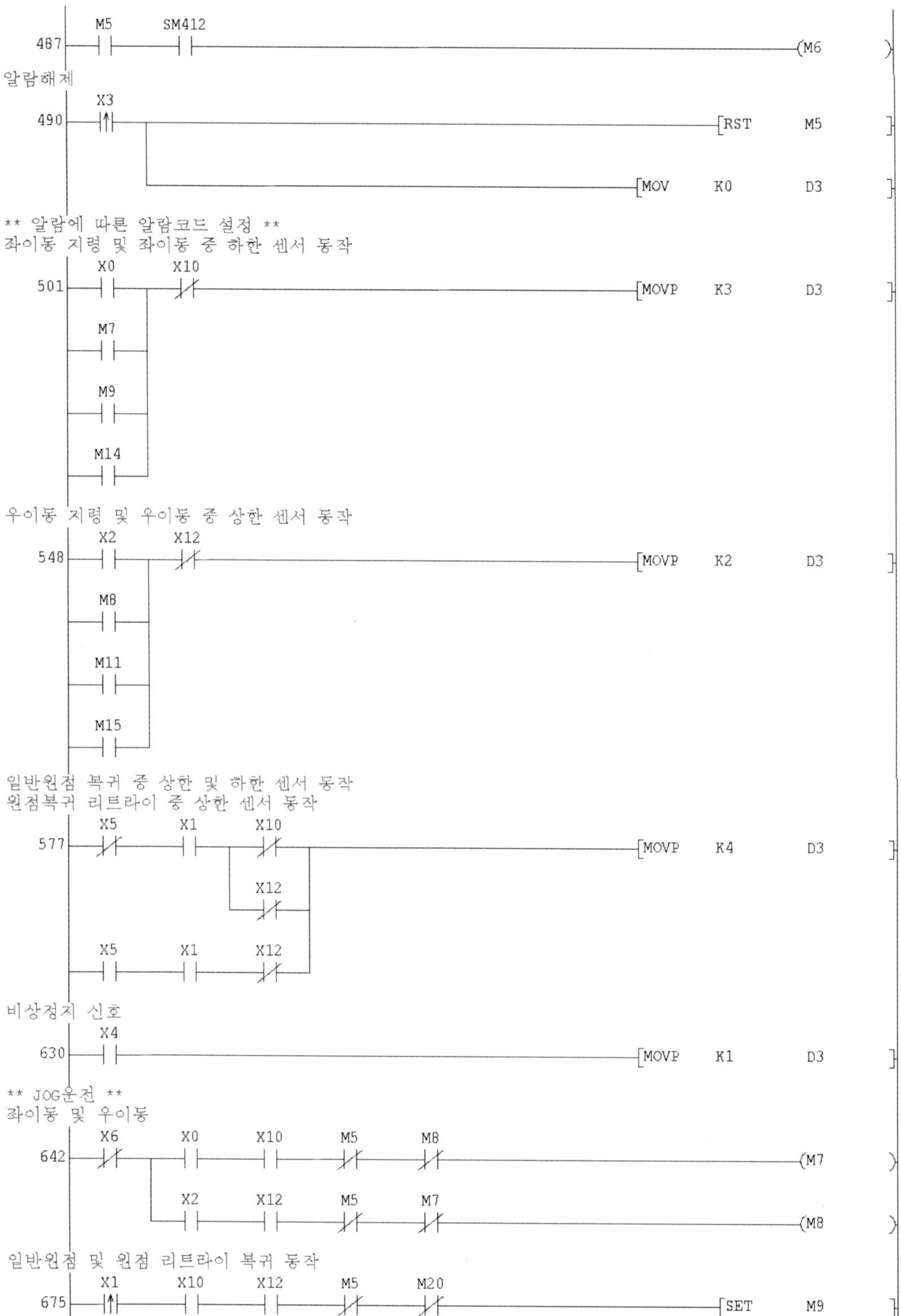
487 M5 SM412 (M6)
알람해제
490 X3 [RST M5]
[MOV K0 D3]
** 알람에 따른 알람코드 설정 **
좌이동 지령 및 좌이동 중 하한 센서 동작
501 X0 X10 [MOVP K3 D3]
M7
M9
M14
우이동 지령 및 우이동 중 상한 센서 동작
548 X2 X12 [MOVP K2 D3]
M8
M11
M15
일반원점 복귀 중 상한 및 하한 센서 동작
원점복귀 리트라이 중 상한 센서 동작
577 X5 X1 X10 [MOVP K4 D3]
X12
X5 X1 X12
비상정지 신호
630 X4 [MOVP K1 D3]
** JOG운전 **
좌이동 및 우이동
642 X6 X0 X10 M5 M8 (M7)
X2 X12 M5 M7 (M8)
일반원점 및 원점 리트라이 복귀 동작
675 X1 X10 X12 M5 M20 [SET M9]

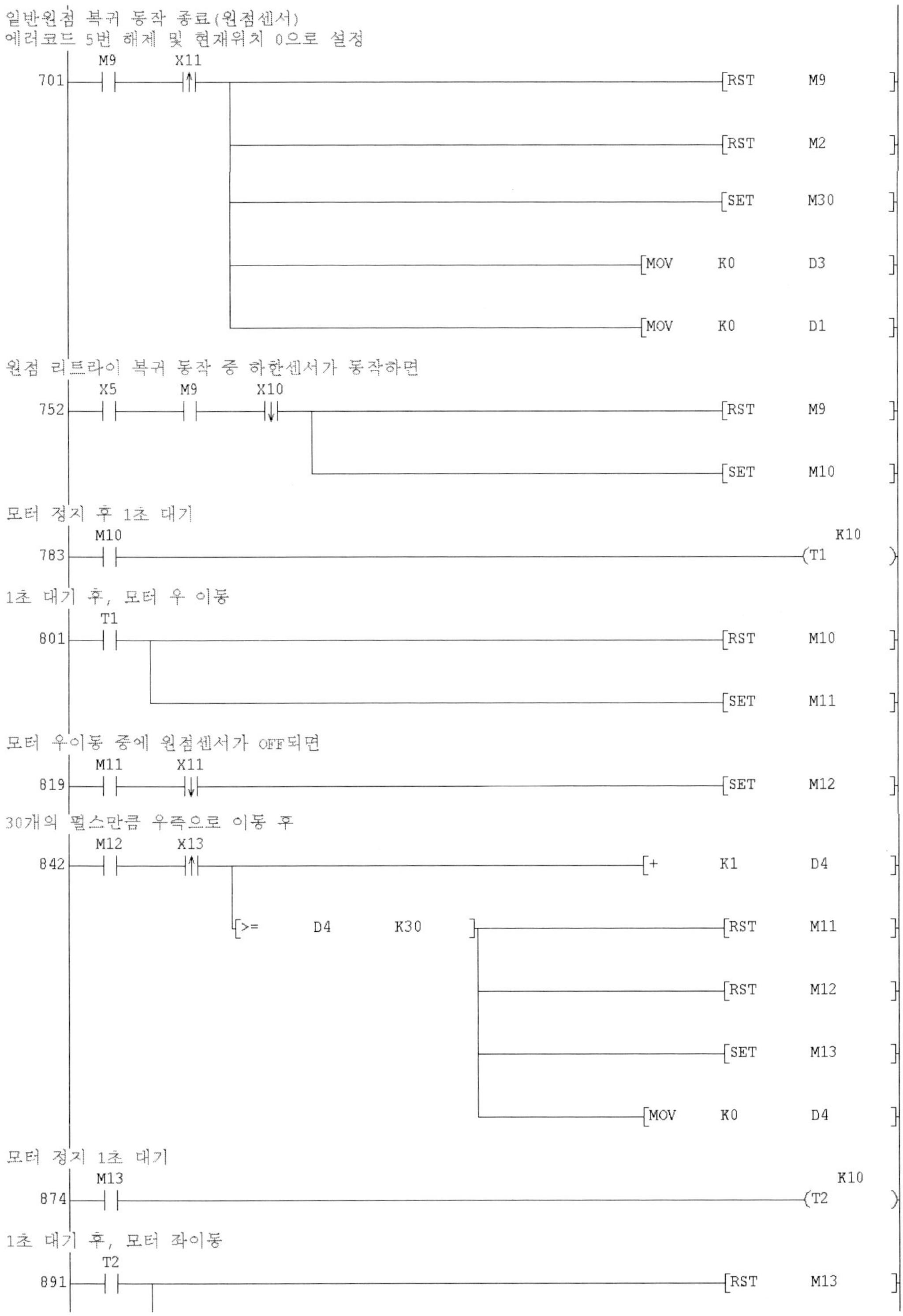

일반원점 복귀 동작 종료(원점센서)
에러코드 5번 해제 및 현재위치 0으로 설정
701
M9
X11
[RST M9]
[RST M2]
[SET M30]
[MOV K0 D3]
[MOV K0 D1]
원점 리트라이 복귀 동작 중 하한센서가 동작하면
752
X5
M9
X10
[RST M9]
[SET M10]
모터 정지 후 1초 대기
783
M10
K10
(T1)
1초 대기 후, 모터 우 이동
801
T1
[RST M10]
[SET M11]
모터 우이동 중에 원점센서가 OFF되면
819
M11
X11
[SET M12]
30개의 펄스만큼 우측으로 이동 후
842
M12
X13
[+ K1 D4]
[>= D4 K30]
[RST M11]
[RST M12]
[SET M13]
[MOV K0 D4]
모터 정지 1초 대기
874
M13
K10
(T2)
1초 대기 후, 모터 좌이동
891
T2
[RST M13]

```
                                                         [SET     M9        ]

원점 복귀 동작 중에 비상정지가 되면 원점 복귀 동작 정지
      M5
 909 -| |--+-------------------------------------[BKRSTP  M9      K5      ]
           |
           +-------------------------------------[MOV     K0      D4      ]

** 이송테이블 이동 설정위치 번호 설정 **
설정번호 증가
      X8
 945 -|↑|--[<      Z0      K9   ]----------------[+       K1      Z0      ]

설정번호 감소
      X9
 984 -|↑|--[>      Z0      K1   ]----------------[-       K1      Z0      ]

** 위치결정 기동 **
위치결정 기동
      X6     X7     X10    X12    M5     M20    M2
1000 -| |---|↑|---| |---| |---|/|---|/|---|/|-------------------(M16     )

인덱스레지스터를 이용하여 D11 ~ D19에 설정한 위치값 확인
설정 위치값과 현재위치값을 비교 이송테이블 이동 방향 설정
인덱스 레지스터의 값이 1일때 D10Z0 = D11번지를 의미함
      M16
1031 -| |--+-[<      D10Z0   D1   ]--------------------[SET     M14     ]
           |
           +-[>      D10Z0   D1   ]--------------------[SET     M15     ]

현재위치와 설정위치의 비교
      M14
1133 -+-| |-+-[=      D10Z0   D1   ]-+------------------[RST     M14     ]
      | M15 |                        |
      +-| |-+                        +------------------[RST     M15     ]

위치결정 중에 비상정지 발생하면 즉시 정지
      M14     M5
1156 -+-| |-+---| |---+---------------------------------[RST     M14     ]
      | M15 |         |
      +-| |-+         +---------------------------------[RST     M15     ]
                      |
                      +----------------------[MOVP    K0      D4      ]

** 모터 운전 중 **
      M7
1186 -+-| |-+-------------------------------------------------(M20     )
      | M8  |
      +-| |-+
      | M9  |
      +-| |-+
      | M11 |
      +-| |-+
```

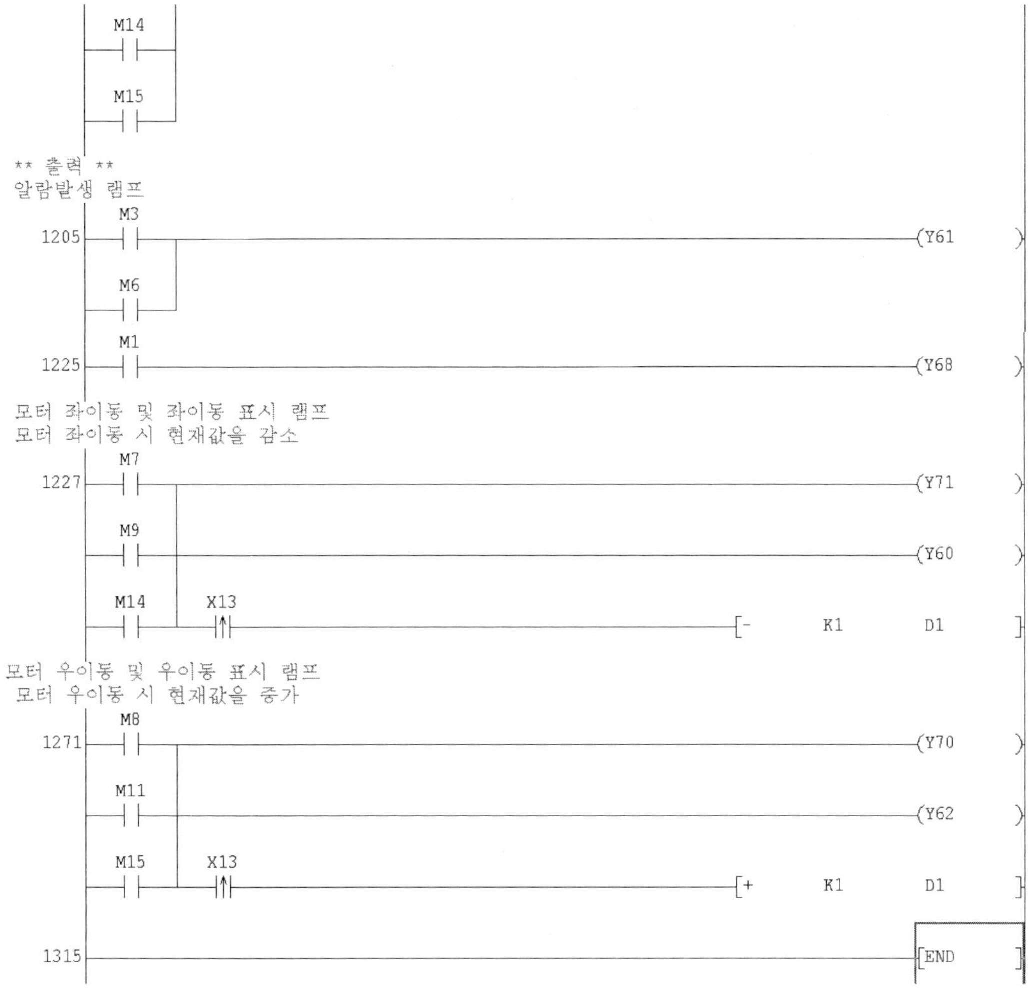

프로그램 2-11 인덱스레지스터를 이용한 위치제어

프로그램을 살펴보면 [실습과제 2-9]에서 작성한 내용과 크게 다르지 않다. 이송 테이블의 이동해야 할 위치값은 D11 ~ D19까지의 데이터 레지스터에 저장되어 있고 사용자는 이송테이블이 이동해야 할 위치값을 저장하고 있는 데이터 레지스터의 번호를 설정하고 기동버튼을 누르면 이송테이블은 설정된 위치로 이동하게 된다.

프로그램 라인 104번은 PLC전원이 ON될 때, 이송테이블이 이동해야 할 위치값을 D11 ~ D19에 저장하는 부분이다. 여기에서 인덱스레지스터 Z0의 설정값을 1로 두는 이유는 D10Z0=D11을 선택할 수 있도록 하기 위한 것이다.

프로그램 라인 1031번은 기동버튼이 눌러졌을 때, 인덱스 레지스터에 의해 설정된 위치값과 현재값을 비교하여 이송테이블의 좌우이동을 결정하는 부분이다. 이송테이블의 좌우이동이 결정되면 DC모터를 회전시키게 되고 DC모터 회전을 검출하는 센서에 의해 프로그램 라인 1227, 1271에 의해 현재값이 증가하거나 감소하게 된다.

프로그램 라인 1133번은 이송테이블이 이동하게 되면 현재값과 위치 설정값을 비교해 같으면 모터의 회전을 정지하게 하여 설정된 위치로 이송테이블이 이동하도록 하는 부분이다.

2-12 실습과제 파일 레지스터를 이용한 설정값 리드/라이트

[실습과제 2-11]에서는 인덱스레지스터를 이용해 16비트 워드 디바이스 내용을 리드/라이트 하는 방법에 대해 살펴보았다. [실습과제 2-11]에서 디바이스 설정값을 변경한 후, PLC의 전원을 OFF → ON으로 변경하거나 또는 PLC CPU를 리셋했을 경우 디바이스의 설정 값은 프로그램에 의한 초기화 값으로 설정되거나 또는 "0"으로 설정된다. 따라서 데이터 레지스터 사용하면 PLC의 전원을 OFF → ON으로 할 때마다 설정값을 재설정하는 문제점을 가지고 있다. 이러한 문제를 해결하기 위한 방법으로 멜섹Q PLC CPU의 파일레지스터를 사용하면 된다.

1. 파일 레지스터란?

파일 레지스터는 데이터 레지스터의 확장용 메모리이다. 파일 레지스터는 데이터 레지스터와 동일한 처리 속도로 사용할 수 있다. 파일 레지스터의 내용은 CPU모듈에 내장된 배터리에 의해 유지되고 있기 때문에 파일 레지스터의 내용은 PLC전원의 OFF, CPU모듈의 리셋 조작을 하여도 유지된다.

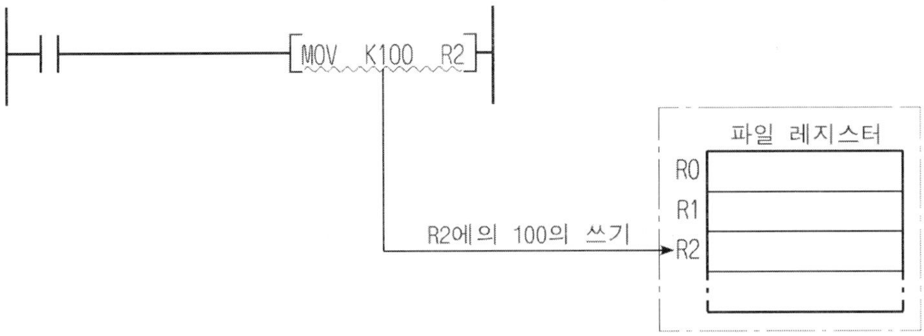

그림 2-42 파일 레지스터에 쓰기

파일 레지스터는 데이터 레지스터와 동일하게 1점 16비트로 구성되며, 16비트 단위로 읽고 쓰기가 가능하다.

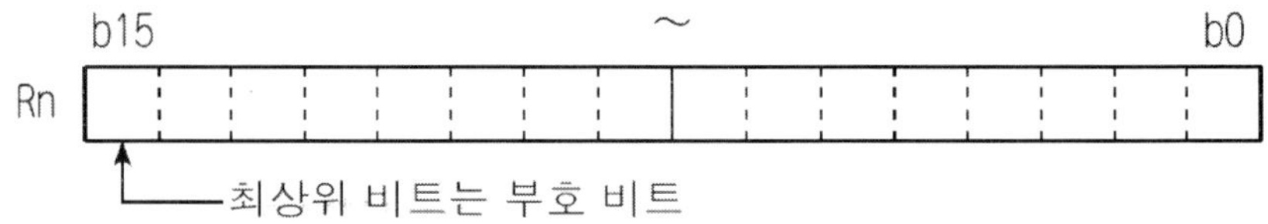

그림 2-43 파일 레지스터의 비트 구성

32비트 명령에서 파일 레지스터를 사용할 때는 Rn과 Rn+1이 처리 대상이 된다. 예를 들어 DMOV명령에서 R2를 지정하면 R2가 하위 16비트, R3이 상위 16비트가 된다.

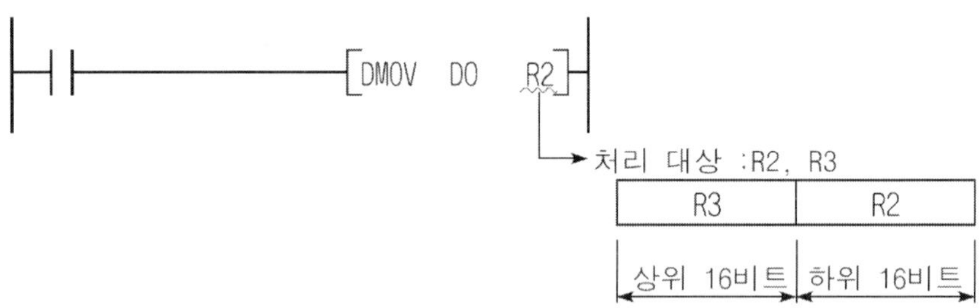

그림 2-44 32비트 명령에 의한 파일 레지스터의 데이터 전송과 저장

2. 파일 레지스터의 초기화(클리어)방법

파일 레지스터의 내용을 초기화하는 경우에는 PLC프로그램 또는 GX Developer에 의한 데이터 클리어 조작으로 실행한다. [그림 30]은 PLC프로그램으로 파일 레지스터를 클리어하는 방법을 나타낸 것이다.

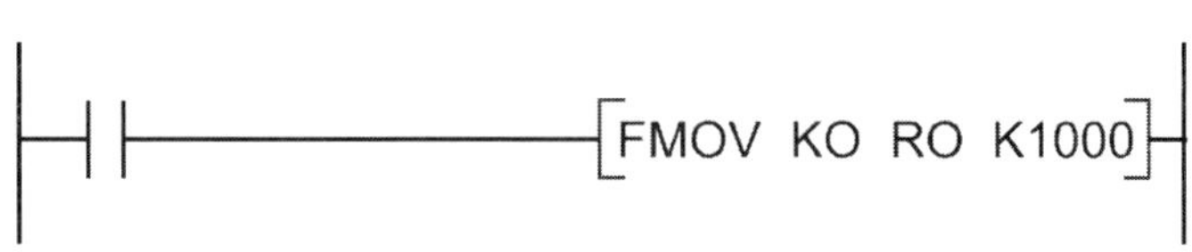

그림 2-45 파일 레지스터 R0 ~ R999를 클리어

GX Developer로 클리어 하는 방법은 [그림 31]과 같이 GX Developer의 메인메뉴에서 [온라인] → [PLC메모리 클리어]에서 파일 레지스터 전체 클리어를 선택하여 데이터를 클리어한다.

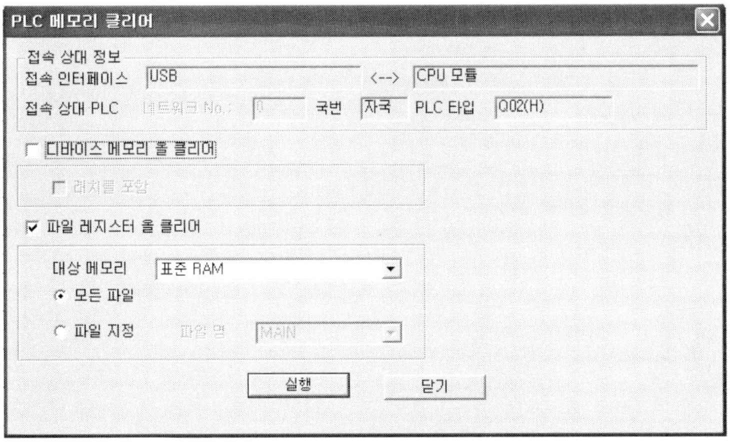

그림 2-46 파일 레지스터 클리어 방법

3. 파일 레지스터의 저장 장소

멜섹Q PLC에서 파일 레지스터를 저장하는 메모리에는 표준 RAM, SRAM 카드, Flash 카드의 3가지 종류가 있고, 파일 레지스터의 저장 가능 장소는 [표 2-15]와 같이 CPU모델 마다 다르다.

표 2-15 파일 레지스터 저장 가능 장소

CPU모델		저장장소	용량
베이직 모델 QCPU	Q00JCPU	없음(파일 레지스터 사용 불가)	
	Q00CPU, Q01CPU	표준 RAM	64K점
하이 퍼포먼스 모델 QCPU		표준 RAM 메모리 카드 (SRAM카드, Flash카드)	64K, 128K점
프로세서 QCPU			128K점
이중화 QCPU			128K점

4. 파일 레지스터 등록방법

파일 레지스터를 사용하는 경우에는 베이직 모델은 제외한 나머지 모델은 CPU모듈에 파일 레지스터의 파일을 등록해야 한다.

1) 파일 레지스터 등록

(1) 파일 레지스터의 사용여부 선택

GX Developer의 프로젝트 창에서 [파라미터] → [PLC파라미터]을 선택한 후 Q파라미터 설정의 창에서 [PLC파일]탭을 클릭한다.

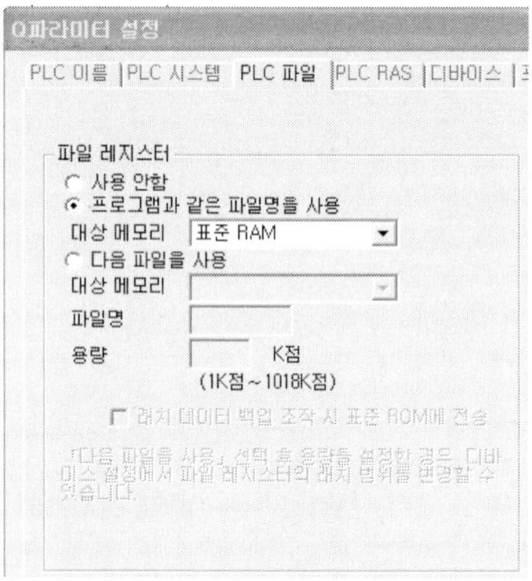

그림 2-47 파일 레지스터 등록

[그림 2-47]과 같이 파일 레지스터 항목에서 "프로그램과 같은 파일명을 사용"을 선택하고 대상 메모리를 "표준 RAM"으로 설정 후 PLC파라미터를 PLC에 쓰기한다.

(2) 파일 레지스터 생성

GX Developer의 프로젝트 창에서 [디바이스 메모리]을 선택한 후 마우스 오른쪽 버튼 크릭 후, 생성된 창에서 [새로 만들기]선택하고 새로 만들기 창에서 데이터 타입을 "디바이스 메모리"로 선택한 후 확인 버튼을 클릭한다.

(3) 파일 레지스터 CPU모듈에 쓰기

GX Developer의 메인메뉴 [온라인]에서 [PLC 쓰기]를 선택하여 PLC쓰기 창이 열리면 "디바이스 메모리 MAIN"이 생성되어 있음을 볼 수 있다. PLC쓰기 창에서 대상 메모리를 "표준 RAM"으로 설정하면 "파일 레지스터 MAIN"을 선택한 후 실행버튼을 클릭하면 된다.

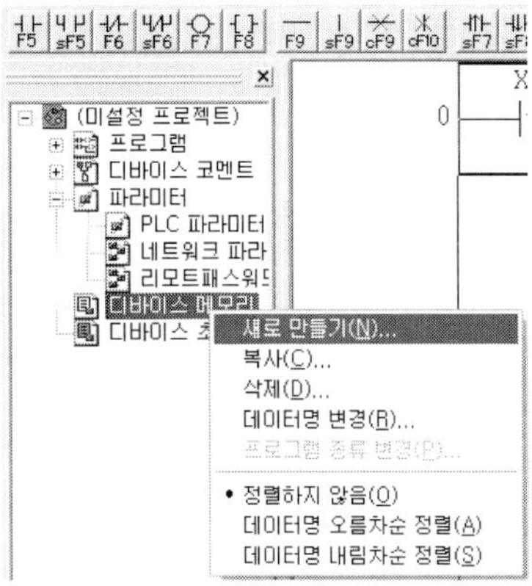

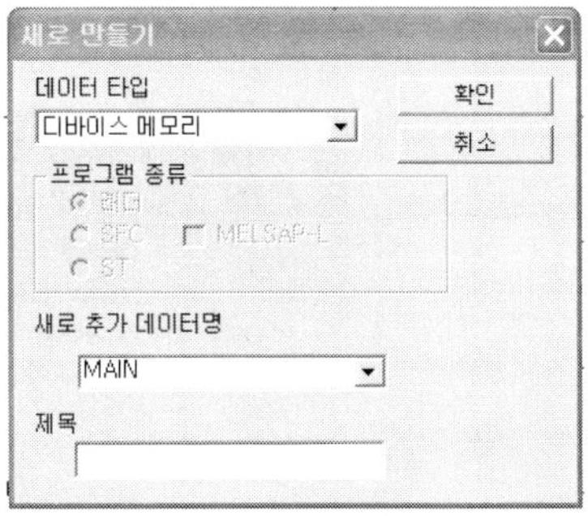

그림 2-48

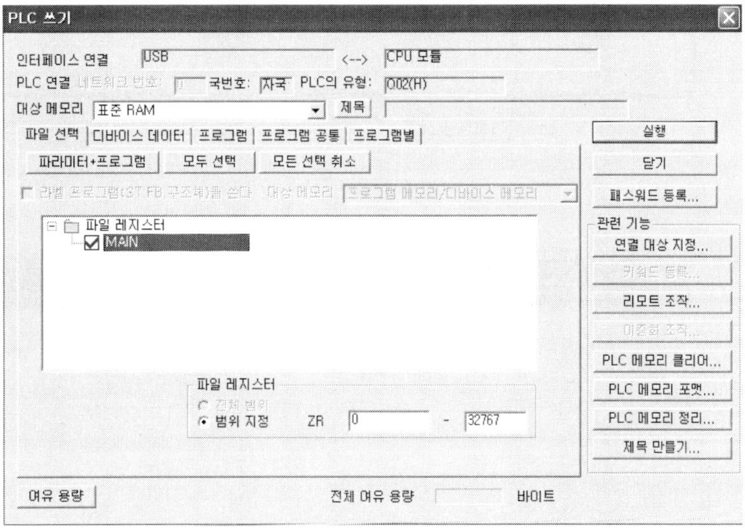

그림 2-49 파일 레지스터를 CPU모듈에 쓰기

위와 같은 절차를 마치면 파일 레지스터를 PLC프로그램에서 사용할 수 있다. 파일 레지스터를 생성한 후, 다음의 과제를 수행해보자.

[그림 2-50]은 파일 레지스터를 이용해 설정값을 변경 또는 저장하기 위한 조작 패널을 나타낸 것이다. 주어진 동작조건을 만족하는 PLC프로그램을 작성해보자.

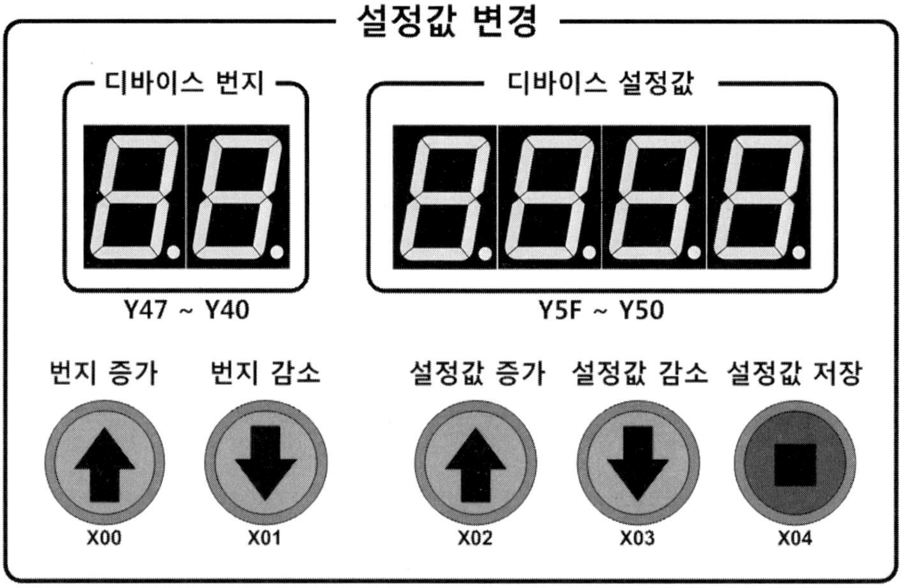

그림 2-50 파일 레지스터를 사용을 위한 조작패널

표 2-16 PLC 입출력 번지 할당표

입력번호	기능	출력번호	기능
X00	번지 증가	Y47~Y40	디바이스 번지 FND
X01	번지 감소	Y5F~Y50	디바이스 설정값 FND
X02	설정값 증가		
X03	설정값 감소		
X04	설정값 저장		

▌동작조건

① 번지 증가(X00)버튼과 번지 감소(X01)버튼을 누를 때마다 파일 레지스터의 번지가 R0 ~ R9까지 1씩 증가 또는 감소한다. 이 때 설정된 파일 레지스터의 번지가 디바이스 번지를 나타내는 FND에 표시되어야 한다.

② 디바이스 번지를 나타낸 FND에 설정된 파일 레지스터 번지에 저장된 설정값이 디바이스 설정값 표시 FND에 표시되어야 한다.

③ 설정값 증가(X03)버튼과 설정값 감소(X04)버튼을 누를 때마다 디바이스 설정값이 1씩 증가 또는 감소한다. 설정값은 0000 ~ 9999까지이다.

④ 설정값 저장(X04)버튼을 누를 때, 디바이스 설정값이 해당 파일 레지스터

번지에 저장되어야 한다.

⑤ PLC의 전원을 OFF 했다가 ON했을 때, 이전에 설정한 설정값이 파일 레지스터에 저장되었는지 확인하라.

⑥ 동작되는 것을 확인했다면 파일 레지스터 R0 ~ R99번지까지 파일 레지스터의 값을 변경할 수 있는 PLC프로그램을 작성해보자.

PLC 프로그램 작성

프로그램명 : 파일 레지스터를 사용한 설정값 변경
프로그래머 : 정 완 보
작 성 일 : 2009. 5. 18.

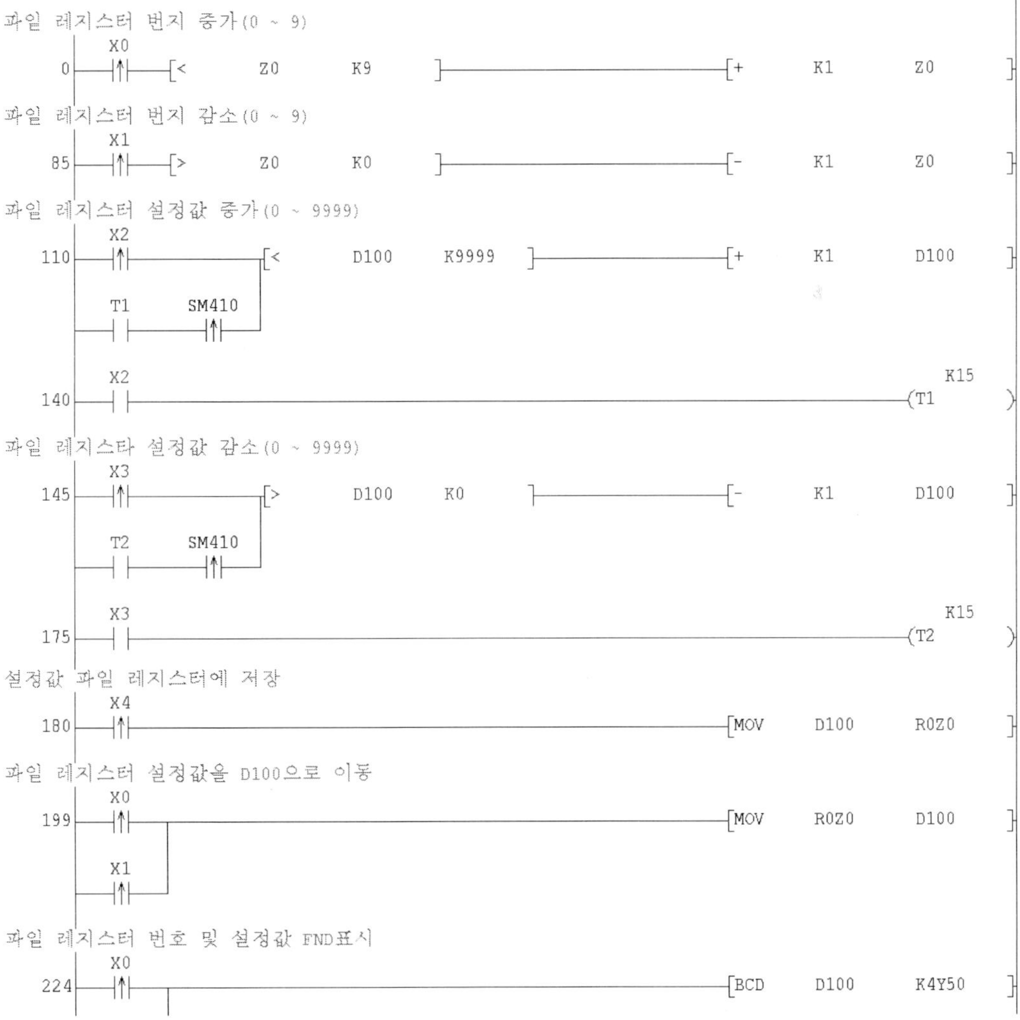

프로그램 2-12

2-13 실습과제 파일 레지스터를 이용한 이송테이블의 위치제어

앞의 실습과제에서 파일 레지스터를 이용해 설정값을 변경하거나 변경된 내용을 저장하는 방법에 대해 살펴보았다. 이번 실습에서는 파일 레지스터를 이용해 이송 테이블의 위치제어를 위한 위치 설정값을 설정하여 PLC의 전원 ON/OFF에 관계없이 위치 설정값을 기억하고 있는 PLC프로그램을 작성해보자.

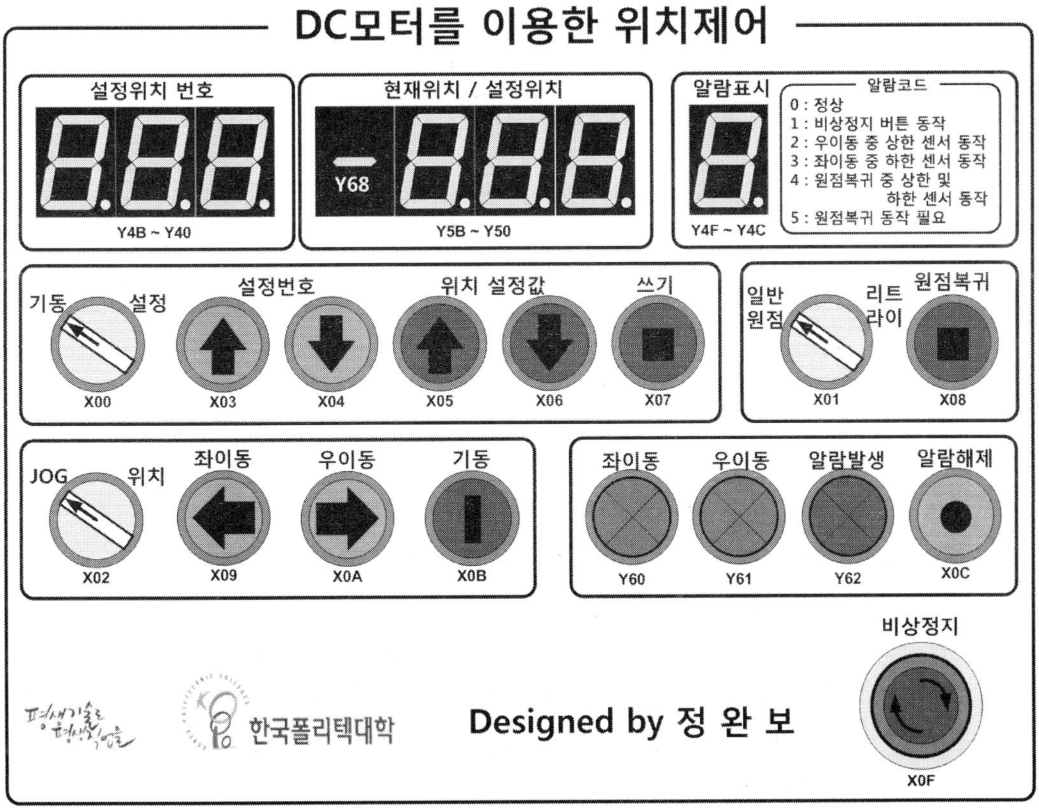

그림 2-51 파일 레지스터를 이용한 위치제어 조작패널

표 2-17 PLC 입출력 번지 할당표

입력번호	기능	출력번호	기능
X00	기동/설정	Y4B~Y40	설정위치 번호
X01	일반원점/리트라이	Y4F~Y4C	알람 표시 FND
X02	JOG/위치	Y5B~Y50	현재위치/설정위치FND
X03	설정번호 증가		
X04	설정번호 감소	Y60	좌이동 표시램프
X05	위치설정값 증가	Y61	알람발생 램프
X06	위치설정값 감소	Y62	우이동 표시램프

표 2-17 PLC 입출력 번지 할당표

입력번호	기능	출력번호	기능
X07	쓰기		
X08	원점복귀	Y68	현재위치 부호표시
X09	좌이동		
X0A	우이동		
X0B	기동		
X0C	알람해제		
X0F	비상정지		
X10	하한 센서(Light ON)		
X11	원점 센서(Dark ON)		
X12	상한 센서(Light ON)	Y70	DC모터 정회전(우이동)
X13	회전검출 센서(Dark ON)	Y71	DC모터 역회전(좌이동)

▌동작조건

① 시스템의 전원이 OFF → ON 또는 PLC CPU가 리셋 되었을 때에는 알람 발생 램프가 1초 간격으로 점멸동작을 하고 알람표시 FND에는 "5"가 표시되어 작업자에게 원점복귀가 필요하다는 것을 알려야 한다.

② 원점복귀가 완료되지 않은 상태에서는 좌이동(X09), 우이동(X0A), 기동(X0b)버튼은 동작하지 않는다.

③ 원점복귀 동작 필요 알람이 발생한 상태에서 원점복귀 버튼을 누르면 원점복귀 방법선택 선택 스위치에 의해 선택된 방법으로 원점복귀를 실시한다.

④ 원점복귀 동작을 완료하면 알람발생 램프는 소등되고 알람표시 FND에는 "0"이 표시되고, 현재위치와 설정위치 번호를 표시하는 FND도 "000"이 표시된다.

⑤ 이송테이블이 움직이면 이송테이블의 스크류 축 끝단에 설치된 회전검출 센서를 이용해 이동거리를 현재 위치 FND에 표시한다. 원점을 기준으로 좌측으로 이동하면 현재값은 -값이 되고 우측으로 이동하면 +값이 된다.

⑥ 원점복귀가 완료된 후, 위치이동 선택 스위치(X02)가 JOG위치에 있을 때(X02 OFF 상태), 좌이동 버튼(X09)을 누르고 있는 동안 이송테이블은 좌측으로 이동하고 이때, 좌이동 표시램프(Y60)가 점등된다. 이송테이블이 좌측으로 이동하면 현재위치의 표시값은 감소하고, 좌이동 중에 하한센서가 동작하면 이송테이블의 이동을 즉시 정지하고 알람램프(Y62)는 1초 간격으로 점멸동작을 하고 알람표시 FND에는 "3"이 표시된다. 알람램프가 점멸상태에서는 어떠한 입력버튼도 동작하지 않는다. 알람해제 버튼(X0C)을 누르면 알람램프가 소등하고 알람표시 FND에는 "0"이 표시되고 이 때, 우이동 버튼을 누르면 이송테이블은 우측으로 이동하지만 좌이동 버튼을 누르면 알람발생 램프와 알람표시 FND가 다시 동작을 한다.

⑦ 원점복귀가 완료된 후, 위치이동 선택 스위치가 JOG위치에 있을 때(X02 OFF 상태) 우이동 버튼(X0A)을 누르고 있는 동안 이송테이블은 우측으로 이동하고 이때, 우이동 표시램프(Y61)가 점등된다. 이송테이블이 우측으로 이동하면 현재위치의 표시값은 증가하고, 우측으로 이동 중에 상한센서(X12)가 동작하면 더 이상 우측으로 이동하지 않고 즉시 정지하고 알람램프(Y62)가 1초 간격으로 점멸동작을 하고 알람표시 FND에는 "2"가 표시된다. 알람램프가 점멸상태에서는 어떠한 입력버튼도 동작하지 않는다. 알람해제 버튼(X0C)을 누르면 알람램프가 소등하고 알람표시 FND에는 "0"이 표시되고 이 때, 좌이동 버튼을 누르면 이송테이블은 좌측으로 이동하지만 우이동 버튼을 누르면 알람발생 램프와 알람표시 FND가 다시 동작을 한다.

⑧ 원점복귀방법 선택 버튼(X01)이 OFF된 상태이면 일반 원점복귀, ON상태이면 원점복귀 리트라이 방식으로 동작한다.

⑨ 비상정지 버튼(X0F)을 누르면 알람발생 램프가 1초 간격으로 점멸동작을 하고 알람표시 FND에는 "1"이 표시되고 이송테이블의 동작은 즉시 정지한다. 비상정지 버튼이 눌러진 상태에서는 어떤 입력 스위치도 동작하지 않는다. 비상정지 버튼의 동작을 해제한 후, 알람해제 버튼을 누르면 알람발생 램프는 소등하고 알람표시 FND에는 "0"이 표시되고 입력 스위치는 동작할 수 있다.

⑩ 위치이동 선택 스위치(X02)가 위치에 있을 때(X02 ON 상태)에는 설정 위

치 번호에 의한 위치제어 동작을 한다. 설정위치 값은 001 ~ 999까지 설정할 수 있고 기동 및 설정용 선택 스위치(X00)의 위치가 설정위치에 있을 때(X00 ON상태)설정위치 증가 버튼(X03), 감소 버튼(X04)에 의해 설정위치 번호를 증가하거나 감소시킬 수 있다. 설정 위치 번호를 설정한 후, 기동버튼을 누르면 설정 위치 번호의 파일 레지스터에 저장된 위치로 이송테이블이 이동하고 현재 위치가 실시간으로 현재 위치 표시 FND에 표시된다. 이송테이블 이동 중에 상한 및 하한 센서, 비상정지가 동작하면 이송테이블은 즉시 정지하고 해당 알람을 발생한다.

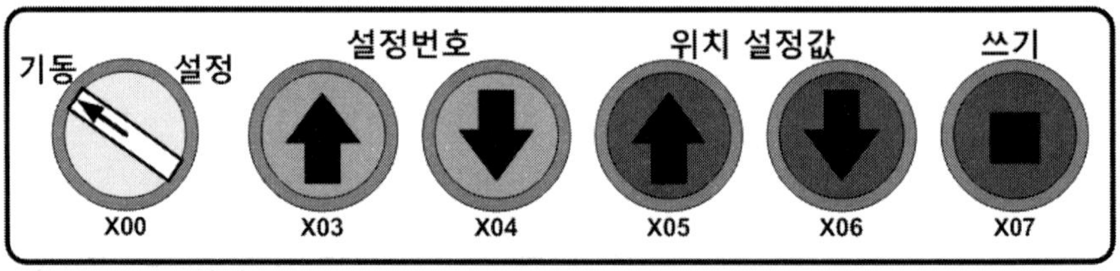

그림 2-52 조작패널

⑪ 파일 레지스터에 설정 위치값을 설정하기 위해서는 기동 및 설정선택 스위치(X00)가 설정위치(X00 ON상태)에 있을 때에는 설정위치 번호 FND에는 설정위치 번호가 표시되고, 현재위치 / 설정위치 표시 FND에는 설정위치 번호에 해당되는 파일 레지스터의 설정값이 표시된다.

⑫ 기동 및 설정선택 스위치(X00)가 설정위치(X00 ON상태)에 있을 때, 설정 번호 증가(X03)와 감소(X04)버튼의 조작에 의해 설정위치 번호를 000 ~ 999까지 조작할 수 있다.

⑬ 기동 및 설정선택 스위치(X00)가 설정위치(X00 ON상태)에 있을 때, 설정 번호 증가(X03)와 감소(X04)버튼의 조작에 의해 현재위치 / 설정위치 표시 FND에 설정값이 표시되고, 이 설정값은 위치 설정값 증가(X05)와 감소(X06)버튼의 조작에 의해 0000 ~ 9999까지 변경할 수 있다.

⑭ 기동 및 설정선택 스위치(X00)가 설정위치(X00 ON상태)에 있을 때, 쓰기(X07)버튼을 누르면 현재 설정위치 번호 FND에 표시된 파일 레지스터 번호에 현재위치 / 설정위치 FND에 표시된 값이 저장된다. ⑬번 항목에 의해 현재위치 / 설정위치 FND에 표시된 값을 위치 설정값 증가 및 감소 버튼을 이용해 설정값을 변경할 수 있지만 쓰기 버튼을 누르지 않으면 변경된 설정값은 무시된다.

PLC 프로그램 작성

```
프로그램명 : 위치제어 3(인덱스레지스터 사용)
프로그래머 : 정 완 보
작 성 일 : 2011. 9. 7

** 데이터 초기화 **
이동거리 설정값(D0) 1로 설정
D1 ~ D10까지 0으로 설정
      SM402
  0 ──┤ ├──┬──────────────────────────[MOV    K1     D0    ]
           ├────────────────────[FMOV   K0     D1     K5    ]
           └──────────────────────────[MOV    K1     Z0    ]

** 디스플레이 **
현재위치(D1), 이동거리(D0), 에러코드(D3) 표시
D1의 현재위치 값이 음수이면 2의 보수처리 후 BCD명령 사용 출력
BCD명령어는 음수를 처리 할 수 없음
      SM400     X0
107 ──┤ ├──────┤/├──┬─────────────────────[BCD    Z0     K3Y40 ]
                    ├─[>=   D1   K0 ]─────[BCD    D1     K3Y50 ]
                    └─[<    D1   K0 ]─┬──────────────────(M1    )
                                      ├───[MOV    D1     D2    ]
                                      ├─────────[NEG    D2     ]
                                      └───[BCD    D2     K3Y50 ]

알람코드 표시
      SM400
220 ──┤ ├─────────────────────────────────[BCD    D3     K1Y4C ]

파일레지스터 설정모드 디스플레이
      SM400     X0
233 ──┤ ├──────┤ ├──┬─────────────────────[BCD    Z0     K3Y40 ]
                    └─────────────────────[BCD    D100   K3Y50 ]

PLC전원 OFF -> ON , CPU리셋일 때, 원점복귀 요청
      SM402
260 ──┤ ├─────────────────────────────────────────[SET    M2    ]
      M2        SM412
288 ──┤ ├──┬───┤ ├───────────────────────────────────────(M3    )
           └──────────────────────────────[MOV    K5     D3    ]
```

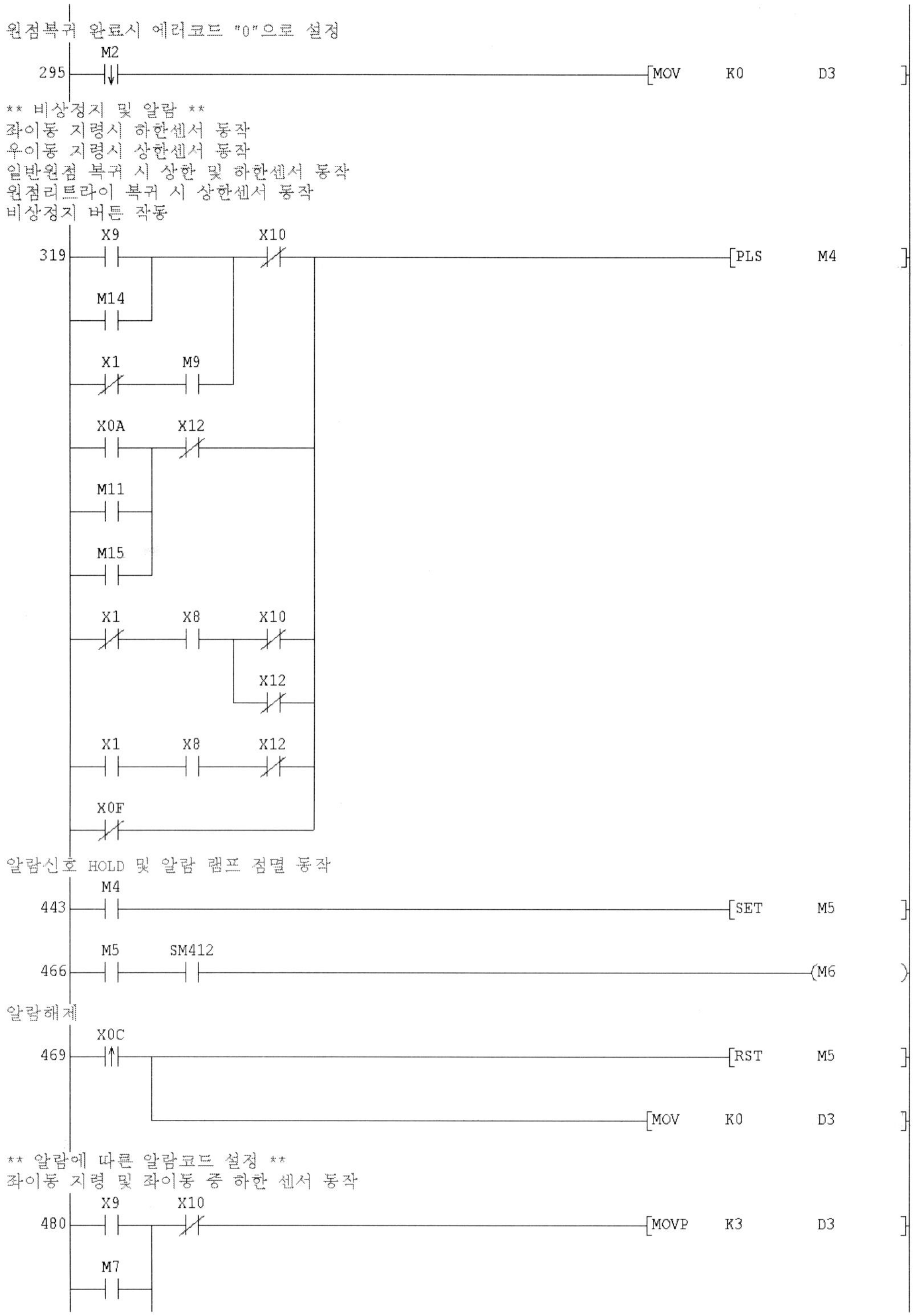
원점복귀 완료시 에러코드 "0"으로 설정
M2
295
MOV K0 D3
** 비상정지 및 알람 **
좌이동 지령시 하한센서 동작
우이동 지령시 상한센서 동작
일반원점 복귀 시 상한 및 하한센서 동작
원점리트라이 복귀 시 상한센서 동작
비상정지 버튼 작동
X9
X10
319
PLS M4
M14
X1
M9
X0A
X12
M11
M15
X1
X8
X10
X12
X1
X8
X12
X0F
알람신호 HOLD 및 알람 램프 점멸 동작
M4
443
SET M5
M5
SM412
466
M6
알람해제
X0C
469
RST M5
MOV K0 D3
** 알람에 따른 알람코드 설정 **
좌이동 지령 및 좌이동 중 하한 센서 동작
X9
X10
480
MOVP K3 D3
M7

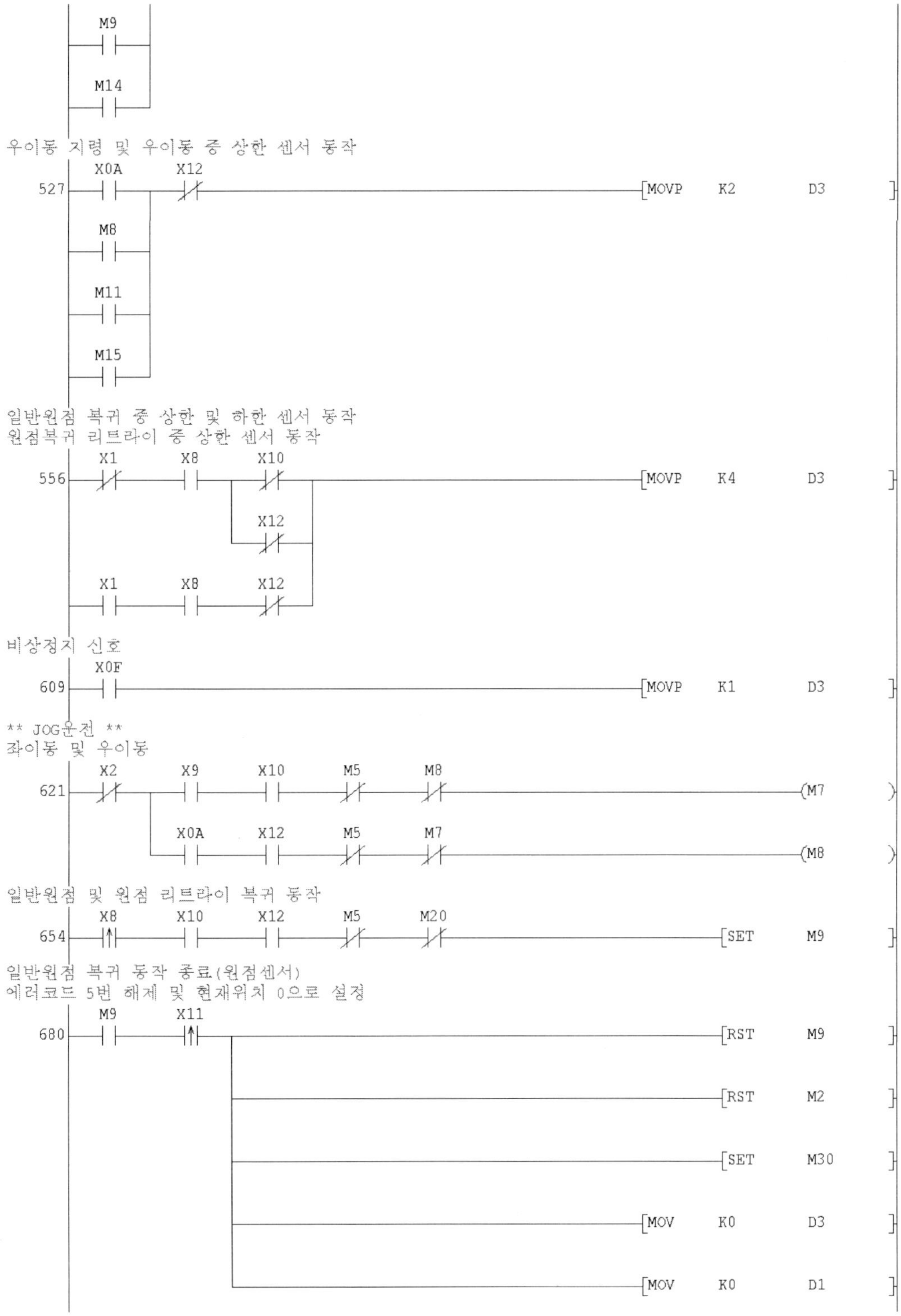
M9
M14
우이동 지령 및 우이동 중 상한 센서 동작
527 X0A X12 [MOVP K2 D3]
M8
M11
M15
일반원점 복귀 중 상한 및 하한 센서 동작
원점복귀 리트라이 중 상한 센서 동작
556 X1 X8 X10 [MOVP K4 D3]
X12
X1 X8 X12
비상정지 신호
609 X0F [MOVP K1 D3]
** JOG운전 **
좌이동 및 우이동
621 X2 X9 X10 M5 M8 (M7)
X0A X12 M5 M7 (M8)
일반원점 및 원점 리트라이 복귀 동작
654 X8 X10 X12 M5 M20 [SET M9]
일반원점 복귀 동작 종료(원점센서)
에러코드 5번 해제 및 현재위치 0으로 설정
680 M9 X11 [RST M9]
[RST M2]
[SET M30]
[MOV K0 D3]
[MOV K0 D1]

```
원점 리트라이 복귀 동작 중 하한센서가 동작하면
      X1      M9      X10
731 ─┤ ├────┤ ├────┤↓├──┬──────────────────[RST    M9    ]
                         └──────────────────[SET    M10   ]
모터 정지 후 1초 대기
      M10                                            K10
762 ─┤ ├────────────────────────────────────(T1          )
1초 대기 후, 모터 우 이동
      T1
780 ─┤ ├──┬─────────────────────────────────[RST    M10   ]
          └─────────────────────────────────[SET    M11   ]
모터 우이동 중에 원점센서가 OFF되면
      M11     X11
798 ─┤ ├────┤↓├─────────────────────────────[SET    M12   ]
30개의 펄스만큼 우측으로 이동 후
      M12     X13
821 ─┤ ├────┤↑├──┬──────────────────────[+      K1     D4   ]
                 └[>=   D4    K30 ]─┬───────[RST    M11   ]
                                    ├───────[RST    M12   ]
                                    ├───────[SET    M13   ]
                                    └───────[MOV    K0     D4   ]
모터 정지 1초 대기
      M13                                            K10
853 ─┤ ├────────────────────────────────────(T2          )
1초 대기 후, 모터 좌이동
      T2
870 ─┤ ├──┬─────────────────────────────────[RST    M13   ]
          └─────────────────────────────────[SET    M9    ]
원점 복귀 동작 중에 비상정지가 되면 원점 복귀 동작 정지
      M5
888 ─┤ ├──┬─────────────────────────────[BKRSTP M9     K5   ]
          └─────────────────────────────[MOV    K0     D4   ]
** 이송테이블 이동 설정위치 번호 설정 **
설정번호 증가
      X0      X3
924 ─┤/├────┤↑├──[<    Z0    K9  ]──────[+      K1     Z0   ]
설정번호 감소
      X0      X4
964 ─┤/├────┤↑├──[>    Z0    K1  ]──────[-      K1     Z0   ]
```

```
** 위치결정 기동 **
위치결정 기동
       X2      X0B      X10      X12      M5       M20      M2
 981 ──┤ ├────┤↑├─────┤ ├─────┤ ├─────┤/├─────┤/├─────┤/├──────────────(M16   )

인덱스레지스터를 이용하여 D11 ~ D19에 설정한 위치값 확인
설정 위치값과 현재위치값을 비교 이송테이블 이동 방향 설정
인덱스 레지스터의 값이 1일때 D10Z0 = D11번지를 의미함
       M16
1012 ──┤ ├──┬─[<     R0Z0     D1    ]────────────────────────[SET    M14    ]
            └─[>     R0Z0     D1    ]────────────────────────[SET    M15    ]

현재위치와 설정위치의 비교
       M14
1114 ──┤ ├──┬─[=     R0Z0     D1    ]─┬──────────────────────[RST    M14    ]
       M15  │                          └──────────────────────[RST    M15    ]
     ──┤ ├──┘

위치결정 중에 비상정지 발생하면 즉시 정지
       M14      M5
1137 ──┤ ├──┬──┤ ├──┬─────────────────────────────────────────[RST    M14    ]
       M15  │        ├─────────────────────────────────────────[RST    M15    ]
     ──┤ ├──┘        └──────────────────────────────[MOVP    K0      D4     ]

** 파일 레지스터 설정값 변경 **
파일 레지스터 설정을 위한 인덱스 레지스터 설정값 증가
       X0       X3
1167 ──┤ ├────┤↑├──┬─[<     Z0      K99    ]───────[+      K1      Z0     ]
       T10    SM410 │
     ──┤ ├────┤↑├──┘

       X0       X3                                                      K15
1225 ──┤ ├────┤ ├──────────────────────────────────────────────────(T10    )

파일 레지스터 설정을 위한 인덱스 레지스터 설정값 감소
       X0       X4
1231 ──┤ ├────┤↑├──┬─[>     Z0      K1     ]───────[-      K1      Z0     ]
       T11    SM410 │
     ──┤ ├────┤↑├──┘

       X0       X4                                                      K15
1271 ──┤ ├────┤ ├──────────────────────────────────────────────────(T11    )

파일 레지스터 설정값을 D100으로 이동
       X0       X3
1277 ──┤ ├──┬─┤↑├──┬──────────────────────────────[MOV    R0Z0    D100   ]
            │  X4   │
            └─┤↑├──┘

파일 레지스터에 저장을 위한 D100설정값 증가
       X0       X5
1304 ──┤ ├────┤↑├──┬─[<     D100    K999   ]───────[+      K1      D100   ]
```

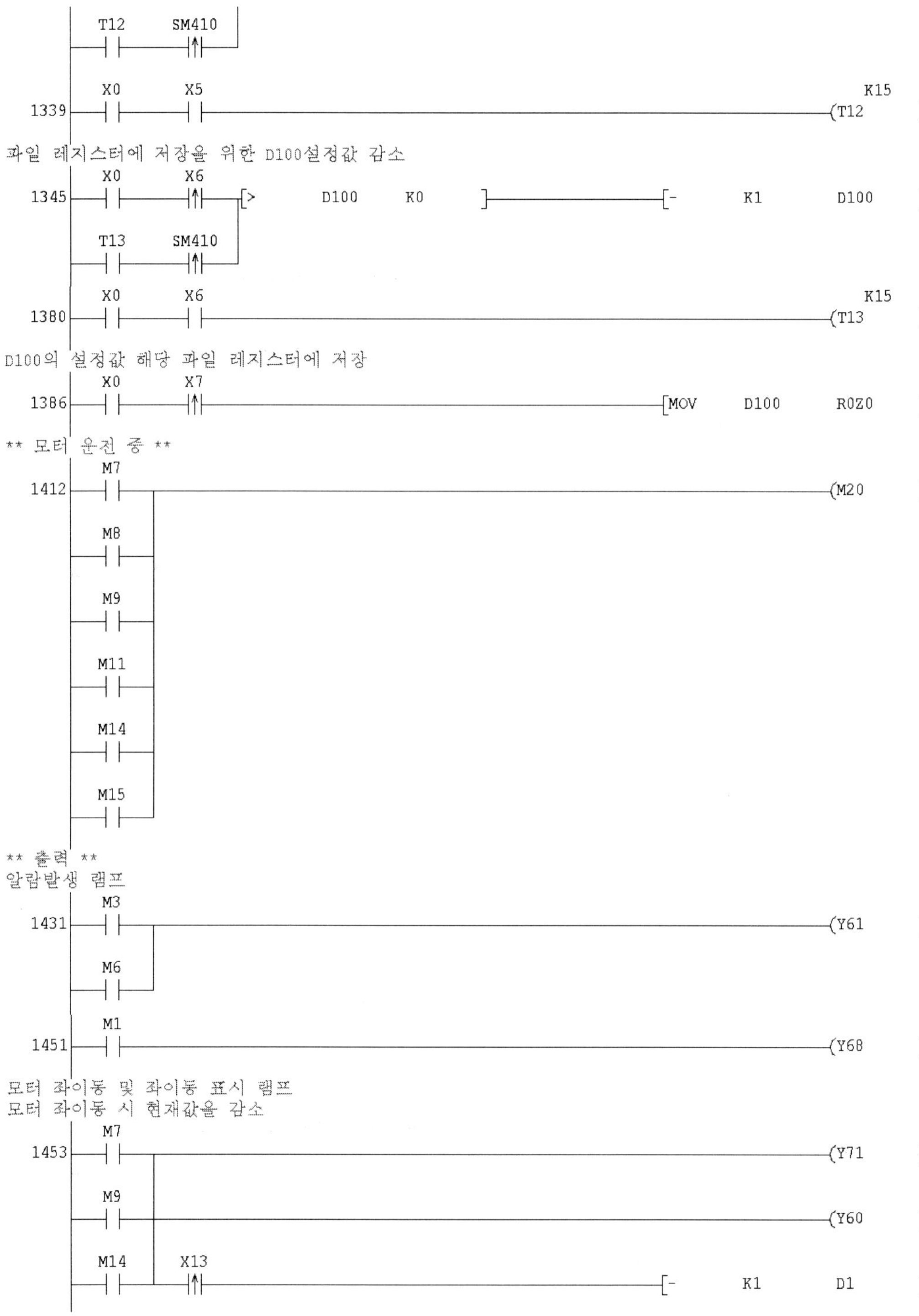

T12 SM410
1339 X0 X5 K15 (T12)
파일 레지스터에 저장을 위한 D100설정값 감소
1345 X0 X6 [> D100 K0] [- K1 D100]
T13 SM410
1380 X0 X6 K15 (T13)
D100의 설정값 해당 파일 레지스터에 저장
1386 X0 X7 [MOV D100 R0Z0]
** 모터 운전 중 **
1412 M7 (M20)
M8
M9
M11
M14
M15
** 출력 **
알람발생 램프
1431 M3 (Y61)
M6
1451 M1 (Y68)
모터 좌이동 및 좌이동 표시 램프
모터 좌이동 시 현재값을 감소
1453 M7 (Y71)
M9 (Y60)
M14 X13 [- K1 D1]

프로그램 2-13

앞에서 학습한 파일 레지스터를 이용해 위치값을 설정하기 때문에 설정된 위치값은 PLC전원의 ON/OFF에 관계없이 파일 레지스터에 저장되어 있다. 프로그램을 자세히 살펴보자. 프로그램이 복잡하다고 미리 겁먹지 말자. 앞에서 학습한 내용에다가 파일 레지스터를 사용하기 위한 부분만 더 첨부한 것이다. 프로그램 라인 0번은 파일 레지스터를 검색하기 위해 사용할 인덱스 레지스터 Z0의 값을 1로 설정한다. 그 이유는 파일 레지스터 R1 ~ R999까지 검색하기 위한 것이다. 즉 R0Z0=R1 ~ R999까지 검색하기 위해 Z0을 1로 초기화하는 것이다.

프로그램 라인 107번은 FND디스플레이 부분으로 기동할 때와 위치값을 설정할 때의 FND에 서로 다른 값이 표시되어야 한다. 프로그램 라인 233번에 설정모드일 때 FND에 표시할 내용을 나타내었다.

프로그램 라인 924번은 설정번호 증가와 감소 조건이 기동과 설정모드일 때 다르기 때문에 각각 동작할 수 있도록 하였다.

프로그램 라인 981번은 기동버튼이 눌러졌을 때, 인덱스 레지스터의 설정값에 의해 선택된 파일 레지스터에 저장된 위치값을 현재값과 비교해서 이송테이블이 이동방향을 선택하고 모터을 구동하는 부분이다. 모터가 구동되면 현재값을 증가 또는 감소시켜 설정값과 현재값과 비교해서 모터의 구동을 제어한다.

프로그램 라인 1167번부터 파일 레지스터에 위치값을 설정하는 부분이다. 파일 레지스터를 R01 ~ R99까지만 사용할 수 있도록 하였다.

이 프로그램을 실행할 때, 반드시 파일 레지스터를 생성하고 파일레지스터를 PLC CPU에 쓰기 한 후, 프로그램을 실행시켜야 정상 동작한다.

2-14 실습과제 JOG운전을 이용한 위치 좌표 설정 방법

[실습과제 2-13]에서는 파일 레지스터를 이용해 위치제어를 위한 위치 설정값을 저장하는 방법에 대해 학습했다. 이번 과제에서는 JOG운전을 통해 이송테이블을 이동하고 이송테이블의 현재 위치값을 파일 레지스터에 저장한 후, 위치제어를 위한 위치값으로 활용하는 방법에 대해 살펴보자. [실습과제 2-14]에서는 파일 레지스터에 위치값을 설정할 때, 위치 설정값의 증가와 감소 버

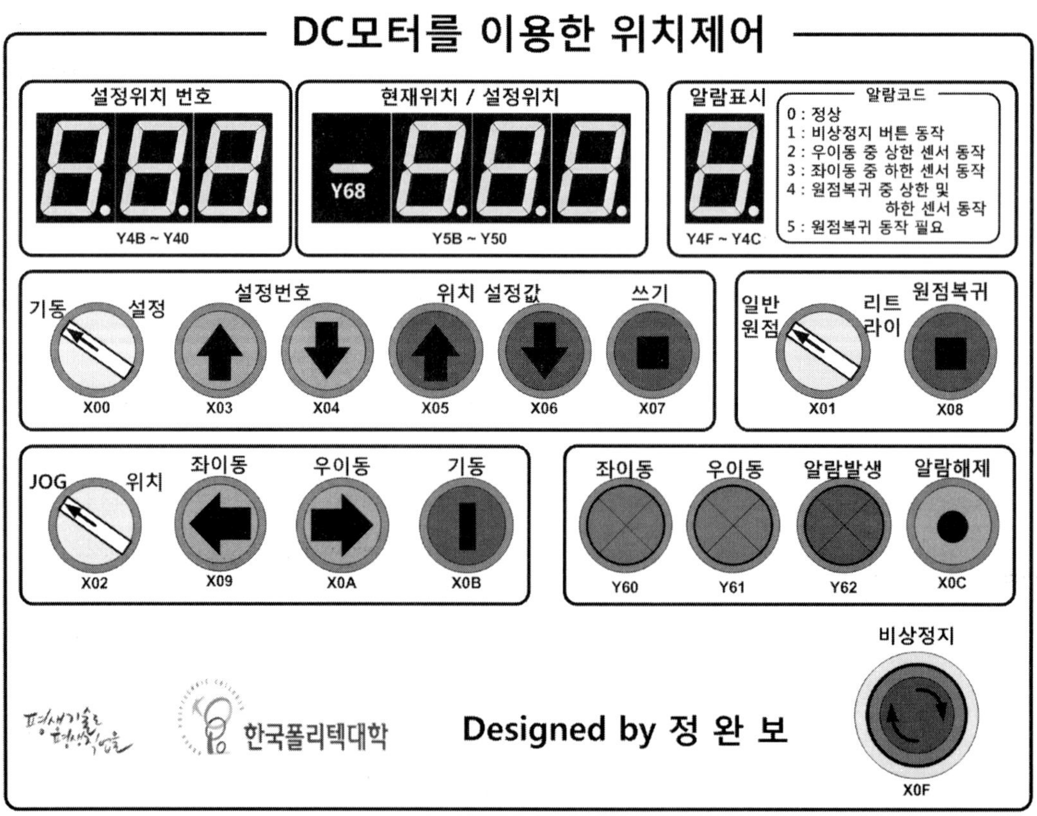

그림 2-53 위치제어를 위한 조작패널

튼을 눌러서 위치값을 설정했다. 이러한 방법을 사용하면 임의의 위치값을 설정할 수 있지만 정확한 위치값을 설정했는지에 대해서는 모터를 회전시켜 이송 테이블을 이동시켜보아야 확인할 수 있다. 먼저 원점을 복귀동작을 한 후 기계적 원점을 확립한 상태에서 JOG운전을 이용해 이송 테이블을 좌우로 이동시키면 이송테이블의 현재 위치를 구할 수 있다. JOG운전을 통해 이송 테이블이 이동할 정확한 위치에 이동시킨 후 현재 표시된 현재위치를 원하는 파일 레지스터 번지에 설정하면 좀 더 편리하게 위치설정을 할 수 있다. 이번 과제에서는 JOG운전을 이용해 구한 이송 테이블의 현재위치를 위치제어를 위한 위치값으로 파일 레지스터에 저장하는 방법에 대해 학습한다.

표 2-18 PLC 입출력 번지 할당표

입력번호	기능	출력번호	기능
X00	기동/설정	Y4B~Y40	설정위치 번호
X01	일반원점/리트라이	Y4F~Y4C	알람 표시 FND
X02	JOG/위치	Y5B~Y50	현재위치/설정위치FND
X03	설정번호 증가		
X04	설정번호 감소	Y60	좌이동 표시램프
X05	위치설정값 증가	Y61	알람발생 램프
X06	위치설정값 감소	Y62	우이동 표시램프
X07	쓰기		
X08	원점복귀	Y68	현재위치 부호표시
X09	좌이동		
X0A	우이동		
X0B	기동		
X0C	알람해제		
X0F	비상정지		
X10	하한 센서(Light ON)		
X11	원점 센서(Dark ON)		
X12	상한 센서(Light ON)	Y70	DC모터 정회전(우이동)
X13	회전검출 센서(Dark ON)	Y71	DC모터 역회전(좌이동)

▌동작조건

① 시스템의 전원이 OFF → ON 또는 PLC CPU가 리셋되었을 때에는 알람발생 램프가 1초 간격으로 점멸동작을 하고 알람표시 FND에는 "5"가 표시되어 작업자에게 원점복귀가 필요하다는 것을 알려야 한다.

② 원점복귀가 완료되지 않은 상태에서는 좌이동(X09), 우이동(X0A), 기동(X0b)버튼은 동작하지 않는다.

③ 원점복귀 동작 필요 알람이 발생한 상태에서 원점복귀 버튼을 누르면 원점복귀 방법선택 선택 스위치에 의해 선택된 방법으로 원점복귀를 실시한다.

④ 원점복귀 동작을 완료하면 알람발생 램프는 소등되고 알람표시 FND에는 "0"이 표시되고, 현재 위치와 설정위치 번호를 표시하는 FND도 "000"이 표시된다.

⑤ 이송테이블이 움직이면 이송테이블의 스크류 축 끝단에 설치된 회전검출 센서를 이용해 이동거리를 현재 위치 FND에 표시한다. 원점을 기준으로 좌측으로 이동하면 현재값은 −값이 되고 우측으로 이동하면 +값이 된다.

⑥ 원점복귀가 완료된 후, 위치이동 선택 스위치(X02)가 JOG위치에 있을 때(X02 OFF 상태), 좌이동 버튼(X09)을 누르고 있는 동안 이송테이블은 좌측으로 이동하고 이때, 좌이동 표시램프(Y60)가 점등된다. 이송테이블이 좌측으로 이동하면 현재위치의 표시값은 감소하고, 좌이동 중에 하한센서가 동작하면 이송테이블의 이동을 즉시 정지하고 알람램프(Y62)는 1초 간격으로 점멸동작을 하고 알람표시 FND에는 "3"이 표시된다. 알람램프가 점멸상태에서는 어떠한 입력버튼도 동작하지 않는다. 알람해제 버튼(X0C)을 누르면 알람램프가 소등하고 알람표시 FND에는 "0"이 표시되고 이 때, 우이동 버튼을 누르면 이송테이블은 우측으로 이동하지만 좌이동 버튼을 누르면 알람발생 램프와 알람표시 FND가 다시 동작을 한다.

⑦ 원점복귀가 완료된 후, 위치이동 선택 스위치가 JOG위치에 있을 때(X02 OFF 상태) 우이동 버튼(X0A)을 누르고 있는 동안 이송테이블은 우측으로 이동하고 이때, 우이동 표시램프(Y61)가 점등된다. 이송테이블이 우측으로 이동하면 현재위치의 표시값은 증가하고, 우측으로 이동 중에 상한센서(X12)가 동작하면 더 이상 우측으로 이동하지 않고 즉시 정지하고 알람램프(Y62)가 1초 간격으로 점멸동작을 하고 알람표시 FND에는 "2"가 표시된다. 알람램프가 점멸상태에서는 어떠한 입력버튼도 동작하지 않는다. 알람해제 버튼(X0C)을 누르면 알람램프가 소등하고 알람표시 FND에는 "0"이 표시되고 이 때, 좌이동 버튼을 누르면 이송테이블은 좌측으로 이동하

지만 우이동 버튼을 누르면 알람발생 램프와 알람표시 FND가 다시 동작을 한다.

⑧ 원점복귀방법 선택 버튼(X01)이 OFF된 상태이면 일반 원점복귀, ON상태이면 원점복귀 리트라이 방식으로 동작한다.

⑨ 비상정지 버튼(X0F)을 누르면 알람발생 램프가 1초 간격으로 점멸동작을 하고 알람표시 FND에는 "1"이 표시되고 이송테이블의 동작은 즉시 정지한다. 비상정지 버튼이 눌러진 상태에서는 어떤 입력 스위치도 동작하지 않는다. 비상정지 버튼의 동작을 해제한 후, 알람해제 버튼을 누르면 알람발생 램프는 소등하고 알람표시 FND에는 "0"이 표시되고 입력 스위치는 동작할 수 있다.

⑩ 위치이동 선택 스위치(X02)가 위치에 있을 때(X02 ON 상태)에는 설정 위치 번호에 의한 위치제어 동작을 한다. 설정위치 값은 001 ~ 999까지 설정할 수 있고 기동 및 설정용 선택 스위치(X00)의 위치가 설정위치에 있을 때(X00 ON상태)설정위치 증가 버튼(X03), 감소 버튼(X04)에 의해 설정위치 번호를 증가하거나 감소시킬 수 있다. 설정 위치 번호를 설정한 후, 기동버튼을 누르면 설정 위치 번호에 해당되는 위치로 이송테이블이 이동하고 현재 위치가 실시간으로 현재 위치 표시FND에 표시된다. 이송테이블 이동 중에 상한 및 하한 센서, 비상정지가 동작하면 이송테이블은 즉시 정지하고 해당 알람을 발생한다.

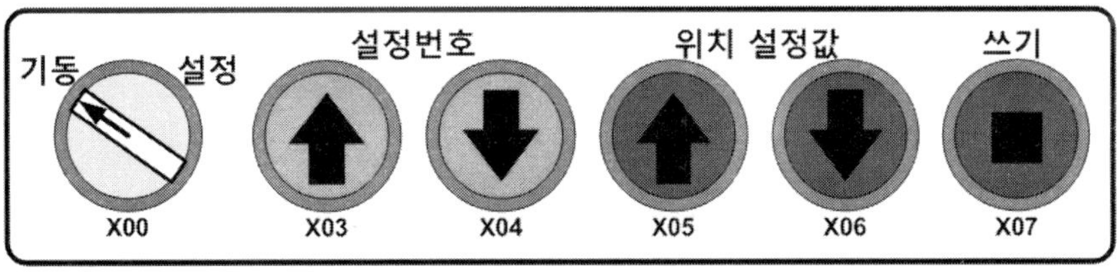

그림 2-54 조작패널

⑪ 파일 레지스터에 설정 위치값을 설정하기 위해서는 기동 및 설정선택 스위치(X00)가 설정위치(X00 ON상태)에 있을 때에는 설정위치 번호 FND에는 설정위치 번호가 표시되고, 현재위치 / 설정위치 표시 FND에는 설정위치 번호에 해당되는 파일 레지스터의 설정값이 표시된다.

⑫ 기동 및 설정선택 스위치(X00)가 설정위치(X00 ON상태)에 있을 때, 설정번호 증가(X03)와 감소(X04)버튼의 조작에 의해 설정위치 번호를 000 ~

999까지 조작할 수 있다.

⑬ 기동 및 설정선택 스위치(X00)가 설정위치(X00 ON상태)에 있을 때, 설정번호 증가(X03)와 감소(X04)버튼의 조작에 의해 현재위치 / 설정위치 표시 FND에 설정값이 표시되고, 이 설정값은 위치 설정값 증가(X05)와 감소(X06)버튼의 조작에 의해 0000 ~ 9999까지 변경할 수 있다.

⑭ 기동 및 설정선택 스위치(X00)가 설정위치(X00 ON상태)에 있을 때, 쓰기(X07)버튼을 누르면 현재 설정위치 번호 FND에 표시된 파일 레지스터 번호에 현재위치 / 설정위치 FND에 표시된 값이 저장된다. ⑬번 항목에 의해 현재위치 / 설정위치 FND에 표시된 값을 위치 설정값 증가 및 감소 버튼을 이용해 설정값을 변경할 수 있지만 쓰기 버튼을 누르지 않으면 변경된 설정값은 무시된다.

⑮ 기동/설정 선택 버튼(X00)이 기동모드에 있고, JOG/위치 선택 버튼이 JOG 위치에 있을 때, JOG운전을 통해 이송테이블을 좌우로 이동한 후, 쓰기 버튼을 누르면 현재 설정된 위치번호의 파일 레지스터에 현재의 위치값이 저장된다.

PLC 프로그램 작성

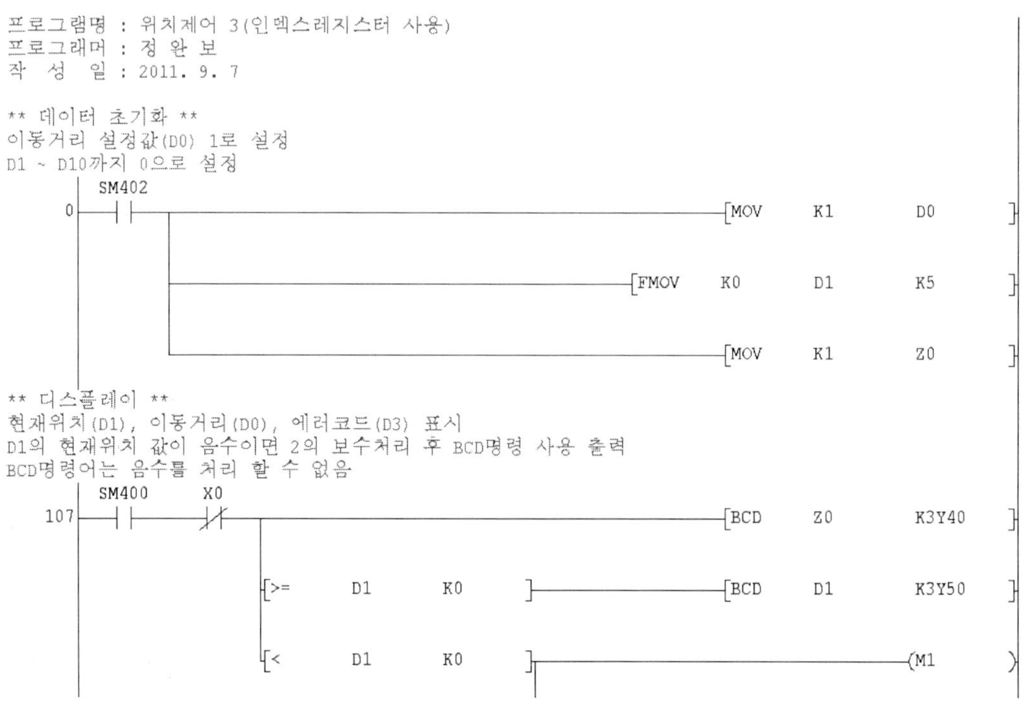

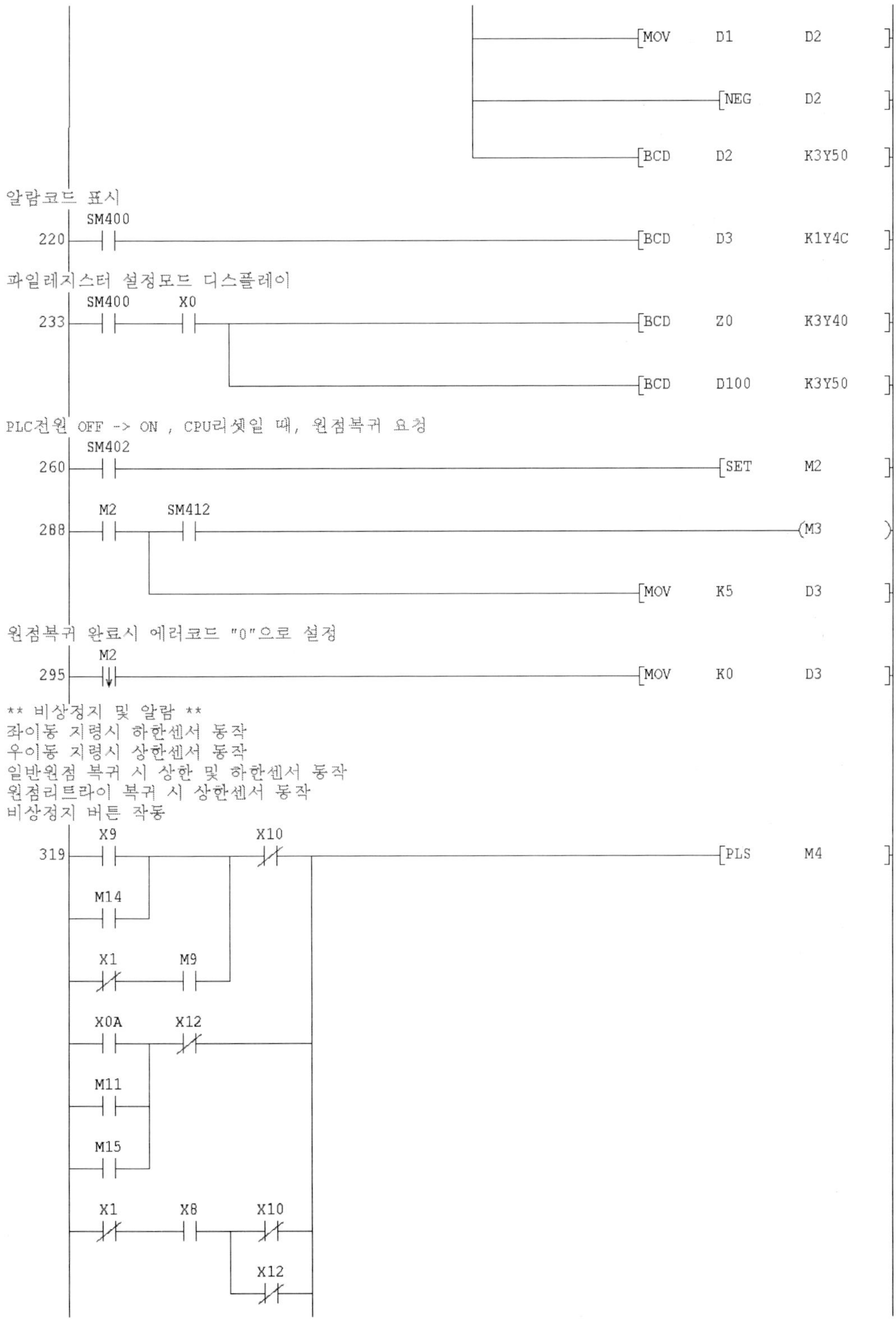
MOV D1 D2
NEG D2
BCD D2 K3Y50
알람코드 표시
SM400
220 BCD D3 K1Y4C
파일레지스터 설정모드 디스플레이
SM400 X0
233 BCD Z0 K3Y40
BCD D100 K3Y50
PLC전원 OFF -> ON , CPU리셋일 때, 원점복귀 요청
SM402
260 SET M2
M2 SM412
288 M3
MOV K5 D3
원점복귀 완료시 에러코드 "0"으로 설정
M2
295 MOV K0 D3
** 비상정지 및 알람 **
좌이동 지령시 하한센서 동작
우이동 지령시 상한센서 동작
일반원점 복귀 시 상한 및 하한센서 동작
원점리트라이 복귀 시 상한센서 동작
비상정지 버튼 작동
X9 X10
319 PLS M4
M14
X1 M9
X0A X12
M11
M15
X1 X8 X10
X12

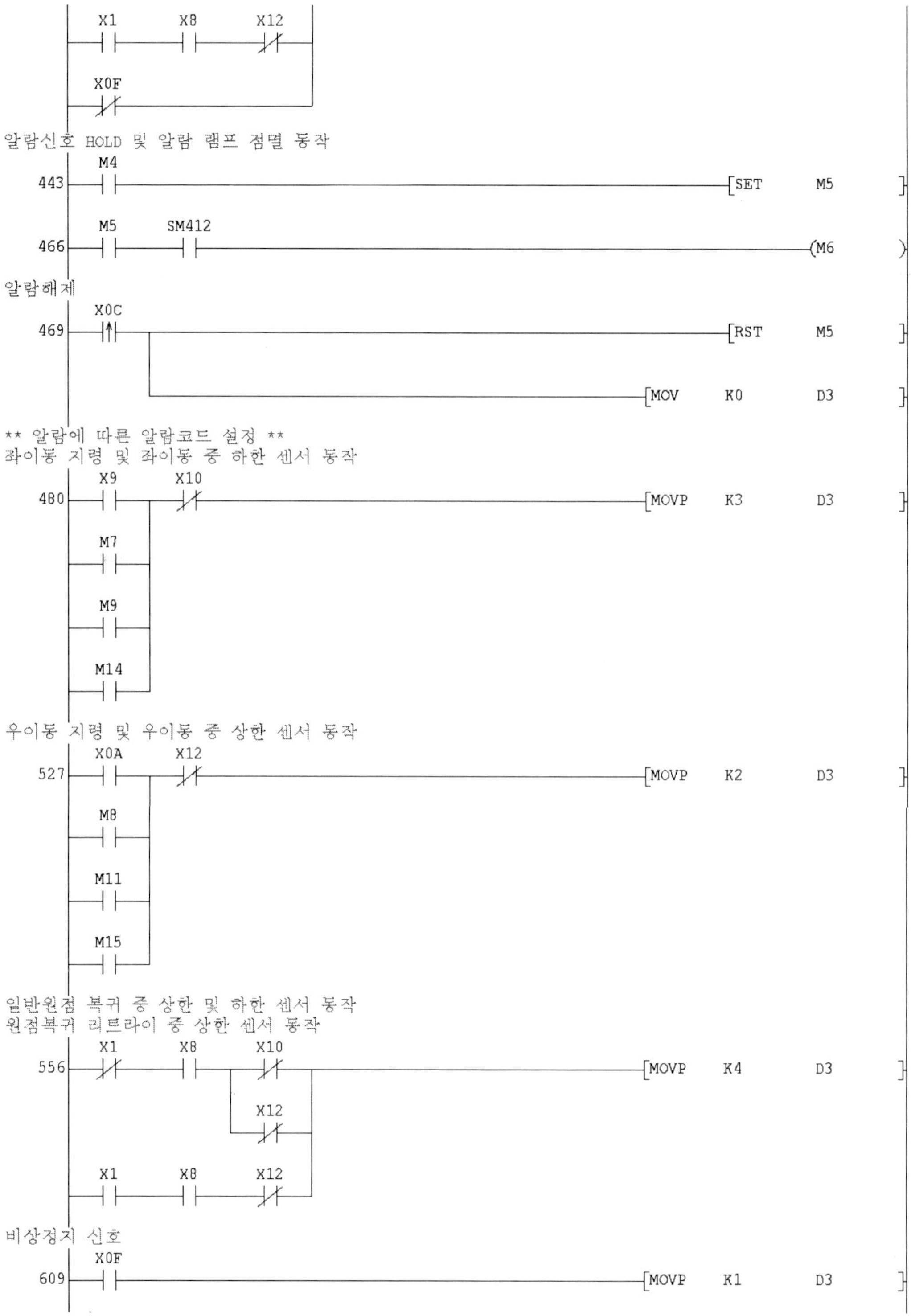
X1 X8 X12
X0F
알람신호 HOLD 및 알람 램프 점멸 동작
443 M4 [SET M5]
466 M5 SM412 (M6)
알람해제
469 X0C [RST M5]
[MOV K0 D3]
** 알람에 따른 알람코드 설정 **
좌이동 지령 및 좌이동 중 하한 센서 동작
480 X9 X10 [MOVP K3 D3]
M7
M9
M14
우이동 지령 및 우이동 중 상한 센서 동작
527 X0A X12 [MOVP K2 D3]
M8
M11
M15
일반원점 복귀 중 상한 및 하한 센서 동작
원점복귀 리트라이 중 상한 센서 동작
556 X1 X8 X10 [MOVP K4 D3]
X12
X1 X8 X12
비상정지 신호
609 X0F [MOVP K1 D3]

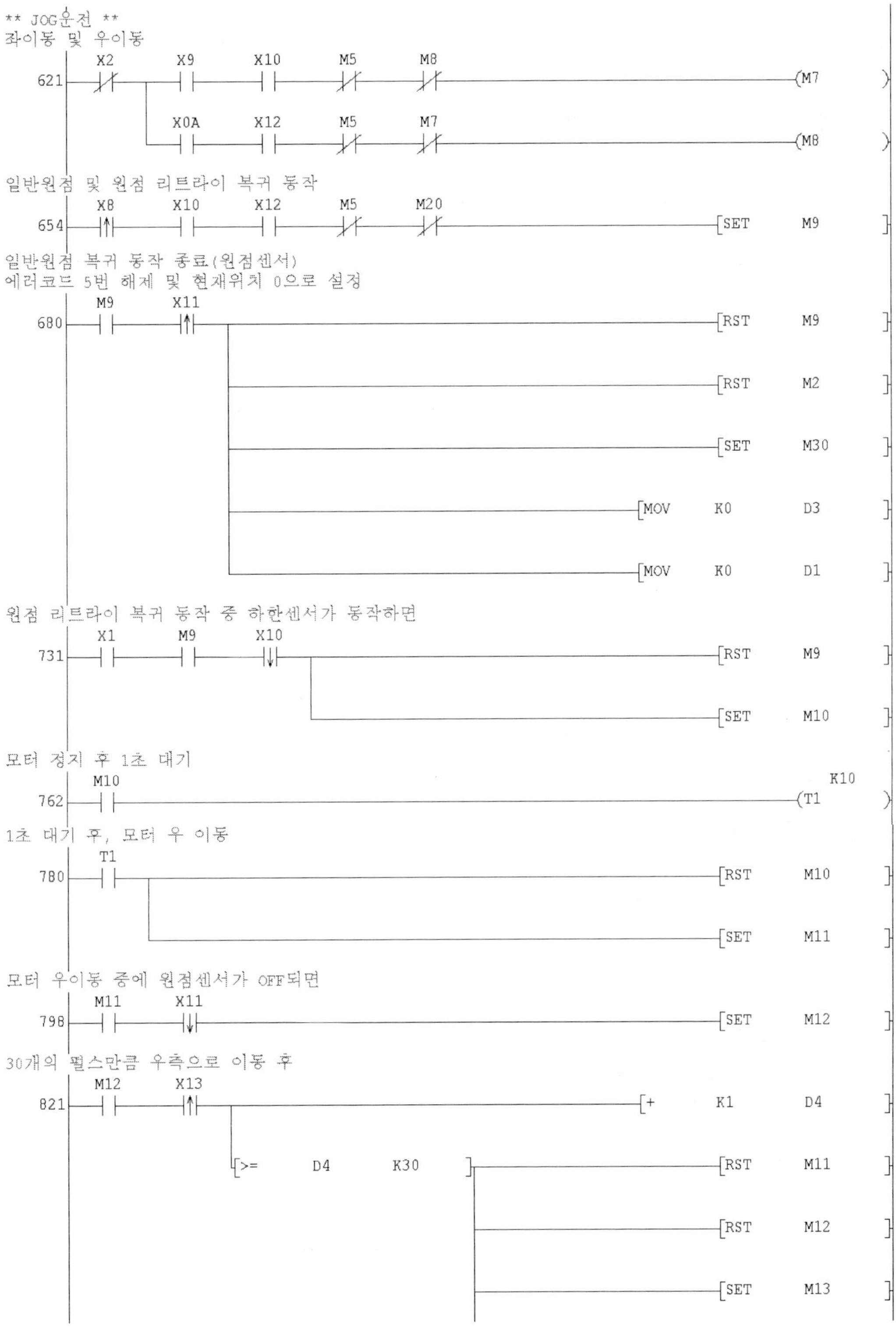
** JOG운전 **
좌이동 및 우이동
621
X2 X9 X10 M5 M8 M7
X0A X12 M5 M7 M8
일반원점 및 원점 리트라이 복귀 동작
654
X8 X10 X12 M5 M20 SET M9
일반원점 복귀 동작 종료(원점센서)
에러코드 5번 해제 및 현재위치 0으로 설정
680
M9 X11 RST M9
RST M2
SET M30
MOV K0 D3
MOV K0 D1
원점 리트라이 복귀 동작 중 하한센서가 동작하면
731
X1 M9 X10 RST M9
SET M10
모터 정지 후 1초 대기
762
M10 T1 K10
1초 대기 후, 모터 우 이동
780
T1 RST M10
SET M11
모터 우이동 중에 원점센서가 OFF되면
798
M11 X11 SET M12
30개의 펄스만큼 우측으로 이동 후
821
M12 X13 + K1 D4
>= D4 K30 RST M11
RST M12
SET M13

```
                                                    [MOV    K0      D4     ]

모터 정지 1초 대기
       M13                                                          K10
 853 --| |------------------------------------------------------(T2       )

1초 대기 후, 모터 좌이동
       T2
 870 --| |------------------------------------------------[RST    M13      ]
              |
              ------------------------------------------[SET    M9       ]

원점 복귀 동작 중에 비상정지가 되면 원점 복귀 동작 정지
       M5
 888 --| |----------------------------------------[BKRSTP M9      K5      ]
              |
              ----------------------------------[MOV    K0      D4      ]

** 이송테이블 이동 설정위치 번호 설정 **
설정번호 증가
       X0        X3
 924 --|/|------|↑|---[<     Z0     K9    ]------[+      K1      Z0      ]

설정번호 감소
       X0        X4
 964 --|/|------|↑|---[>     Z0     K1    ]------[-      K1      Z0      ]

** 위치결정 기동 **
위치결정 기동
       X2      X0B      X10     X12     M5      M20     M2
 981 --| |-----|↑|------| |-----| |-----|/|-----|/|-----|/|--------(M16      )

인덱스레지스터를 이용하여 D11 ~ D19에 설정한 위치값 확인
설정 위치값과 현재위치값을 비교 이송테이블 이동 방향 설정
인덱스 레지스터의 값이 1일때 D10Z0 = D11번지를 의미함
       M16
1012 --| |---[<     R0Z0    D1    ]--------------------[SET    M14      ]
            |
            [>     R0Z0    D1    ]--------------------[SET    M15      ]

현재위치와 설정위치의 비교
       M14
1114 --| |---[=     R0Z0    D1    ]--------------------[RST    M14      ]
       M15  |                      |
     --| |---                      --------------------[RST    M15      ]

위치결정 중에 비상정지 발생하면 즉시 정지
       M14        M5
1137 --| |-----+--| |-----------------------------------[RST    M14      ]
       M15     |        |
     --| |-----         -----------------------------[RST    M15      ]
                        |
                        -------------------------[MOVP   K0      D4      ]

** 파일 레지스터 설정값 변경 **
파일 레지스터 설정을 위한 인덱스 레지스터 설정값 증가
```

```
        X0      X3
1167 ──┤ ├─────┤↑├──┬[<   Z0    K99  ]────────[+   K1    Z0   ]
        T10     SM410│
     ──┤ ├─────┤↑├──┘

        X0      X3                                          K15
1225 ──┤ ├─────┤ ├──────────────────────────────────────(T10   )

파일 레지스터 설정을 위한 인덱스 레지스터 설정값 감소
        X0      X4
1231 ──┤ ├─────┤↑├──┬[>   Z0    K1   ]────────[-   K1    Z0   ]
        T11     SM410│
     ──┤ ├─────┤↑├──┘

        X0      X4                                          K15
1271 ──┤ ├─────┤ ├──────────────────────────────────────(T11   )

파일 레지스터 설정값을 D100으로 이동
        X0      X3
1277 ──┤ ├──┬──┤↑├──┬──────────────────────[MOV  R0Z0   D100 ]
            │   X4  │
            └──┤↑├──┘

파일 레지스터에 저장을 위한 D100설정값 증가
        X0      X5
1304 ──┤ ├─────┤↑├──┬[<   D100  K999 ]────────[+   K1    D100 ]
        T12     SM410│
     ──┤ ├─────┤↑├──┘

        X0      X5                                          K15
1339 ──┤ ├─────┤ ├──────────────────────────────────────(T12   )

파일 레지스터에 저장을 위한 D100설정값 감소
        X0      X6
1345 ──┤ ├─────┤↑├──┬[>   D100  K0   ]────────[-   K1    D100 ]
        T13     SM410│
     ──┤ ├─────┤↑├──┘

        X0      X6                                          K15
1380 ──┤ ├─────┤ ├──────────────────────────────────────(T13   )

D100의 설정값 해당 파일 레지스터에 저장
        X0      X7
1386 ──┤ ├─────┤↑├─────────────────────────────[MOV  D100   R0Z0 ]

JOG운전으로 위치 설정값 파일 레지스터 저장
        X0      X2      X7
1412 ──┤/├─────┤/├─────┤↑├─────────────────────[MOV  D1     R0Z0 ]

** 모터 운전 중 **
        M7
1441 ──┤ ├──┬───────────────────────────────────────────(M20   )
        M8  │
     ──┤ ├──┘
```

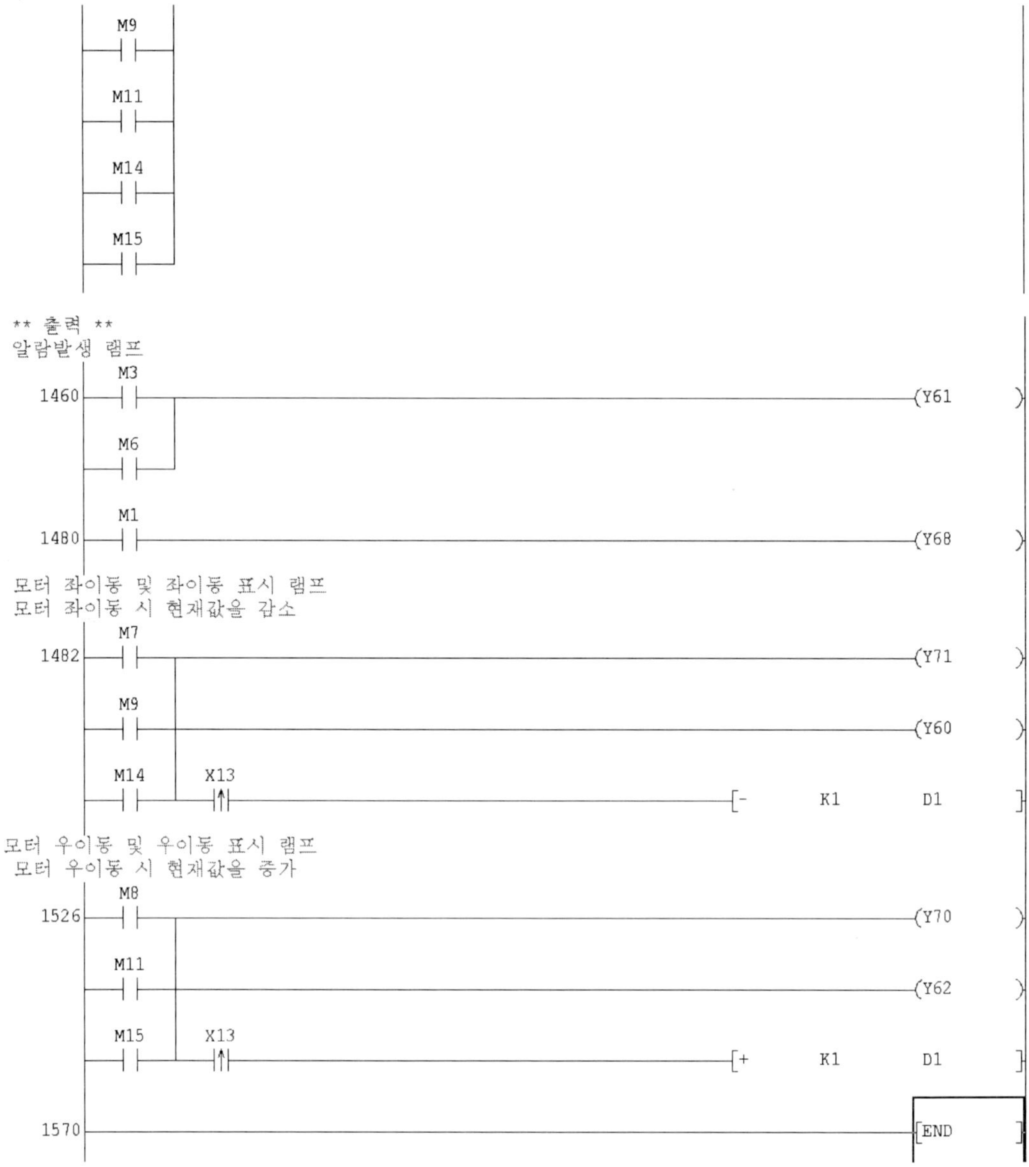

프로그램 2-14

[프로그램 2-14]는 [프로그램 2-13]과 99.9% 동일한 프로그램이다. JOG기능을 이용해 이송테이블을 이동시켜 현재의 위치값을 해당 파일 레지스터에 저장하는 부분만을 추가한 것이다. 비록 동일한 프로그램이지만 한 번 더 반복해보기 바란다.

PLC프로그램의 작성을 잘하기 위해서는 선천적으로 타고난 뛰어난 두뇌를 필요로 하지만 대부분의 사람들이 그냥 평범한 두뇌를 가지고 있을 뿐이다. 평범한 사람들의 경쟁에서 이길 수 있는 유일한 방법은 근면 성실한 것이다. PLC프로그램이라는 것이 대단히 어려운 알고리즘이 존재하는 것이 아니다. 기계의 동작 순서를 순서대로 나열하면 되는 것이 PLC프로그램이다. 따라서 동일한 PLC프로그램이지만 반복 연습을 통해서 PLC프로그램의 작성 패턴을 익히는 것이 중요하다.

프로그램 라인 1412번이 JOG운전을 이용해 이송테이블의 현재 위치값을 해당 파일 레지스터에 저장하는 부분이다. FND를 이중으로 사용하기 때문에 FND표시되는 숫자값을 잘못 인식하는 경우가 없도록 주의하기 바란다.

주변에 터치스크린이 있다면 각각의 디스플레이 숫자값을 별도로 표시하게 되면 보다 효율적인 시스템 구성이 될 것이다.

2-15 실습과제 위치 설정값을 이용한 연속 위치 제어

이번 과제에서는 파일 레지스터에 설정된 위치값을 이용해 정해진 위치로 연속제어 하는 방법에 대해 살펴보자. 이전의 과제에서는 이송 테이블을 이동하기 위해서는 위치값을 저장하고 있는 파일 레지스터 번호를 설정한 후 이송 버튼을 눌러서 위치이동을 하였다. 이제는 기동 버튼을 누르면 정해진 여러곳의 위치로 순차 이동하는 위치 제어용 PLC프로그램을 작성해보자.

연속 위치제어는 파일 레지스터에 등록된 위치값을 이용해 정해진 여러곳의 위치로 정해진 순서에 의해 순차적으로 이동하는 제어를 의미한다. 본 과제에서는 아래의 그림과 같이 위치번호 1~9번까지의 위치값이 파일 레지스터에 저장되어 있다는 전제하에 연속 위치 제어를 한다.

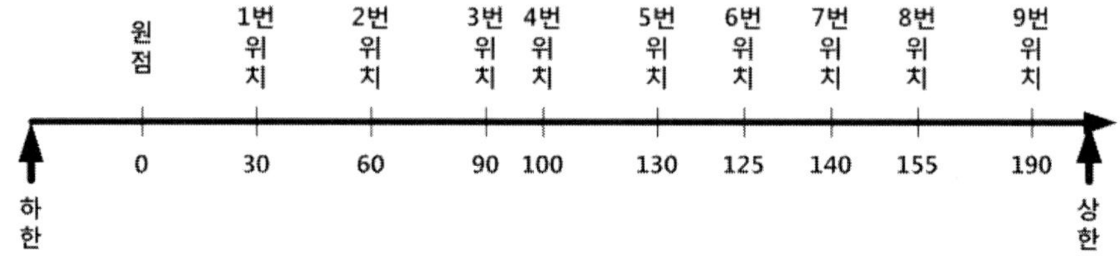

그림 2-55 절대좌표를 이용한 이송 테이블 위치제어 좌표 설정

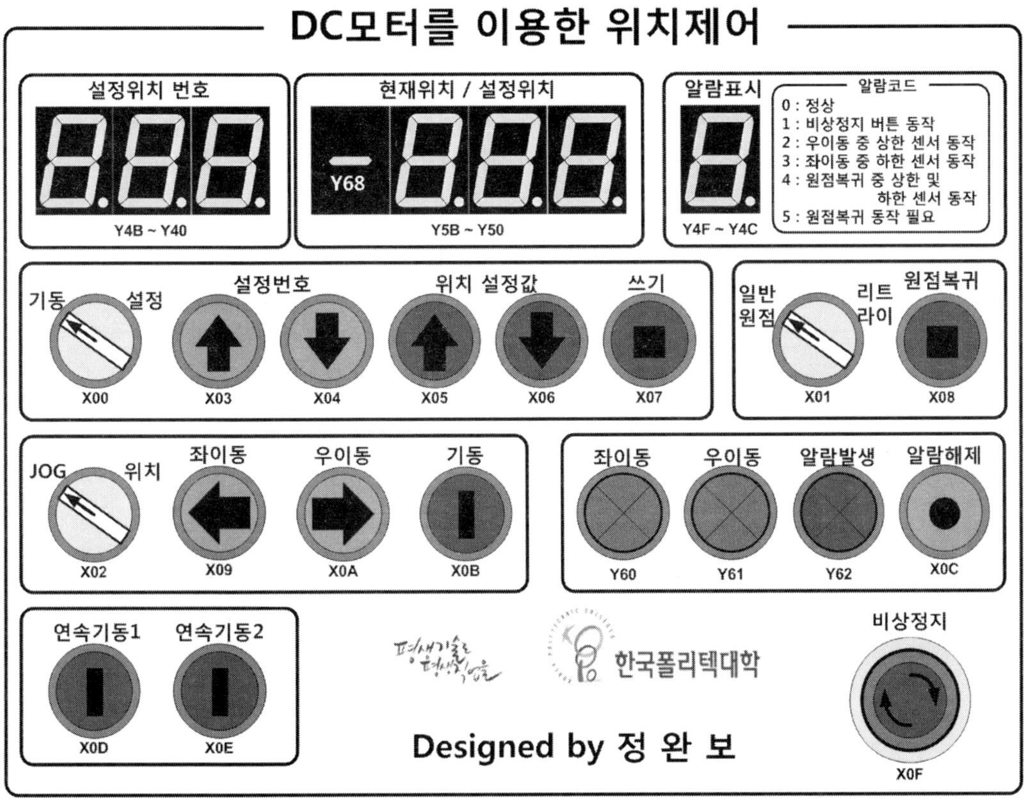

그림 2-56 연속 위치 제어를 위한 조작패널

표 2-19 PLC 입출력 번지 할당표

입력번호	기능	출력번호	기능
X00	기동/설정	Y4B~Y40	설정위치 번호
X01	일반원점/리트라이	Y4F~Y4C	알람 표시 FND
X02	JOG/위치	Y5B~Y50	현재위치/설정위치FND
X03	설정번호 증가		
X04	설정번호 감소	Y60	좌이동 표시램프
X05	위치설정값 증가	Y61	알람발생 램프
X06	위치설정값 감소	Y62	우이동 표시램프
X07	쓰기		
X08	원점복귀	Y68	현재위치 부호표시
X09	좌이동		
X0A	우이동		
X0B	기동		

X0C	알람해제		
X0D	연속기동 1		
X0E	연속기동 2		
X0F	비상정지		
X10	하한 센서(Light ON)		
X11	원점 센서(Dark ON)		
X12	상한 센서(Light ON)	Y70	DC모터 정회전(우이동)
X13	회전검출 센서(Dark ON)	Y71	DC모터 역회전(좌이동)

동작조건

① 시스템의 전원이 OFF → ON 또는 PLC CPU가 리셋되었을 때에는 알람발생 램프가 1초 간격으로 점멸동작을 하고 알람표시 FND에는 "5"가 표시되어 작업자에게 원점복귀가 필요하다는 것을 알려야 한다.

② 원점복귀가 완료되지 않은 상태에서는 좌이동(X09), 우이동(X0A), 기동(X0b)버튼은 동작하지 않는다.

③ 원점복귀 동작 필요 알람이 발생한 상태에서 원점복귀 버튼을 누르면 원점복귀 방법선택 선택 스위치에 의해 선택된 방법으로 원점복귀를 실시한다.

④ 원점복귀 동작을 완료하면 알람발생 램프는 소등되고 알람표시 FND에는 "0"이 표시되고, 현재위치와 설정위치 번호를 표시하는 FND도 "000"이 표시된다.

⑤ 이송테이블이 움직이면 이송테이블의 스크류 축 끝단에 설치된 회전검출 센서를 이용해 이동거리를 현재 위치 FND에 표시한다. 원점을 기준으로 좌측으로 이동하면 현재값은 −값이 되고 우측으로 이동하면 +값이 된다.

⑥ 원점복귀가 완료된 후, 위치이동 선택 스위치(X02)가 JOG위치에 있을 때(X02 OFF 상태), 좌이동 버튼(X09)을 누르고 있는 동안 이송테이블은 좌측으로 이동하고 이때, 좌이동 표시램프(Y60)가 점등된다. 이송테이블이 좌측으로 이동하면 현재위치의 표시값은 감소하고, 좌이동 중에 하한센서가 동작하면 이송테이블의 이동을 즉시 정지하고 알람램프(Y62)는 1초 간격으로 점멸동작을 하고 알람표시 FND에는 "3"이 표시된다. 알람램프가 점멸상태에서는 어떠한 입력버튼도 동작하지 않는다. 알람해제 버튼(X0C)을 누르면 알람램프가 소등하고 알람표시 FND에는 "0"이 표시되고 이 때, 우이동 버튼을 누르면 이송테이블은 우측으로 이동하지만 좌이동 버튼을 누르면 알람발생 램프와 알람표시 FND가 다시 동작을 한다.

⑦ 원점복귀가 완료된 후, 위치이동 선택 스위치가 JOG위치에 있을 때(X02 OFF 상태) 우이동 버튼(X0A)을 누르고 있는 동안 이송테이블은 우측으로 이동하고 이때, 우이동 표시램프(Y61)가 점등된다. 이송테이블이 우측으로 이동하면 현재 위치의 표시값은 증가하고, 우측으로 이동 중에 상한센서(X12)가 동작하면 더 이상 우측으로 이동하지 않고 즉시 정지하고 알람램프(Y62)가 1초 간격으로 점멸동작을 하고 알람표시 FND에는 "2"가 표시된다. 알람램프가 점멸상태에서는 어떠한 입력버튼도 동작하지 않는다. 알람해제 버튼(X0C)을 누르면 알람램프가 소등하고 알람표시 FND에는 "0"이 표시되고 이 때, 좌이동 버튼을 누르면 이송테이블은 좌측으로 이동하지만 우이동 버튼을 누르면 알람발생 램프와 알람표시 FND가 다시 동작을 한다.

⑧ 원점복귀방법 선택 버튼(X01)이 OFF된 상태이면 일반 원점복귀, ON상태이면 원점복귀 리트라이 방식으로 동작한다.

⑨ 비상정지 버튼(X0F)을 누르면 알람발생 램프가 1초 간격으로 점멸동작을 하고 알람표시 FND에는 "1"이 표시되고 이송테이블의 동작은 즉시 정지한다. 비상정지 버튼이 눌러진 상태에서는 어떤 입력 스위치도 동작하지 않는다. 비상정지 버튼의 동작을 해제한 후, 알람해제 버튼을 누르면 알람발생 램프는 소등하고 알람표시 FND에는 "0" 이 표시되고 입력 스위치는 동작할 수 있다.

⑩ 위치이동 선택 스위치(X02)가 위치에 있을 때(X02 ON 상태)에는 설정 위치 번호에 의한 위치제어 동작을 한다. 설정위치 값은 001 ~ 999까지 설정할 수 있고 기동 및 설정용 선택 스위치(X00)의 위치가 설정위치에 있을 때(X00 ON상태)설정위치 증가 버튼(X03), 감소 버튼(X04)에 의해 설정위치 번호를 증가하거나 감소시킬 수 있다. 설정 위치 번호를 설정한 후, 기동버튼을 누르면 설정 위치 번호에 해당되는 위치로 이송테이블이 이동하고 현재 위치가 실시간으로 현재 위치 표시FND에 표시된다. 이송테이블 이동 중에 상한 및 하한 센서, 비상정지가 동작하면 이송테이블은 즉시 정지하고 해당 알람을 발생한다.

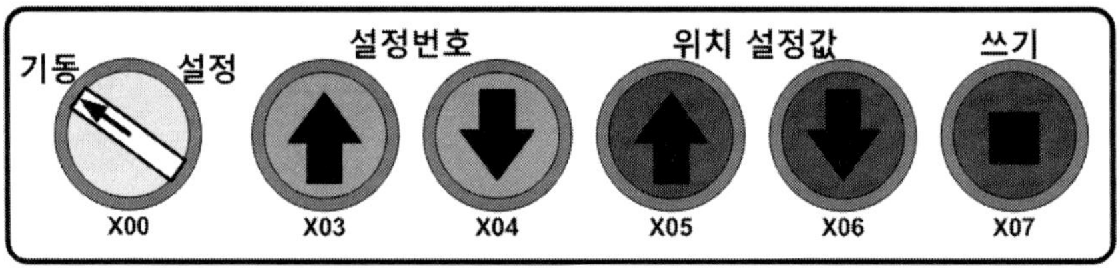

그림 2-57 조작패널

⑪ 파일 레지스터에 설정 위치값을 설정하기 위해서는 기동 및 설정선택 스위치(X00)가 설정위치(X00 ON상태)에 있을 때에는 설정위치 번호 FND에는 설정위치 번호가 표시되고, 현재 위치 / 설정위치 표시 FND에는 설정위치 번호에 해당되는 파일 레지스터의 설정값이 표시된다.

⑫ 기동 및 설정선택 스위치(X00)가 설정위치(X00 ON상태)에 있을 때, 설정번호 증가(X03)와 감소(X04)버튼의 조작에 의해 설정위치 번호를 000 ~ 999까지 조작할 수 있다.

⑬ 기동 및 설정선택 스위치(X00)가 설정위치(X00 ON상태)에 있을 때, 설정번호 증가(X03)와 감소(X04)버튼의 조작에 의해 현재 위치 / 설정위치 표시 FND에 설정값이 표시되고, 이 설정값은 위치 설정값 증가(X05)와 감소(X06)버튼의 조작에 의해 0000 ~ 9999까지 변경할 수 있다.

⑭ 기동 및 설정선택 스위치(X00)가 설정위치(X00 ON상태)에 있을 때, 쓰기(X07)버튼을 누르면 현재 설정위치 번호 FND에 표시된 파일 레지스터 번호에 현재 위치 / 설정위치 FND에 표시된 값이 저장된다. ⑬번 항목에 의해 현재 위치 / 설정위치 FND에 표시된 값을 위치 설정값 증가 및 감소 버튼을 이용해 설정값을 변경할 수 있지만 쓰기 버튼을 누르지 않으면 변경된 설정값은 무시된다.

⑮ 기동/설정 선택 버튼(X00)이 기동모드에 있고, JOG/위치 선택 버튼이 JOG 위치에 있을 때, JOG운전을 통해 이송테이블을 좌우로 이동한 후, 쓰기 버튼을 누르면 현재 설정된 위치번호의 파일 레지스터에 현재의 위치값이 저장된다.

⑯ JOG 및 위치 선택 스위치(X02)가 위치모드에 있고(X02 ON상태), 기동/설정 선택 스위치가 기동모드(X00 OFF상태)에 있을 때, 연속기동1 버튼(X0D)을 누르면 이송 테이블의 위치에 관계없이 아래와 같은 순서로 이송테이블은 순차 이동한다.

이동 순서 : 위치1 → 1초 대기 → 위치4 → 1초 대기 → 위치7 → 1초 대기 → 위치1

⑰ JOG 및 위치 선택 스위치(X02)가 위치모드에 있고(X02 ON상태), 기동/설정 선택 스위치가 기동모드(X00 OFF상태)에 있을 때, 연속기동2 버튼(X0E)을 누르면 이송 테이블의 위치에 관계없이 아래와 같은 순서로 이송 테이블은 순차 이동한다.

이동 순서 : 위치3 → 1초 대기 → 위치5 → 1초 대기 → 위치9 → 1초 대기 → 위치1

PLC 프로그램 작성

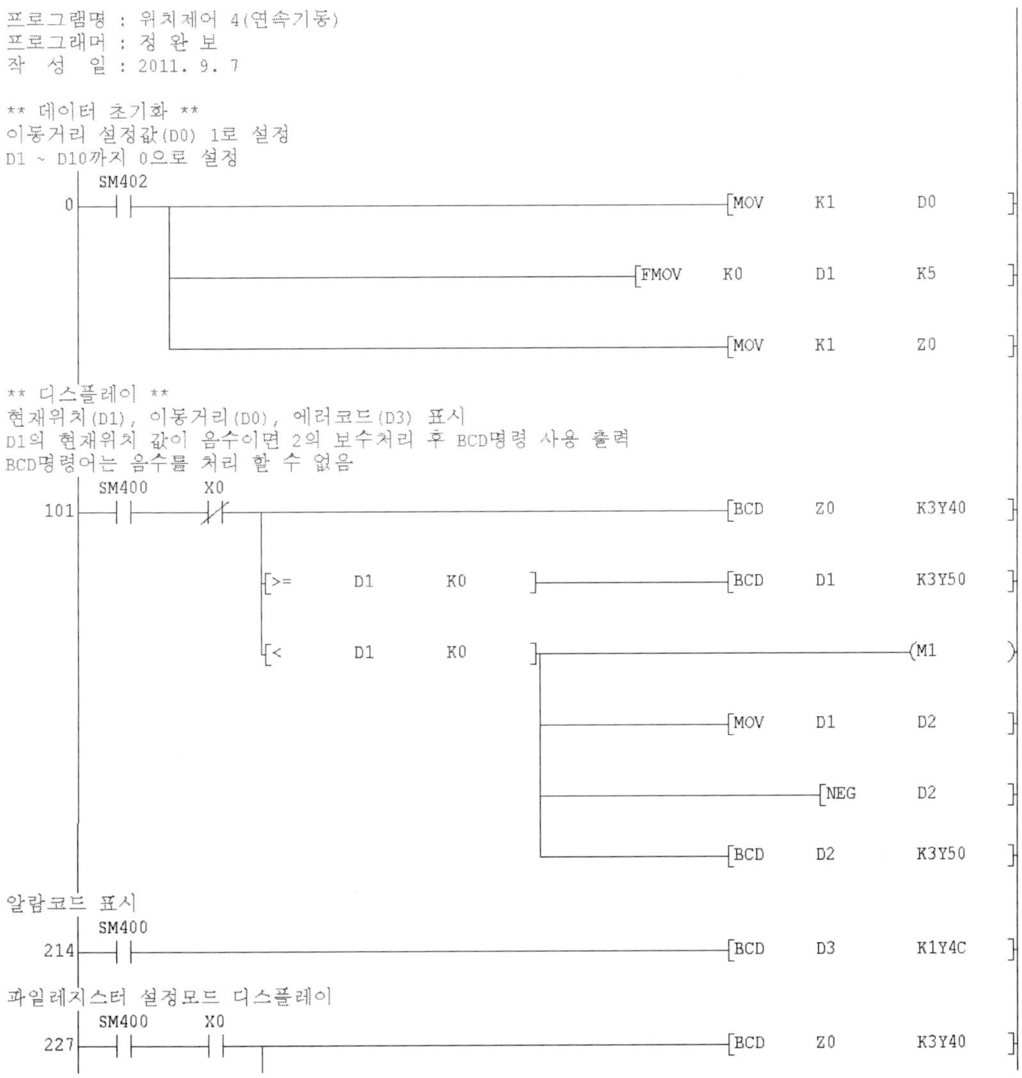

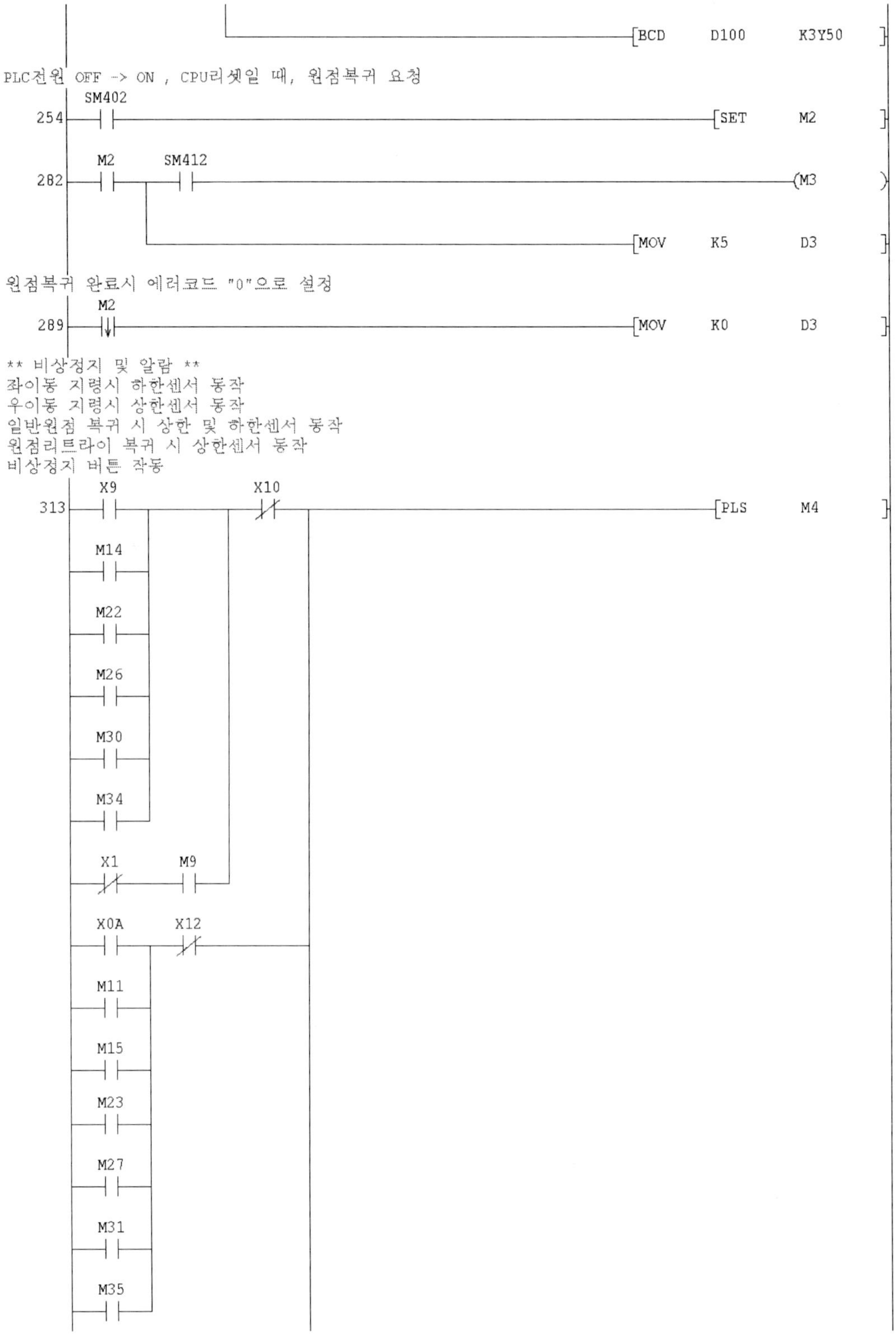
[BCD D100 K3Y50]
PLC전원 OFF -> ON , CPU리셋일 때, 원점복귀 요청
SM402
254
[SET M2]
M2
SM412
282
(M3)
[MOV K5 D3]
원점복귀 완료시 에러코드 "0"으로 설정
M2
289
[MOV K0 D3]
** 비상정지 및 알람 **
좌이동 지령시 하한센서 동작
우이동 지령시 상한센서 동작
일반원점 복귀 시 상한 및 하한센서 동작
원점리트라이 복귀 시 상한센서 동작
비상정지 버튼 작동
X9
X10
313
[PLS M4]
M14
M22
M26
M30
M34
X1
M9
X0A
X12
M11
M15
M23
M27
M31
M35

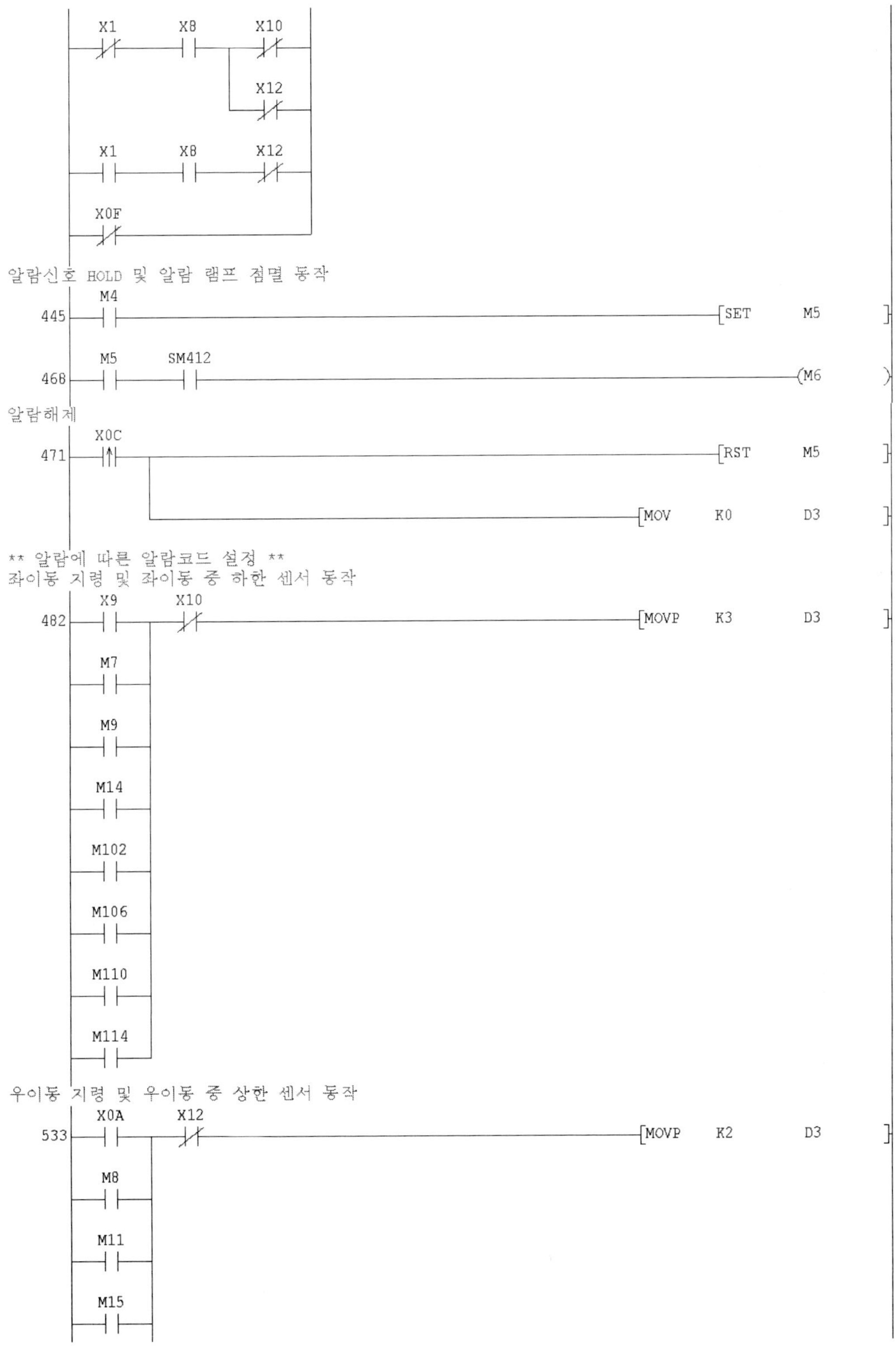
X1 X8 X10
X12
X1 X8 X12
X0F
알람신호 HOLD 및 알람 램프 점멸 동작
M4
445 [SET M5]
M5 SM412
468 (M6)
알람해제
X0C
471 [RST M5]
[MOV K0 D3]
** 알람에 따른 알람코드 설정 **
좌이동 지령 및 좌이동 중 하한 센서 동작
X9 X10
482 [MOVP K3 D3]
M7
M9
M14
M102
M106
M110
M114
우이동 지령 및 우이동 중 상한 센서 동작
X0A X12
533 [MOVP K2 D3]
M8
M11
M15

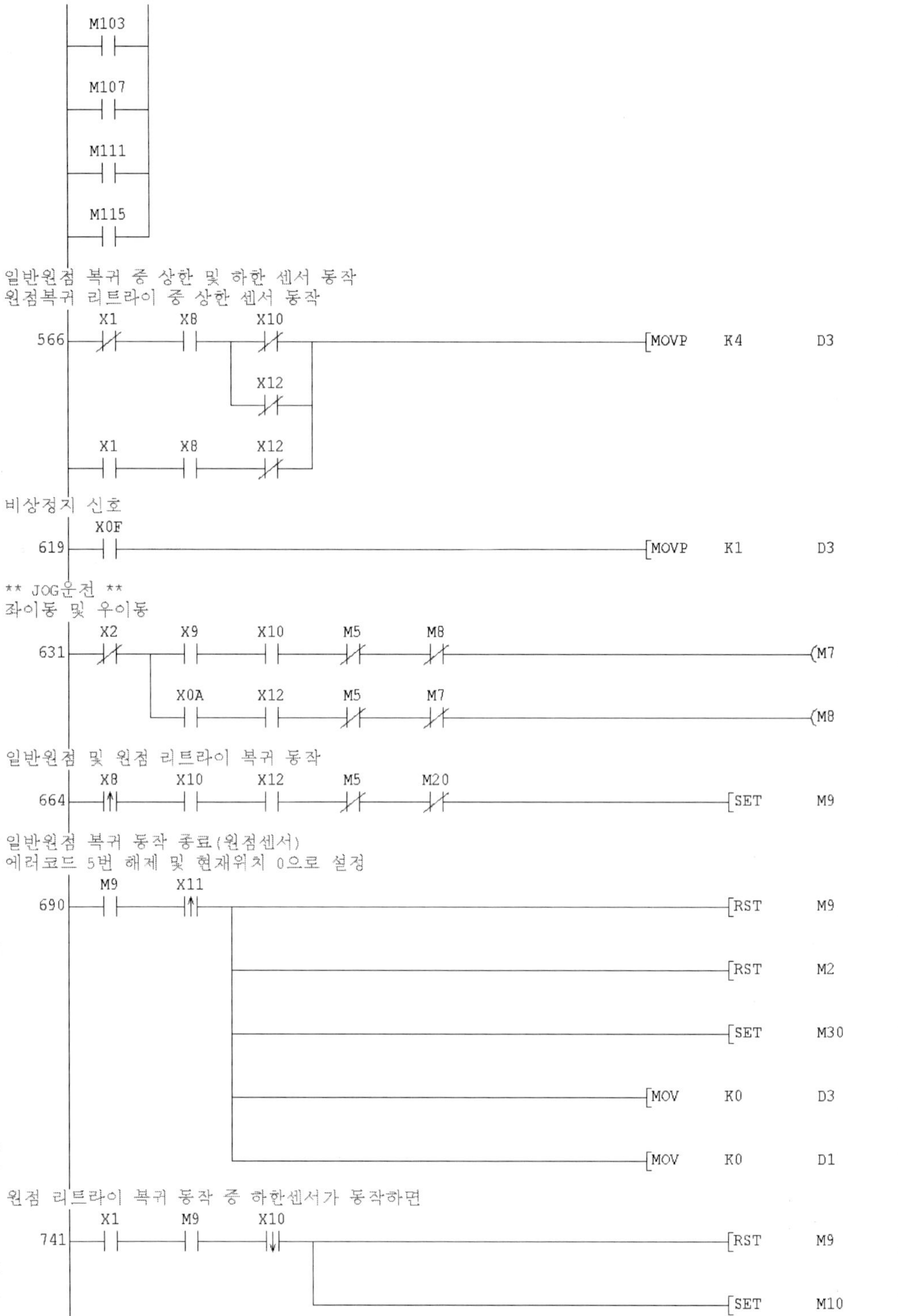
M103
M107
M111
M115
일반원점 복귀 중 상한 및 하한 센서 동작
원점복귀 리트라이 중 상한 센서 동작
566 X1 X8 X10 X12 X1 X8 X12
MOVP K4 D3
비상정지 신호
619 X0F
MOVP K1 D3
** JOG운전 **
좌이동 및 우이동
631 X2 X9 X10 M5 M8
M7
X0A X12 M5 M7
M8
일반원점 및 원점 리트라이 복귀 동작
664 X8 X10 X12 M5 M20
SET M9
일반원점 복귀 동작 종료(원점센서)
에러코드 5번 해제 및 현재위치 0으로 설정
690 M9 X11
RST M9
RST M2
SET M30
MOV K0 D3
MOV K0 D1
원점 리트라이 복귀 동작 중 하한센서가 동작하면
741 X1 M9 X10
RST M9
SET M10

```
모터 정지 후 1초 대기
      M10                                                          K10
 772 ─┤ ├─────────────────────────────────────────────────────────(T1      )

1초 대기 후, 모터 우 이동
      T1
 790 ─┤ ├──┬────────────────────────────────────────────[RST      M10      ]
           └────────────────────────────────────────────[SET      M11      ]

모터 우이동 중에 원점센서가 OFF되면
      M11       X11
 808 ─┤ ├───────┤↓├─────────────────────────────────────[SET      M12      ]

30개의 펄스만큼 우측으로 이동 후
      M12       X13
 831 ─┤ ├───────┤↑├──┬──────────────────────────[+        K1       D4      ]
                     └[>=    D4     K30  ]─┬────────────[RST      M11      ]
                                           ├────────────[RST      M12      ]
                                           ├────────────[SET      M13      ]
                                           └────────────[MOV      K0       D4      ]

모터 정지 1초 대기
      M13                                                          K10
 863 ─┤ ├─────────────────────────────────────────────────────────(T2      )

1초 대기 후, 모터 좌이동
      T2
 880 ─┤ ├──┬────────────────────────────────────────────[RST      M13      ]
           └────────────────────────────────────────────[SET      M9       ]

원점 복귀 동작 중에 비상정지가 되면 원점 복귀 동작 정지
      M5
 898 ─┤ ├──┬────────────────────────────────────[BKRSTP   M9       K5      ]
           └────────────────────────────────────[MOV      K0       D4      ]

** 이송테이블 이동 설정위치 번호 설정 **
설정번호 증가
      X0        X3
 934 ─┤/├───────┤↑├──[<     Z0     K9   ]─────────[+        K1       Z0      ]

설정번호 감소
      X0        X4
 974 ─┤/├───────┤↑├──[>     Z0     K1   ]─────────[-        K1       Z0      ]

** 위치결정 기동 **
위치결정 기동
      X2        X0B       X10       X12       M5        M20       M2
 991 ─┤ ├───────┤↑├───────┤ ├───────┤ ├───────┤/├───────┤/├───────┤/├──────(M16     )
```

```
인덱스레지스터를 이용하여 D11 ~ D19에 설정한 위치값 확인
설정 위치값과 현재위치값을 비교 이송테이블 이동 방향 설정
인덱스 레지스터의 값이 1일때 D10Z0 = D11번지를 의미함
      M16
1022 ─┤ ├─┬─[<   R0Z0   D1 ]──────────────────[SET   M14 ]
          └─[>   R0Z0   D1 ]──────────────────[SET   M15 ]

현재위치와 설정위치의 비교
      M14
1124 ─┤ ├─┬─[=   R0Z0   D1 ]─┬────────────────[RST   M14 ]
      M15 │                  └────────────────[RST   M15 ]
     ─┤ ├─┘

위치결정 중에 비상정지 발생하면 즉시 정지
      M14      M5
1147 ─┤ ├─┬───┤ ├─┬───────────────────────────[RST   M14 ]
      M15 │       ├───────────────────────────[RST   M15 ]
     ─┤ ├─┘       └──────────────────[MOVP   K0     D4  ]

** 파일 레지스터 설정값 변경 **
파일 레지스터 설정을 위한 인덱스 레지스터 설정값 증가
      X0       X3
1177 ─┤ ├─────┤↑├─┬─[<   Z0   K99 ]──────────[+   K1   Z0 ]
      T10    SM410│
     ─┤ ├─────┤↑├─┘

      X0       X3                                  K15
1235 ─┤ ├─────┤ ├─────────────────────────────────(T10  )

파일 레지스터 설정을 위한 인덱스 레지스터 설정값 감소
      X0       X4
1241 ─┤ ├─────┤↑├─┬─[>   Z0   K1 ]───────────[-   K1   Z0 ]
      T11    SM410│
     ─┤ ├─────┤↑├─┘

      X0       X4                                  K15
1281 ─┤ ├─────┤ ├─────────────────────────────────(T11  )

파일 레지스터 설정값을 D100으로 이동
      X0       X3
1287 ─┤ ├──┬──┤↑├─┬──────────────────[MOV   R0Z0   D100 ]
           │   X4 │
           └──┤↑├─┘

파일 레지스터에 저장을 위한 D100설정값 증가
      X0       X5
1314 ─┤ ├─────┤↑├─┬─[<   D100   K999 ]───────[+   K1   D100 ]
      T12    SM410│
     ─┤ ├─────┤↑├─┘

      X0       X5                                  K15
1349 ─┤ ├─────┤ ├─────────────────────────────────(T12  )
```

```
파일 레지스터에 저장을 위한 D100설정값 감소
        X0      X6
1355 ──┤ ├────┤↑├──┬─[>     D100    K0   ]──────────────[-      K1      D100 ]
        T13     SM410 │
     ──┤ ├────┤↑├──┘

        X0      X6                                                        K15
1390 ──┤ ├────┤ ├─────────────────────────────────────────────────(T13       )

D100의 설정값 해당 파일 레지스터에 저장
        X0      X7
1396 ──┤ ├────┤↑├──────────────────────────────────[MOV    D100    R0Z0  ]

JOG운전으로 위치 설정값 파일 레지스터 저장
        X0      X2      X7
1422 ──┤/├────┤/├────┤↑├──────────────────────────[MOV    D1      R0Z0  ]

** 연속기동 1 **
연속기동 1 버튼이 눌러지면 연속기동
연속기동1 동작 중에 연속기동1  재입력 방지
        X0      X2      M101    X10     X12     M5      M2      X0D
1451 ──┤/├────┤ ├────┤/├────┤ ├────┤ ├────┤/├────┤/├────┤↑├──┬──────(M100      )
                                                                 └─[SET    M101  ]

2번 위치로 이동
        M100
1517 ──┤ ├──┬─[<     R2      D1   ]─────────────────────[SET    M102  ]
            └─[>     R2      D1   ]─────────────────────[SET    M103  ]

2번 위치 이동 완료 및 1초 대기
        M102
1538 ──┤ ├──┬─[=     R2      D1   ]─┬───────────────────[RST    M102  ]
        M103 │                        ├───────────────────[RST    M103  ]
     ──┤ ├──┘                        └───────────────────[SET    M104  ]

        M104                                                      K10
1564 ──┤ ├────────────────────────────────────────────────(T20       )

4번 위치로 이동
        T20
1569 ──┤ ├──┬─[<     R4      D1   ]─┬───────────────────[SET    M106  ]
            │                        └───────────────────[RST    M104  ]
            └─[>     R4      D1   ]─┬───────────────────[SET    M107  ]
                                     └───────────────────[RST    M104  ]

4번 위치 이동 완료 및 1초 대기
        M106
1592 ──┤ ├──┬─[=     R4      D1   ]─┬───────────────────[RST    M106  ]
```

```
      M107
     ─┤ ├─┐                                   ┌──[RST   M107   ]
                                               └──[SET   M108   ]
      M108                                                  K10
1618 ─┤ ├──────────────────────────────────────────(T21         )
7번 위치로 이동
      T21
1623 ─┤ ├─┬[<   R7   D1 ]──┬──[SET   M110   ]
           │                └──[RST   M108   ]
           └[>   R7   D1 ]──┬──[SET   M111   ]
                            └──[RST   M108   ]
7번 위치로 이동완료 및 1초 대기
      M110
1646 ─┤ ├─┬[=   R7   D1 ]──┬──[RST   M110   ]
      M111 │                ├──[RST   M111   ]
     ─┤ ├─┘                └──[SET   M112   ]
      M112                                                  K10
1672 ─┤ ├──────────────────────────────────────────(T22         )
1번 위치로 이동
      T22
1677 ─┤ ├─┬[<   R1   D1 ]──┬──[SET   M114   ]
           │                └──[RST   M112   ]
           └[>   R1   D1 ]──┬──[SET   M3115  ]
                            └──[RST   M112   ]
1번 위치로 이동 완료 및 연속기동1번 작업완료
      M114
1700 ─┤ ├─┬[=   R1   D1 ]──┬──[RST   M114   ]
      M115 │                ├──[RST   M115   ]
     ─┤ ├─┘                └──[RST   M101   ]
연속기동1 동작 중에 비상정지가 발생되면 모든 동작 즉시 중지
      M5
1733 ─┤ ├─┬────────────────────[BKRSTP  M100   K16   ]
```

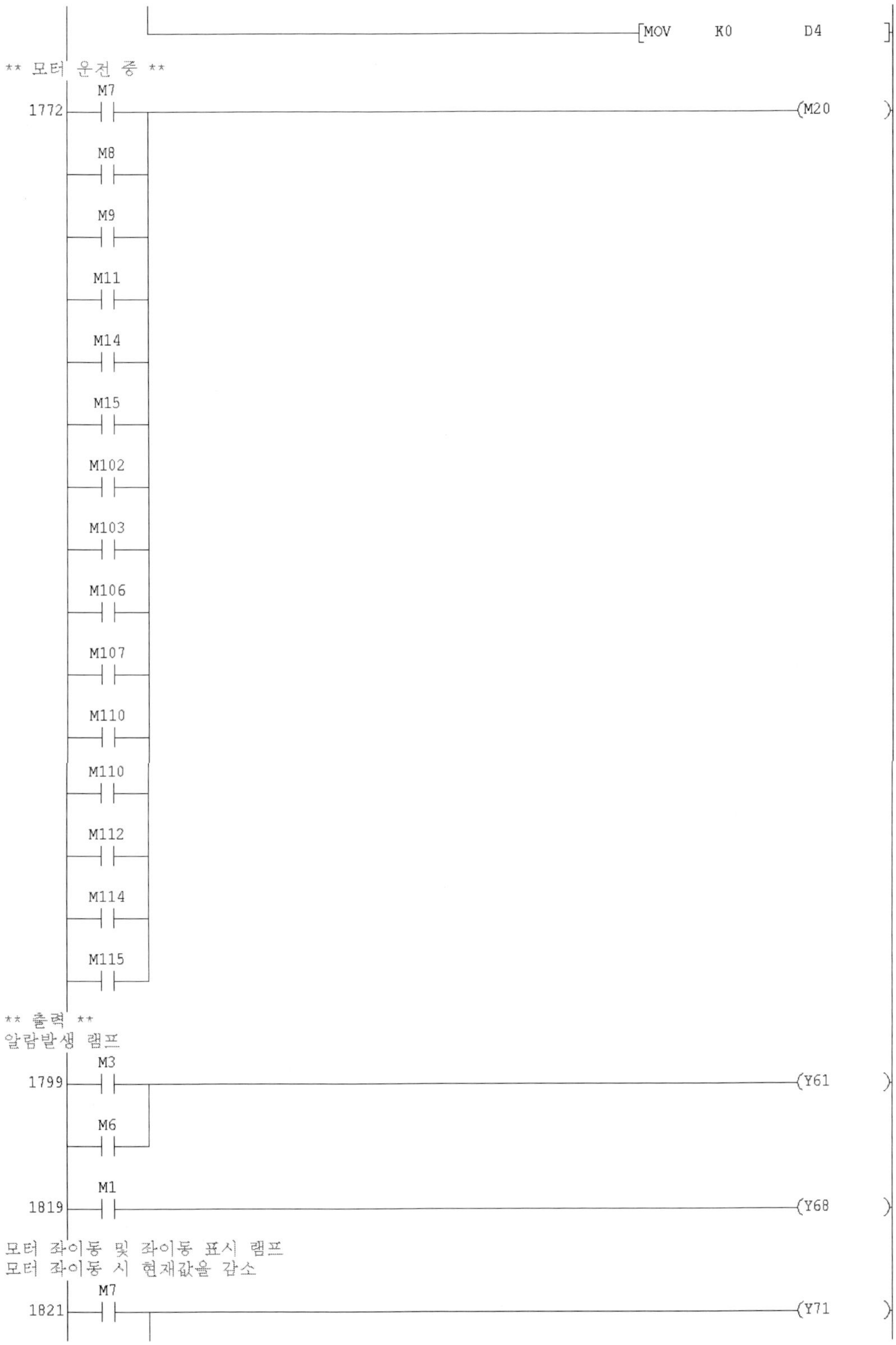
[MOV K0 D4]
** 모터 운전 중 **
1772
M7
M8
M9
M11
M14
M15
M102
M103
M106
M107
M110
M110
M112
M114
M115
(M20)
** 출력 **
알람발생 램프
1799
M3
M6
(Y61)
1819
M1
(Y68)
모터 좌이동 및 좌이동 표시 램프
모터 좌이동 시 현재값을 감소
1821
M7
(Y71)

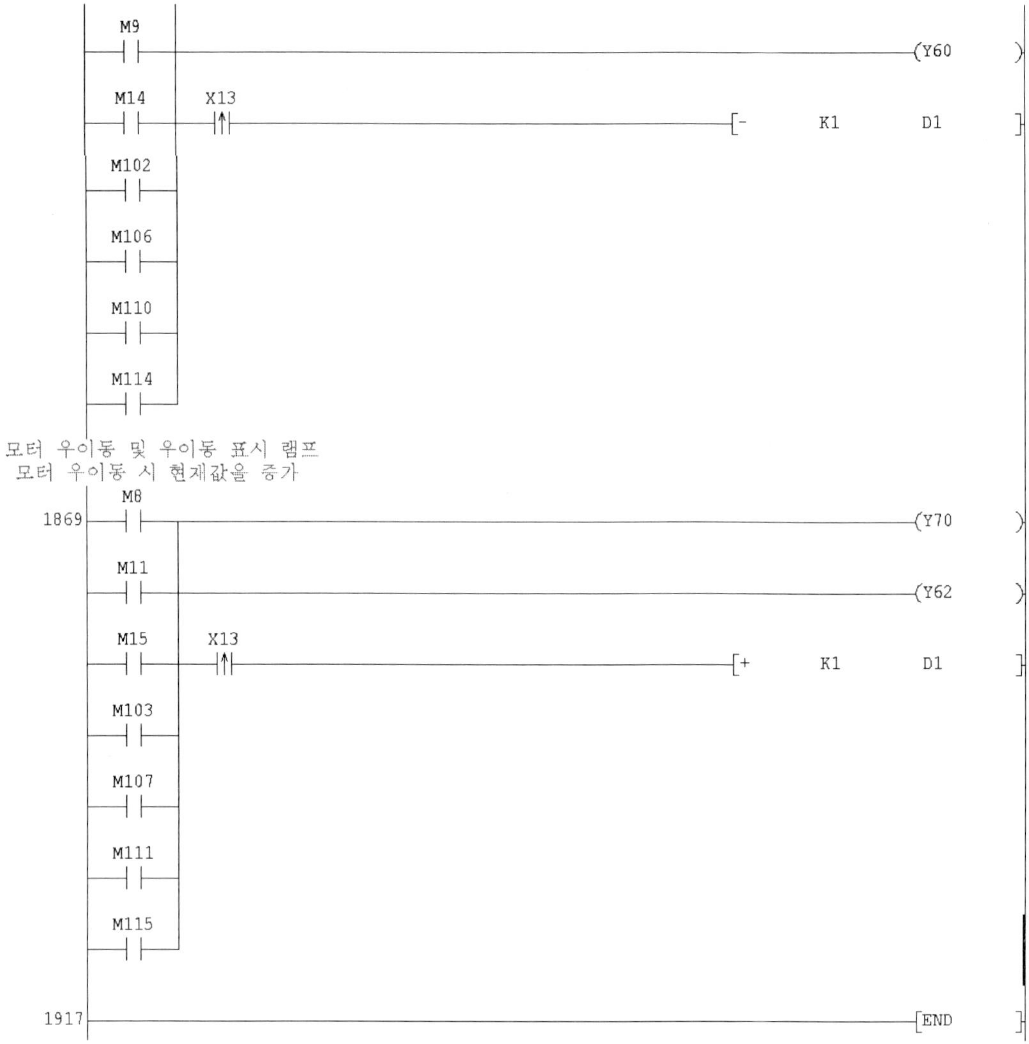

프로그램 2-15

프로그램을 작성해서 실행하기 전에 반드시 파일 레지스터에 위치값이 설정되어 있어야 한다. 프로그램의 길이가 길어서 복잡하게 보이지만 사실 살펴보면 크게 어려운 내용은 없다. 이 프로그램에서는 연속기동 2번 운전은 생략하였다. 연속기동 1번의 프로그램 작성법을 참조로 하여 독자들이 작성해보기 바란다.

프로그램 라인 313번은 비성정지 및 알람 조건을 나타낸 부분이다. 연속기동 중일 때도 비상정지 조건을 만족해야 하기 때문에 모터 정역회전에 따라서 비상정지가 동작할 수 있도록 하였다.

프로그램 라인 482, 533번도 이송테이블이 좌우 이동할 때, 상한과 하한 리밋 센서가 동작하면 알람코드를 발생할 수 있도록 하였다.

프로그램 라인 1451번이 연속기동 1번을 실행하기 위한 부분이다. 연속기동을 하기 위해서 이동해야 할 위치번호의 파일 레지스터 설정값과 현재값을 비교하여 이송테이블이 좌우이동을 결정한다. 또한 연속동작 중에 또 다시 연속동작 신호가 작동하지 않도록 M101비트를 이용해 연속동작 중임을 나타내었다.

프로그램 라인 1733번은 연속기동 1번 실행 중에 비상정지 조건이 되었을 때, 이송테이블의 이동작업을 즉시 중지하기 위한 것이다.

> 2장을 마치고 난 기분이 어떤가? 엄밀하게 말하면 서보처럼 속도와 토크 및 위치가 제어되는 위치제어 동작은 아니지만 위치제어에 필요한 여러 가지의 기능을 구현해 보았다. 쉽지 않았겠지만 여기까지 별 어려움 없이 내용을 이해했다면 여러분들의 PLC전문가가 되기 위한 첫발을 뗀 것이다.

저자와의
협의에 의해
인지 생략

정완보 교수와 함께 배우는

멜섹Q PLC IN/OUT 프로그래밍 방법

1판 3쇄 2015년 7월 10일

저 자 정완보
발행인 송광헌
발행처 복두출판사
주 소 서울특별시 영등포구 문래동 1가 39
센터플러스 807호 (우) 150-091
전 화 (02) 2164-2580
FAX (02) 2164-2584
등 록 1993. 11. 22. 제 10-902 호

정가 : 15,000원

ISBN : 978-89-8000-686-1 93560

한국과학기술출판협회 회원사